国家电网
STATE GRID

电网企业专业技能考核题库

换流站值班员

国网宁夏电力有限公司 编

中国电力出版社
CHINA ELECTRIC POWER PRESS

内 容 提 要

本书编写依据国家职业技能鉴定、电力行业职业技能鉴定与国家电网有限公司技能等级评价（认定）相关制度、规范、标准，立足宁夏电网生产实际，融合新型电力系统构建及新时代技能人才发展目标要求。本书主要内容为电网企业技能人员技能等级认定与评价实操试题，包含技能笔答及技能操作两大部分，其中技能笔答主要以问答题形式命题，技能操作以任务书形式命题，均明确了各个环节的考核知识点、标准答案和评分标准。

本书为电网企业生产技能人员的培训教学用书，可供从事相应职业（工种）技能人员学习参考，也可作为电力职业院校教学参考书。

图书在版编目（CIP）数据

换流站值班员 / 国网宁夏电力有限公司编. —北京：中国电力出版社，2022.9
电网企业专业技能考核题库
ISBN 978-7-5198-6875-8

Ⅰ.①换… Ⅱ.①国… Ⅲ.①换流站–职业技能–鉴定–习题集 Ⅳ.①TM63-44

中国版本图书馆 CIP 数据核字（2022）第 114066 号

出版发行：中国电力出版社
地　　址：北京市东城区北京站西街 19 号（邮政编码 100005）
网　　址：http://www.cepp.sgcc.com.cn
责任编辑：马　丹（010-63412725）代　旭　贾丹丹
责任校对：黄　蓓　朱丽芳
装帧设计：郝晓燕
责任印制：钱兴根

印　　刷：北京天泽润科贸有限公司
版　　次：2022 年 9 月第一版
印　　次：2022 年 9 月北京第一次印刷
开　　本：889 毫米×1194 毫米　16 开本
印　　张：18.25
字　　数：524 千字
定　　价：70.00 元

《电网企业专业技能考核题库 换流站值班员》

编 委 会

主 任 衣立东

副 主 任 陈红军 贺 文

成 员 贺 波 刘志远 王世杰 宋永强 韦 鹏

杨剑锋 王国功 何 锐 欧阳怀 谢卫宁

郭文东 张建国 张云峰 陆彦虎 支占宁

薛玉龙 黎 炜 严南征 王晓平 蒋超伟

何 楷 朱洪波 惠 亮 何鹏飞 朱 琳

乔成银 卢 军

《电网企业专业技能考核题库 换流站值班员》

编 写 组

主　编　秦有苏

副主编　潘亮亮　朱　颖　尹　磊　叶　涛

编写人员　雷战斐　王　思　宁复茂　邓　沛　李　宁

　　　　　赵欣洋　窦俊廷　侯　亮　王文刚　王天鹏

　　　　　林　恒　吕　军　谢伟峰　张立明　杨稼祥

　　　　　仇利辉　曹宏斌　赵希洋　李　磊　靳　武

审稿人员　黎　炜　韦　鹏　相中华　邹洪森　徐　辉

　　　　　周广伟　刘　垚　李　文　朱　林　尹　松

前　言

　　国网宁夏电力有限公司以国家职业技能鉴定、电力行业职业技能鉴定与国家电网有限公司技能等级评价（认定）相关制度、规范、标准为依据，主要针对电网企业各类技能工种的初级工、中级工、高级工、技师、高级技师等人员，以专业操作技能为主线，立足宁夏电网生产实际，结合新型电力系统构建要求，编写了《电网企业专业技能考核题库》丛书。丛书在编写原则上，以职业能力建设为核心；在内容定位上，突出针对性和实用性，涵盖了国家电网有限公司相关政策、标准、规程、规定及现代电力系统新设备、新技术、新知识、新工艺等内容。

　　丛书的深度、广度遵循了"适应发展需求、立足实践应用"的工作思路，全面涵盖了国家电网有限公司技能等级评价（认定）内容，能够为国网宁夏电力有限公司实施技能等级评价（认定）专业技能考核命题提供依据，也可服务于同类电网企业技能人员能力水平的考核与认定。本套丛书可供电网企业技能人员学习参考，可作为电网企业生产技能人员的培训教学用书，也可作为电力职业院校教学参考用书。

　　由于时间和水平有限，难免存在疏漏之处，恳请各位专家和读者提出宝贵意见。

前　言

目 录

第一部分
初级工

第一章　换流站值班员初级工技能笔答

Jb0001531001　换流变压器在哪些情况下，本体重瓦斯保护应临时改投报警或退出相应保护？（5分）

考核知识点：直流换流站运维管理规定

难易度：易

标准答案：

（1）运行中滤油、补油、更换潜油泵。

（2）油位异常升高或呼吸系统有异常现象，需要打开排气或排油阀门。

（3）在本体重瓦斯二次保护回路上或本体呼吸器回路上工作。

Jb0001531002　运行中发现换流变压器有哪些情况之一，应立即将换流变压器停运？（5分）

考核知识点：直流换流站运维管理规定

难易度：易

标准答案：

（1）换流变压器冒烟着火，且相应阀组未停运。

（2）套管有严重的破损和放电现象，且相应阀组未停运。

Jb0001532003　换流变压器本体及其附件的红外测温周期是如何规定的？（5分）

考核知识点：直流换流站运维管理规定

难易度：中

标准答案：

（1）普测每周不少于1次，迎峰度夏期间每天1次。

（2）精确测温每月1次；±800kV换流站迎峰度夏期间每月增加1次精确测温；±660kV及以下换流站迎峰度夏期间增加1次精确测温。

Jb0001532004　直流控制保护主机故障处理时，有哪些注意事项？（5分）

考核知识点：直流换流站运维管理规定

难易度：中

标准答案：

（1）开展控制保护主机故障处理，需要将相应系统退出运行时，应保证对应的冗余系统完好可用，将该系统退至"试验"状态且退出相应出口压板（若有）后进行工作。

（2）故障处理不得影响"值班"系统，且不得在"值班"系统及与"值班"系统相关的系统上进行任何工作。

（3）直流控制保护装置恢复运行时，原则上应先投入相应的主机，再投入装置连接片；装置退出时与上述顺序相反。

Jb0001533005 换流阀阀体电气试验有哪些？（5分）

考核知识点：直流换流站验收管理规定

难易度：难

标准答案：

（1）光信号传输系统衰减测量。

（2）晶闸管级触发及阻抗测试。

（3）保护性触发。

（4）组件均压电容的电容量测量。

（5）阀组低压加压试验。

Jb0001532006 哪些直流保护同时动作时，会启动非故障阀组自动重启逻辑？（5分）

考核知识点：直流换流站验收管理规定

难易度：中

标准答案：

（1）极差动保护动作时，若有换流器差动保护动作，认为是换流器保护区域故障，执行重启健全换流器的时序。此时，极差动保护仅跳故障换流器交流开关，健全换流器交流开关不跳闸。

（2）极差动保护动作时，无换流器差动保护动作，认为是极区故障，跳开高、低端换流器交流开关，不重启换流器。

Jb0001533007 如何开展端对端系统调试时阀控扰动试验？（5分）

考核知识点：直流换流站验收管理规定

难易度：难

标准答案：

（1）依次断开阀控屏内空气开关，阀控系统应能正确发出告警信息，阀控无双系统故障、阀控无系统闭锁命令。

（2）依次断开直流馈线屏内阀控屏馈线空气开关，阀控无双系统故障、阀控无系统闭锁命令。

（3）阀控备用系统CPU板卡能够在线更换，无系统闭锁。

（4）通过拔掉主用（Active）、解锁（Deblock）、进线开关合位（CB_ON）、交流低电压（Under_voltage）等信号光纤模拟单套阀控系统故障，极控系统应能够正确切换。

Jb0001531008 直流保护"三取二"的原理？（5分）

考核知识点：直流换流站验收管理规定

难易度：易

标准答案：

（1）当A、B、C三套系统完全正常时，系统采用"三取二"方式出口，只有至少两套保护系统动作时，该保护信号才能出口。

（2）当A、B、C三套系统任意一套或者两套系统故障时，系统出口自动从"三取二"切换到"二取一"方式，只要有一套保护动作，就会出口。

Jb0001532009 直流线路保护包括哪些？（5分）

考核知识点：直流换流站验收管理规定

难易度：中

标准答案:

（1）直流线路行波保护。

（2）微分欠压保护。

（3）直流线路纵差保护。

（4）再启动逻辑。

（5）直流线路突变量保护。

Jb0001532010　在哪些情况下，内冷水主循环泵自动切换到备用泵运行？（5分）

考核知识点: 直流换流站验收管理规定

难易度: 中

标准答案:

（1）主水流量过低。

（2）主泵无法启动运行。

（3）泵启动运行后，压力无法建立。

（4）主泵的电源丢失。

（5）主泵的过负荷保护动作跳闸。

Jb0001532011　不带电顺控操作试验有哪些？（5分）

考核知识点: 直流换流站验收管理规定

难易度: 中

标准答案:

（1）手动控制模式下的单步操作。

（2）自动控制模式下的自动操作。

（3）顺序操作时的系统切换试验。

Jb0001532012　换流变压器铁芯接地电流是如何规定的？（5分）

考核知识点: 直流换流站验收管理规定

难易度: 中

标准答案:

（1）±660kV 及以下换流变压器铁芯接地电流应不大于 100mA（工频）。

（2）±800kV 换流变压器铁芯接地电流应不大于 300mA（工频），接地电流大于限值时，应开展分析，并采取限流措施。

Jb0001531013　换流变压器油中溶解气体分析要求氢气、乙炔和总烃的注意值分别为多少？（5分）

考核知识点: 直流换流站验收管理规定

难易度: 易

标准答案:

（1）氢气不大于 150μL/L。

（2）乙炔不大于 1μL/L。

（3）总烃不大于 150μL/L。

Jb0001532014 直流分压器 SF$_6$ 气体纯度分析应符合哪些要求？（5分）

考核知识点：直流换流站验收管理规定

难易度：中

标准答案：

（1）≥99.8%（新气）。

（2）≥97%（运行中）。

Jb0001532015 蓄电池的维护要求及周期是什么？（5分）

考核知识点：直流换流站运维管理规定

难易度：中

标准答案：

（1）有蓄电池在线监视系统的换流站，每天检查1次蓄电池电压。

（2）没有蓄电池在线监视系统的换流站，单个蓄电池电压测量每月1次。

（3）蓄电池内阻测试每年至少1次。

Jb0001532016 换流变压器呼吸器现场检查内容包括哪些？（5分）

考核知识点：直流换流站评价管理规定

难易度：中

标准答案：

（1）玻璃罩杯无破损，密封完好无进水，呼或吸状态下，内油面或外油面应高于呼吸管。

（2）硅胶不应自上而下变色，上部不应被油浸润，无碎裂、粉化现象。

（3）免维护呼吸器电源应完好，加热器工作正常启动定值小于湿度60%或按厂家规定。

Jb0001532017 换流站为什么要装设交流滤波器？（5分）

考核知识点：直流换流站评价管理规定

难易度：中

标准答案：

（1）换流器是一种无功负荷，在换流器换流过程中，总是在消耗大量的无功功率，因此在换流器交流侧不得不考虑增加无功补偿设备。

（2）换流器在换流过程中会产生谐波，而谐波对于电力系统设备有着巨大的危害，所以，任何换流站都需要装设交流滤波器装置。

Jb0001531018 《国家电网有限公司直流换流站运维管理规定》规定，防误闭锁装置应简单完善、安全可靠，操作和维护方便，能够实现"五防"功能，"五防"功能具体指什么？（5分）

考核知识点：直流换流站验收管理规定

难易度：易

标准答案：

（1）防止误分、误合断路器。

（2）防止带负载拉、合隔离开关或手车触头。

（3）防止带电挂（合）接地线（接地开关）。

（4）防止带接地线（接地开关）合断路器（隔离开关）。

（5）防止误入带电间隔。

Jb0001532019 《国家电网有限公司直流换流站运维管理规定》规定，大（台）风前后，应重点检查哪些内容？（5分）

考核知识点：直流换流站运维管理规定

难易度：中

标准答案：

（1）设备引流线、设备防雨罩、避雷针、绝缘子等是否存在异常。

（2）检查屋顶和墙壁彩钢瓦、建筑物门窗是否正常。

（3）检查户外堆放物品是否合适，箱体是否牢固，户外端子箱是否密封良好。

Jb0001533020 《国家电网有限公司直流换流站运维管理规定　第 7 分册　直流分压器运维细则》规定，直流分压器故障跳闸后的重点巡视包括的内容，至少写出 5 条。（5分）

考核知识点：直流换流站运维管理规定

难易度：难

标准答案：

（1）导线有无烧伤、断股。

（2）油位、油色、气体压力等是否正常。

（3）有无喷油、漏气异常情况。

（4）绝缘子有无污闪、破损现象。

（5）远端测量信号有无异常。

Jb0001531021　紧急救护时，现场工作人员应掌握哪些救护方法？（5分）

考核知识点：安全管理规定

难易度：易

标准答案：

（1）现场工作人员都应定期接受培训。

（2）学会紧急救护法，会正确解脱电源，会心肺复苏法。

（3）会止血、会包扎、会固定，会转移搬运伤员。

（4）会处理急救外伤或中毒等。

Jb0001531022　在电气设备上工作，保证安全的组织措施有哪些？（5分）

考核知识点：安全管理规定

难易度：易

标准答案：

（1）现场勘察制度。

（2）工作票制度。

（3）工作许可制度。

（4）工作监护制度。

（5）工作间断、转移和终结制度。

Jb0001532023　使用电压互感器的注意事项有哪些？（5分）

考核知识点：安全管理规定

难易度：中

标准答案：

（1）工作时其二次侧不得短路。

（2）其二次侧有一端必须接地。

（3）连接时要注意其端子的极性。

Jb0001531024　电气设备在哪些情况下应加挂机械锁？（5分）

考核知识点： 安全管理规定

难易度： 易

标准答案：

下列三种情况应加挂机械锁：

（1）未装防误闭锁装置或闭锁装置失灵的隔离开关（刀闸）手柄和网门。

（2）电气设备处于冷备用且网门闭锁失去作用时的有电间隔网门。

（3）设备检修时，回路中的各来电侧隔离开关（刀闸）操作手柄和电动操作隔离开关（刀闸）机构箱的箱门。

机械锁要一把钥匙开一把锁，钥匙要编号并妥善保管。

Jb0001531025　工作负责人（监护人）的安全责任有哪些？（5分）

考核知识点： 安全管理规定

难易度： 易

标准答案：

工作负责人的安全责任如下：

（1）正确组织工作。

（2）检查工作票所列安全措施是否正确完备，是否符合现场实际条件，必要时予以补充完善。

（3）工作前，对工作班成员进行工作任务、安全措施、技术措施交底和危险点告知，并确认每个工作班成员都已签名。

（4）严格执行工作票所列安全措施。

（5）监督工作班成员遵守《国家电网公司电力安全工作规程》，正确使用劳动防护用品和安全工器具以及执行现场安全措施。

Jb0001531026　如何装设和拆除接地线？（5分）

考核知识点： 安全管理规定

难易度： 易

标准答案：

（1）装设和拆除接地线时，必须两人进行。当验明设备确实无电后，应立即将检修设备接地，并将三相短路。

（2）装设和拆除接地线均应使用绝缘棒并戴绝缘手套。

（3）装设接地线必须先接接地端，后接导体端，必须接触牢固。

（4）拆除接地线的顺序与装设接地线相反。

Jb0001531027　直流系统故障主要有哪些类型？（5分）

考核知识点： 直流输电原理

难易度： 易

标准答案：

（1）阀短路。

（2）换相失败。

（3）换流器直流侧出口短路、对地短路。

（4）换流器交流侧单相接地、相间短路、三相短路。

（5）控制系统故障。

（6）直流线路故障。

Jb0001532028 低电压限制电流的功能有哪些？（5分）

考核知识点： 直流输电原理

难易度： 中

标准答案：

直流输电控制系统都设有低压限流（VDCL）功能。当交、直流系统扰动或直流系统换相失败时，按交流或直流电压下降的幅度，降低直流电流到预先设置的值。

其作用如下：

（1）保护换流阀。

（2）避免逆变器换相失败。

（3）交流系统发生故障时，有利于交流系统电压恢复。

Jb0001532029 直流保护动作策略有哪些？（5分）

考核知识点： 直流输电原理

难易度： 中

标准答案：

（1）告警和启动录波。

（2）系统切换。

（3）紧急移相。

（4）投旁通对。

（5）闭锁触发脉冲。

（6）极隔离。

（7）跳交流侧断路器。

（8）直流系统再启动。

Jb0001532030 什么是"换相失败"？"换相失败"的主要特征有哪些？（5分）

考核知识点： 直流输电原理

难易度： 中

标准答案：

换流阀中两个阀进行换相时，因换相过程未能进行完毕，或者预计关断的阀关断后，在反向电压期间未能恢复阻断能力，当加在该阀上的电压为正时，立即重新导通，则发生了倒换相，使预计开通的阀重新关闭，这种现象称之为换相失败。

换相失败故障包括：

（1）关断角小于换流阀恢复阻断能力的时间。

（2）6脉动逆变器的直流电压在一定时间内降到零。

（3）直流电流短时增大。

（4）交流侧短时开路，电流减小。

（5）基波分量进入直流系统。

Jb0001533031 为防止事故扩大，换流站值班员可不待调度指令自行进行什么紧急操作？（5分）

考核知识点：直流输电原理

难易度：难

标准答案：

（1）将对人身和设备安全有威胁的设备停电。

（2）将故障停运已损坏的设备隔离。

（3）当站用电部分或全部停电时，恢复其电源。

（4）规程规定可以不待调度指令自行处理者。

Jb0001531032 直流换流站中有哪些是交流变电站没有的主要设备？（5分）

考核知识点：直流输电原理

难易度：易

标准答案：

换流站主要承担交—直—交转换功能，因此除装有普通交流变电站所装有的交流设备外，还装有与换流有关的直流设备以及相关的辅助设备。主要有换流变压器、换流器、交流滤波器等一次设备和换流阀冷却系统，以及相应的直流控制保护装置等。

Jb0001532033 什么情况下直流输电系统需要降压运行？（5分）

考核知识点：直流输电原理

难易度：中

标准答案：

（1）由于绝缘问题需要降低直流电压，在恶劣的气候条件或严重污秽的情况下，直流架空线路如果仍在额定直流电压下运行，则会产生较高的故障率，当采用降压方式时，可提高输电线路的可靠性和可用率。

（2）由于无功功率控制需要降低直流电压。当直流输电工程被用来进行无功功率控制时，需要加大触发角来增大换流器消耗的无功功率，此时直流电压相应降低。

Jb0001532034 直流电流控制的作用？（5分）

考核知识点：直流输电原理

难易度：中

标准答案：

直流电流控制，也叫定电流控制，是直流输电最基本的控制，可以控制直流输电的稳态运行电流，并通过它来控制直流输送功率以及实现各种直流功率调制功能以改善交流系统的运行性能。同时当其他系统发生故障时，它又能快速限制暂态故障电流以保护晶闸管换流阀及换流站其他设备。因此，直流电流调节器的稳态和暂态性能是决定直流输电控制系统好坏的重要因素。

Jb0001531035　工作许可人的安全责任有哪些？（5分）

考核知识点：安全管理规定

难易度：易

标准答案：

（1）负责审查工作票所列安全措施是否正确、完备，是否符合现场条件。

（2）工作现场布置的安全措施是否完善，必要时予以补充。

（3）负责检查检修设备有无突然来电的危险。

（4）对工作票所列内容即使有很小的疑问，也应向工作票签发人询问清楚，必要时应要求其做详细补充。

第二章　换流站值班员初级工技能操作

Jc0002541001　换流站设备巡视类（直流穿墙套管巡视）。（100分）

考核知识点：基本运维工作

难易度：易

技能等级评价专业技能考核操作工作任务书

一、任务名称

换流站设备巡视类（直流穿墙套管巡视）。

二、适用工种

换流站值班员初级工。

三、具体任务

（1）进行直流穿墙套管巡视工作，并填写巡检记录。

（2）工作任务：直流穿墙套管巡视。

四、工作规范及要求

（1）巡检人着装应符合要求。

（2）巡检工器具的正确使用及安全措施。

（3）工作步骤要严格按照《国家电网有限公司直流换流站运维管理规定》要求进行。

（4）巡检结束后填写巡检记录。

五、考核及时间要求

（1）本考核操作时间为 20 分钟，时间到停止考评，包括巡视过程和报告整理时间，报告整理时间不超过 5 分钟。

（2）考评过程中如果由于巡视人员操作不规范、误入间隔等有可能引发不安全因素的，停止考评，该项考核项目不得分，但不影响其他项目。

（3）记录巡检结果，整理报告。

技能等级评价专业技能考核操作评分标准

工种	换流站值班员				评价等级	初级工
项目模块	基本运维工作			编号	Jc0002541001	
单位			准考证号		姓名	
考试时限	20分钟	题型		单项操作	题分	100分
成绩		考评员		考评组长		日期	
试题正文	换流站设备巡视类（直流穿墙套管巡视）					
需要说明的问题和要求	（1）要求单人巡视，着装符合安全要求。 （2）正确使用巡视所需工器具，巡视过程中应保证安全。 （3）合理规划巡视路线，巡视完成一个设备/间隔后不允许折返。 （4）巡视结束后，待考评员同意方可离开考场					

续表

序号	项目名称	质量要求	满分	扣分标准	扣分原因	得分
1	安全事项					
1.1	安全措施的准备	着装： （1）穿全棉长袖工作服、绝缘鞋。 （2）正确佩戴安全帽，安全帽系带戴牢。 （3）检查安全帽外观正常。 （4）检查安全帽合格证完整，在检验有效期内。 （5）工作服穿着规范，无裸露、破损，衣扣系牢	5	着装不符合质量要求，每处扣2分，扣完为止		
1.2	巡视工器具选择及检查	工器具选择及检查： （1）携带对讲机，巡检前测试对讲机功能正常。 （2）携带巡检钥匙，检查钥匙外观完整，巡视区域授权正确，钥匙功能正常	10	未按规范携带、使用工器具及仪器仪表，每条扣3分； 未按要求检查工器具及仪器仪表完好，每条扣2分； 巡检钥匙授权错误，扣10分		
2	直流穿墙套管巡视	巡视要点				
2.1	本体巡视	名称、编号等标识齐全、完好，清晰可辨	2	巡视缺少此项扣2分，表述不完整的扣1分，扣完为止		
		表面及增爬裙无严重积污，无破损、无变色；复合绝缘黏接部位无脱胶、起鼓等现象	3	巡视缺少此项扣3分，表述不完整的扣1分，扣完为止		
		连接柱头及法兰无开裂、锈蚀现象	2	巡视缺少此项扣2分，表述不完整的扣1分，扣完为止		
		本体、引线连接线夹及法兰处无明显过热	2	巡视缺少此项扣2分，表述不完整的扣1分，扣完为止		
		高压引线、末屏接地线连接正常	2	巡视缺少此项扣2分，表述不完整的扣1分，扣完为止		
		无放电痕迹，无异常响声，无异物搭挂	2	巡视缺少此项扣2分，表述不完整的扣1分，扣完为止		
		固定钢板牢固且接地良好，无锈蚀、无孔洞或缝隙	2	巡视缺少此项扣2分，表述不完整的扣1分，扣完为止		
		直流穿墙套管无漏气现象，压力指示正常	3	巡视缺少此项扣3分，表述不完整的扣1分，扣完为止		
		SF_6气体继电器接线盒密封良好，防雨罩无脱落	2	巡视缺少此项扣2分，表述不完整的扣1分，扣完为止		
3	巡检记录					
3.1	缺陷报告	记录巡检过程中发现的缺陷，记录要翔实，包含设备电压等级、设备双重名称及缺陷准确描述	30	巡检缺陷数量不全，缺少1条扣5分，扣完为止； 巡检缺陷描述不清楚，每条扣3分，扣完为止		
3.2	缺陷定性	对发现的缺陷逐条定性正确	20	定性不正确，每条扣2分，扣完为止		
4	工作结束					
4.1	工作现场清理	清理工作现场： （1）合理规划巡视路线，巡视完成一个设备/间隔后不允许折返。 （2）巡检过程中打开的箱门、柜门及时上锁。 （3）巡检过程中保持地面整洁，不随意丢弃垃圾	10	巡视完成一个设备/间隔后出现折返情况，每次扣2分，扣完为止； 打开的箱门、柜门未及时恢复，每处扣1分，扣完为止； 巡检过程中地面出现异物，每处扣1分，扣完为止		
4.2	巡视工器具归置及检查	巡视工器具归置及检查： （1）归还对讲机，并测试对讲机功能正常。 （2）归还巡检钥匙，并检查钥匙外观完整，功能正常	5	未按规范归还工器具及仪器仪表，每条扣3分，扣完为止； 未按要求检查工器具及仪器仪表完好，每条扣2分，扣完为止		
	合计		100			

Jc0002541002　换流站设备巡视类（直流避雷器巡视）。（100分）

考核知识点：基本运维工作

难易度：易

技能等级评价专业技能考核操作工作任务书

一、任务名称

换流站设备巡视类（直流避雷器巡视）。

二、适用工种

换流站值班员初级工。

三、具体任务

（1）进行直流避雷器巡视工作，并填写巡检记录。

（2）工作任务：直流避雷器巡视。

四、工作规范及要求

（1）巡检人着装应符合要求。

（2）巡检工器具的正确使用及安全措施。

（3）工作步骤要严格按照《国家电网有限公司直流换流站运维管理规定》要求进行。

（4）巡检结束后填写巡检记录。

五、考核及时间要求

（1）本考核操作时间为20分钟，时间到停止考评，包括巡视过程和报告整理时间，报告整理时间不超过5分钟。

（2）考评过程中如果由于巡视人员操作不规范、误入间隔等有可能引发不安全因素的，停止考评，该项考核项目不得分，但不影响其他项目。

（3）记录巡检结果，整理报告。

技能等级评价专业技能考核操作评分标准

工种	换流站值班员			评价等级	初级工
项目模块	基本运维工作		编号		Jc0002541002
单位		准考证号		姓名	
考试时限	20分钟	题型	单项操作	题分	100分
成绩		考评员		考评组长	日期
试题正文	换流站设备巡视类（直流避雷器巡视）				
需要说明的问题和要求	（1）要求单人巡视，着装符合安全要求。 （2）正确使用巡视所需工器具，巡视过程中应保证安全。 （3）合理规划巡视路线，巡视完成一个设备/间隔后不允许折返。 （4）巡视结束后，待考评员同意方可离开考场				

序号	项目名称	质量要求	满分	扣分标准	扣分原因	得分
1	安全事项					
1.1	安全措施的准备	着装： （1）穿全棉长袖工作服、绝缘鞋。 （2）正确佩戴安全帽，安全帽系带戴牢。 （3）检查安全帽外观正常。 （4）检查安全帽合格证完整，在检验有效期内。 （5）工作服穿着规范，无裸露、破损，衣扣系牢	5	着装不符合质量要求，每处扣2分，扣完为止		

续表

序号	项目名称	质量要求	满分	扣分标准	扣分原因	得分
1.2	巡视工器具选择及检查	工器具选择及检查： （1）携带对讲机，巡检前测试对讲机功能正常。 （2）携带巡检钥匙，检查钥匙外观完整，巡视区域授权正确，钥匙功能正常	10	未按规范携带、使用工器具及仪器仪表，每条扣3分； 未按要求检查工器具及仪器仪表完好，每条扣2分； 巡检钥匙授权错误，扣10分		
2	直流避雷器巡视	巡视要点				
2.1	本体巡视	引流线无松股、断股和弛度过紧及过松现象；接头无松动或变色等现象	2	巡视缺少此项扣2分，表述不完整的扣1分，扣完为止		
		均压环无位移、变形、锈蚀现象，无放电痕迹	3	巡视缺少此项扣3分，表述不完整的扣1分，扣完为止		
		瓷套部分无裂纹、无破损、无放电现象，防污闪涂层无破裂、起皱、鼓泡、脱落；硅橡胶复合绝缘外套伞裙无破损、变形	3	巡视缺少此项扣3分，表述不完整的扣1分，扣完为止		
		压力释放装置封闭完好且无异物	2	巡视缺少此项扣2分，表述不完整的扣1分，扣完为止		
		密封结构金属件和法兰盘无裂纹、锈蚀	2	巡视缺少此项扣2分，表述不完整的扣1分，扣完为止		
		接地引下线连接可靠，无锈蚀、断裂	2	巡视缺少此项扣2分，表述不完整的扣1分，扣完为止		
		运行时无异常声响	2	巡视缺少此项扣2分，表述不完整的扣1分，扣完为止		
		监测装置外观完整、清洁、密封良好、连接紧固，表计指示正常，数值无超标；放电计数器完好，内部无受潮、进水	2	巡视缺少此项扣2分，表述不完整的扣1分，扣完为止		
		接地标识、设备铭牌、设备标示牌齐全、清晰	2	巡视缺少此项扣2分，表述不完整的扣1分，扣完为止		
3	巡检记录					
3.1	缺陷报告	记录巡检过程中发现的缺陷，记录要翔实，包含设备电压等级、设备双重名称及缺陷准确描述	30	巡检缺陷数量不全，缺少1条扣5分，扣完为止； 巡检缺陷描述不清楚，每条扣3分，扣完为止		
3.2	缺陷定性	对发现的缺陷逐条定性正确	20	定性不正确，每条扣2分，扣完为止		
4	工作结束					
4.1	工作现场清理	清理工作现场： （1）合理规划巡视路线，巡视完成一个设备/间隔后不允许折返。 （2）巡检过程中打开的箱门、柜门及时上锁。 （3）巡检过程中保持地面整洁，不随意丢弃垃圾	10	巡视完成一个设备/间隔后出现折返情况，每次扣2分，扣完为止； 打开的箱门、柜门未及时恢复，每处扣1分，扣完为止； 巡检过程中地面出现异物，每处扣1分，扣完为止		
4.2	巡视工器具归置及检查	巡视工器具归置及检查： （1）归还对讲机，并测试对讲机功能正常。 （2）归还巡检钥匙，并检查钥匙外观完整，功能正常	5	未按规范归还工器具及仪器仪表，每条扣3分，扣完为止； 未按要求检查工器具及仪器仪表完好，每条扣2分，扣完为止		
	合计		100			

Jc0002541003 换流站设备巡视类（直流隔离开关巡视）。（100分）

考核知识点：基本运维工作

难易度：易

技能等级评价专业技能考核操作工作任务书

一、任务名称

换流站设备巡视类（直流隔离开关巡视）。

二、适用工种

换流站值班员初级工。

三、具体任务

（1）进行直流隔离开关巡视工作，并填写巡检记录。

（2）工作任务：直流隔离开关巡视。

四、工作规范及要求

（1）巡检人着装应符合要求。

（2）巡检工器具的正确使用及安全措施。

（3）工作步骤要严格按照《国家电网有限公司直流换流站运维管理规定》要求进行。

（4）巡检结束后填写巡检记录。

五、考核及时间要求

（1）本考核操作时间为 20 分钟，时间到停止考评，包括巡视过程和报告整理时间，报告整理时间不超过 5 分钟。

（2）考评过程中如果由于巡视人员操作不规范、误入间隔等有可能引发不安全因素的，停止考评，该项考核项目不得分，但不影响其他项目。

（3）记录巡检结果，整理报告。

技能等级评价专业技能考核操作评分标准

工种	换流站值班员				评价等级	初级工
项目模块	基本运维工作			编号		Jc0002541003
单位			准考证号		姓名	
考试时限	20 分钟	题型		单项操作	题分	100 分
成绩		考评员		考评组长	日期	
试题正文	换流站设备巡视类（直流隔离开关巡视）					
需要说明的问题和要求	（1）要求单人巡视，着装符合安全要求。 （2）正确使用巡视所需工器具，巡视过程中应保证安全。 （3）合理规划巡视路线，巡视完成一个设备/间隔后不允许折返。 （4）巡视结束后，待考评员同意方可离开考场					

序号	项目名称	质量要求	满分	扣分标准	扣分原因	得分
1	安全事项					
1.1	安全措施的准备	着装： （1）穿全棉长袖工作服、绝缘鞋。 （2）正确佩戴安全帽，安全帽系带戴牢。 （3）检查安全帽外观正常。 （4）检查安全帽合格证完整，在检验有效期内。 （5）工作服穿着规范，无裸露、破损，衣扣系牢	5	着装不符合质量要求，每处扣 2 分，扣完为止		
1.2	巡视工器具选择及检查	工器具选择及检查： （1）携带对讲机，巡检前测试对讲机功能正常。 （2）携带巡检钥匙，检查钥匙外观完整，巡视区域授权正确，钥匙功能正常	10	未按规范携带、使用工器具及仪器仪表，每条扣 3 分； 未按要求检查工器具及仪器仪表完好，每条扣 2 分； 巡检钥匙授权错误，扣 10 分		

续表

序号	项目名称	质量要求	满分	扣分标准	扣分原因	得分
2	直流隔离开关巡视	巡视要点				
2.1	本体巡视	合闸状态的直流隔离开关触头接触良好，合闸角度符合要求；分闸状态的直流隔离开关触头间的距离或打开角度符合要求	2	巡视缺少此项扣2分，表述不完整的扣1分，扣完为止		
		触头、触指（包括滑动触指）、压紧弹簧无损伤、变色、锈蚀、变形，导电杆无损伤、变形现象	2	巡视缺少此项扣2分，表述不完整的扣1分，扣完为止		
		引线弧垂满足要求，无散股、断股	2	巡视缺少此项扣2分，表述不完整的扣1分，扣完为止		
		均压环安装牢固，表面光滑，无锈蚀、损伤、变形现象	2	巡视缺少此项扣2分，表述不完整的扣1分，扣完为止		
2.2	支柱绝缘子巡视	绝缘子外观清洁，无异物，无倾斜、破损、裂纹、放电痕迹或放电异声	2	巡视缺少此项扣2分，表述不完整的扣1分，扣完为止		
		金属法兰与瓷件的胶装部位完好，防水胶无开裂、起皮、脱落现象	2	巡视缺少此项扣2分，表述不完整的扣1分，扣完为止		
2.3	操动机构巡视	直流隔离开关操动机构机械指示与直流隔离开关实际位置一致	2	巡视缺少此项扣2分，表述不完整的扣1分，扣完为止		
		各部件无锈蚀、松动、脱落现象，连接轴销齐全	2	巡视缺少此项扣2分，表述不完整的扣1分，扣完为止		
2.4	基座、机械闭锁巡视	基座无裂纹、破损，连接螺栓无锈蚀、松动、脱落现象	2	巡视缺少此项扣2分，表述不完整的扣1分，扣完为止		
		机械闭锁位置正确，机械闭锁盘、闭锁板、闭锁销无锈蚀、变形现象，闭锁间隙符合要求	2	巡视缺少此项扣2分，表述不完整的扣1分，扣完为止		
3	巡检记录					
3.1	缺陷报告	记录巡检过程中发现的缺陷，记录要翔实，包含设备电压等级、设备双重名称及缺陷准确描述	30	巡检缺陷数量不全，缺少1条扣5分，扣完为止；巡检缺陷描述不清楚，每条扣3分，扣完为止		
3.2	缺陷定性	对发现的缺陷逐条定性正确	20	定性不正确，每条扣2分，扣完为止		
4	工作结束					
4.1	工作现场清理	清理工作现场： （1）合理规划巡视路线，巡视完成一个设备/间隔后不允许折返。 （2）巡检过程中打开的箱门、柜门及时上锁。 （3）巡检过程中保持地面整洁，不随意丢弃垃圾	10	巡视完成一个设备/间隔后出现折返情况，每次扣2分，扣完为止；打开的箱门、柜门未及时恢复，每处扣1分，扣完为止；巡检过程中地面出现异物，每处扣1分，扣完为止		
4.2	巡视工器具归置及检查	巡视工器具归置及检查： （1）归还对讲机，并测试对讲机功能正常。 （2）归还巡检钥匙，并检查钥匙外观完整，功能正常	5	未按规范归还工器具及仪器仪表，每条扣3分，扣完为止；未按要求检查工器具及仪器仪表完好，每条扣2分，扣完为止		
	合计		100			

Jc0002541004　换流站设备巡视类（750kV交流罐式断路器巡视）。（100分）

考核知识点：基本运维工作

难易度：易

技能等级评价专业技能考核操作工作任务书

一、任务名称

换流站设备巡视类（750kV 交流罐式断路器巡视）。

二、适用工种

换流站值班员初级工。

三、具体任务

（1）进行 750kV 交流罐式断路器巡视工作，并填写巡检记录。

（2）工作任务：750kV 交流罐式断路器巡视。

四、工作规范及要求

（1）巡检人着装应符合要求。

（2）巡检工器具的正确使用及安全措施。

（3）工作步骤要严格按照《国家电网有限公司直流换流站运维管理规定》要求进行。

（4）巡检结束后填写巡检记录。

五、考核及时间要求

（1）本考核操作时间为 30 分钟，时间到停止考评，包括巡视过程和报告整理时间，报告整理时间不超过 5 分钟。

（2）考评过程中如果由于巡视人员操作不规范、误入间隔等有可能引发不安全因素的，停止考评，该项考核项目不得分，但不影响其他项目。

（3）记录巡检结果，整理报告。

技能等级评价专业技能考核操作评分标准

工种	换流站值班员			评价等级		初级工
项目模块	基本运维工作		编号			Jc0002541004
单位		准考证号			姓名	
考试时限	30 分钟	题型	单项操作		题分	100 分
成绩		考评员		考评组长		日期	
试题正文	换流站设备巡视类（750kV 交流罐式断路器巡视）					
需要说明的问题和要求	（1）要求单人巡视，着装符合安全要求。 （2）正确使用巡视所需工器具，巡视过程中应保证安全。 （3）合理规划巡视路线，巡视完成一个设备/间隔后不允许折返。 （4）巡视结束后，待考评员同意方可离开考场					

序号	项目名称	质量要求	满分	扣分标准	扣分原因	得分
1	安全事项					
1.1	安全措施的准备	着装： （1）穿全棉长袖工作服、绝缘鞋。 （2）正确佩戴安全帽，安全帽系带戴牢。 （3）检查安全帽外观正常。 （4）检查安全帽合格证完整，在检验有效期内。 （5）工作服穿着规范，无裸露、破损，衣扣系牢	5	着装不符合质量要求，每处扣 2 分，扣完为止		
1.2	巡视工器具选择及检查	工器具选择及检查： （1）携带对讲机，巡检前测试对讲机功能正常。 （2）携带巡检钥匙，检查钥匙外观完整，巡视区域授权正确，钥匙功能正常	10	未按规范携带、使用工器具及仪器仪表，每条扣 3 分； 未按要求检查工器具及仪器仪表完好，每条扣 2 分； 巡检钥匙授权错误，扣 10 分		

续表

序号	项目名称	质量要求	满分	扣分标准	扣分原因	得分
2	750kV 交流罐式断路器巡视	巡视要点				
2.1	本体巡视	直流断路器各部件无异常振动声响	4	巡视缺少此项扣4分，表述不完整的扣1分，扣完为止		
		机构箱外观无变形，金属件无锈蚀，弹簧储能情况正常	3	巡视缺少此项扣3分，表述不完整的扣1分，扣完为止		
		各部件无渗漏油情况，机构箱应关严密封良好	3	巡视缺少此项扣3分，表述不完整的扣1分，扣完为止		
		SF$_6$压力正常，防雨罩完好	4	巡视缺少此项扣4分，表述不完整的扣1分，扣完为止		
2.2	附属设施巡视	引流线无松股、断股和弛度过紧及过松现象	3	巡视缺少此项扣3分，表述不完整的扣1分，扣完为止		
		瓷套部分无裂纹、无破损、无放电现象	3	巡视缺少此项扣3分，表述不完整的扣1分，扣完为止		
3	巡检记录					
3.1	缺陷报告	记录巡检过程中发现的缺陷，记录要翔实，包含设备电压等级、设备双重名称及缺陷准确描述	30	巡检缺陷数量不全，缺少1条扣5分，扣完为止；巡检缺陷描述不清楚，每条扣3分，扣完为止		
3.2	缺陷定性	对发现的缺陷逐条定性正确	20	定性不正确，每条扣2分，扣完为止		
4	工作结束					
4.1	工作现场清理	清理工作现场： （1）合理规划巡视路线，巡视完成一个设备/间隔后不允许折返。 （2）巡检过程中打开的箱门、柜门及时上锁。 （3）巡检过程中保持地面整洁，不随意丢弃垃圾	10	巡视完成一个设备/间隔后出现折返情况，每次扣2分，扣完为止；打开的箱门、柜门未及时恢复，每处扣1分，扣完为止；巡检过程中地面出现异物，每处扣1分，扣完为止		
4.2	巡视工器具归置及检查	巡视工器具归置及检查： （1）归还对讲机，并测试对讲机功能正常。 （2）归还巡检钥匙，并检查钥匙外观完整，功能正常	5	未按规范归还器具及仪器仪表，每条扣3分，扣完为止；未按要求检查器具及仪器仪表完好，每条扣2分，扣完为止		
	合计		100			

Jc0002542005　万用表测量不同阻值电阻。（100分）

考核知识点： 运维基本操作

难易度： 中

技能等级评价专业技能考核操作工作任务书

一、任务名称

万用表测量不同阻值电阻。

二、适用工种

换流站值班员初级工。

三、具体任务

工作任务：在规定时间内用万用表测量不同电阻阻值（50Ω、500Ω、5kΩ、5MΩ电阻）。

四、工作规范及要求

（1）操作人着装应符合要求。

（2）万用表的正确使用及安全措施。

（3）工作步骤要严格按照《国家电网有限公司直流换流站运维管理规定》要求进行。

（4）操作结束后填写检测报告。

五、考核及时间要求

（1）本考核操作时间为 20 分钟，时间到停止考评，包括测试过程和报告整理时间，报告整理时间不超过 5 分钟。

（2）考核过程中如果测试人员操作不规范，有可能引发不安全因素的停止考评，该项考核项目不得分，但不影响其他项目。

（3）记录测试结果，整理报告。

技能等级评价专业技能考核操作评分标准

工种		换流站值班员			评价等级	初级工
项目模块		运维基本操作		编号		Jc0002542005
单位			准考证号		姓名	
考试时限	20 分钟	题型		单项操作	题分	100 分
成绩		考评员		考评组长	日期	
试题正文	万用表测量不同阻值电阻					
需要说明的问题和要求	（1）要求单人操作。 （2）操作应注意安全，按照标准化作业书的技术安全说明做好安全措施					

序号	项目名称	质量要求	满分	扣分标准	扣分原因	得分
1	安全措施					
1.1	安全措施的准备	着装： （1）穿全棉长袖工作服、绝缘鞋。 （2）正确佩戴安全帽，安全帽系带戴牢。 （3）检查安全帽外观正常。 （4）检查安全帽合格证完整，在检验有效期内。 （5）工作服穿着规范，无裸露、破损，衣扣系牢	8	着装不符合质量要求，每处扣 2 分，扣完为止		
1.2	工器具使用	（1）万用表检查：检查绝缘性能良好、外壳无破损。 （2）确认测量设备双重名称，且变压器（高压电抗器）为带电设备	12	未检查万用表绝缘性能、外壳扣 6 分； 未确认设备双重名称或未确认检测设备为带电设备扣 6 分		
2	现场测量					
2.1	测量	（1）检查万用表电量是否充足。 （2）挡位、量程选择正确。 （3）将黑色表笔插入 COM 插孔，红色表笔插入 V/Ω/F。 （4）将表笔并接到被测电阻上，从显示器上读取测量结果并记录	60	未检查万用表电量扣 5 分； 未正确选择挡位、量程扣 20 分； 表笔插位置错误扣 30 分； 数据读取错误扣 5 分		
3	填写检查记录					
3.1	检查记录	按格式正确填写检查结果	10	每少填写一项扣 5 分，扣完为止		
4	进行现场恢复					
4.1	现场恢复	恢复现场	10	未进行现场恢复扣 10 分		
	合计		100			

Jc0002542006　直流避雷器精确红外测温。（100 分）

考核知识点： 运维技能

难易度： 中

技能等级评价专业技能考核操作工作任务书

一、任务名称

直流避雷器精确红外测温。

二、适用工种

换流站值班员初级工。

三、具体任务

（1）进行直流避雷器精确红外测温工作，并出具检测报告。

（2）工作任务：直流避雷器精确红外测温。

四、工作规范及要求

（1）操作人着装应符合要求。

（2）红外测温仪器的正确使用及安全措施。

（3）工作步骤要严格按照 DL/T 664—2016《带电设备红外诊断应用规范》要求进行。

（4）操作结束后填写检测报告。

五、考核及时间要求

（1）本考核操作时间为 20 分钟，时间到停止考评，包括测试过程和报告整理时间，报告整理时间不超过 5 分钟。

（2）考评过程中如果由于测试人员操作不规范，有可能引发不安全因素的，停止考评，该项考核项目不得分，但不影响其他项目。

（3）记录测试结果，整理报告。

技能等级评价专业技能考核操作评分标准

工种	换流站值班员				评价等级	初级工
项目模块	运维技能				编号	Jc0002542006
单位			准考证号		姓名	
考试时限	20 分钟		题型	单项操作	题分	100 分
成绩		考评员		考评组长		日期	
试题正文	直流避雷器精确红外测温					
需要说明的问题和要求	（1）要求单人操作，考评员监护。 （2）着装应符合安全要求。 （3）正确使用仪器仪表，测试过程中应保证安全。 （4）操作结束后，待考评员同意方可离开考场					

序号	项目名称	质量要求	满分	扣分标准	扣分原因	得分
1	安全事项					
1.1	安全措施的准备	着装： （1）穿全棉长袖工作服、绝缘鞋。 （2）正确佩戴安全帽，安全帽系带戴牢。 （3）检查安全帽外观正常。 （4）检查安全帽合格证完整，在检验有效期内。 （5）工作服穿着规范，无裸露、破损，衣扣系牢	5	着装不符合质量要求，每处扣 2 分，扣完为止		
1.2	工器具选择及检查	工器具选择及检查： （1）携带红外测温仪，测试功能正常。 （2）携带对讲机，操作前测试对讲机功能正常	5	未按规范携带、使用工器具及仪器仪表，每条扣 3 分； 未按要求检查工器具及仪器仪表完好，每条扣 2 分		

续表

序号	项目名称	质量要求	满分	扣分标准	扣分原因	得分
2	直流避雷器精确红外测温					
2.1	仪器设定	测量环境温湿度，并对仪器进行设置	5	未进行设置，扣5分		
		检查仪器辐射率设置（可设置0.9）	4	未检查设置扣4分，低于0.8扣2分，高于0.96扣2分		
		设置仪器补偿参数目标距离	6	设置不当扣6分		
		直流避雷器检测应包括引线接头、本体、在线检测仪	30	每漏检1处扣10分，扣完为止		
		至少从2个角度进行检测	20	每个设备仅从1个角度检测扣10分，扣完为止		
3	试验报告					
3.1	数据记录	数据翔实	5	记录不全或未记录被测设备名称、仪器型号、检测单位、试验日期、环境温湿度扣1分；未记录负荷电流扣2分；未记录运行电压扣2分		
3.2	图谱采集	图谱清晰，图片应能体现直流避雷器（各节）	10	每缺少1个部位扣4分；红外图像对焦不准确、不清晰，每张扣4分；红外图像画面布置不合理扣2分；红外图像中色标温度范围设置不合适，直流避雷器温宽超过±4K，每张扣2分；被拍摄设备过亮或过暗，每张扣2分；以上扣分，扣完为止		
3.3	分析结果	正确计算温升	5	结论不正确扣5分		
4	工作结束					
4.1	工器具归置及检查	工器具归置及检查： （1）归还红外测温仪，并检查外观正常。 （2）归还对讲机，并测试对讲机功能正常	5	未按规范归还工器具及仪器仪表，每条扣3分，扣完为止；未按要求检查工器具及仪器仪表完好，每条扣2分，扣完为止		
	合计		100			

Jc0002542007　直流分压器精确红外测温。（100分）

考核知识点：运维技能

难易度：中

技能等级评价专业技能考核操作工作任务书

一、任务名称

直流分压器精确红外测温。

二、适用工种

换流站值班员初级工。

三、具体任务

（1）进行直流分压器精确红外测温工作，并出具检测报告。

（2）工作任务：直流分压器精确红外测温。

四、工作规范及要求

（1）操作人着装应符合要求。

（2）红外测温仪器的正确使用及安全措施。

（3）工作步骤要严格按照 DL/T 664—2016《带电设备红外诊断应用规范》要求进行。

（4）操作结束后填写检测报告。

五、考核及时间要求

（1）本考核操作时间为 20 分钟，时间到停止考评，包括测试过程和报告整理时间，报告整理时间不超过 5 分钟。

（2）考评过程中如果由于测试人员操作不规范，有可能引发不安全因素的，停止考评，该项考核项目不得分，但不影响其他项目。

（3）记录测试结果，整理报告。

技能等级评价专业技能考核操作评分标准

工种		换流站值班员		评价等级	初级工
项目模块		运维技能	编号		Jc0002542007
单位			准考证号	姓名	
考试时限	20分钟	题型	单项操作	题分	100分
成绩		考评员		考评组长	日期

试题正文	直流分压器精确红外测温
需要说明的问题和要求	（1）要求单人操作，考评员监护。 （2）着装应符合安全要求。 （3）正确使用仪器仪表，测试过程中应保证安全。 （4）操作结束后，待考评员同意后方可离开考场

序号	项目名称	质量要求	满分	扣分标准	扣分原因	得分
1	安全事项					
1.1	安全措施的准备	着装： （1）穿全棉长袖工作服、绝缘鞋。 （2）正确佩戴安全帽，安全帽系带戴牢。 （3）检查安全帽外观正常。 （4）检查安全帽合格证完整，在检验有效期内。 （5）工作服穿着规范，无裸露、破损，衣扣系牢	5	着装不符合质量要求，每处扣2分，扣完为止		
1.2	工器具选择及检查	工器具选择及检查： （1）携带红外测温仪，测试功能正常。 （2）携带对讲机，操作前测试对讲机功能正常	5	未按规范携带、使用工器具及仪器仪表，每条扣3分； 未按要求检查工器具及仪器仪表完好，每条扣2分		
2	直流分压器精确红外测温					
2.1	仪器设定	测量环境温湿度，并对仪器进行设置	5	未进行设置，扣5分		
		检查仪器辐射率设置（可设置0.9）	4	未检查设置扣4分，低于0.8扣2分，高于0.96扣2分		
		设置仪器补偿参数目标距离	6	设置不当扣6分		
		直流分压器检测应包括引线接头、直流分压器本体	30	每漏检1处扣10分，扣完为止		
		至少从2个角度进行检测	20	每个设备仅从1个角度检测扣10分，扣完为止		
3	试验报告					
3.1	数据记录	数据翔实	5	记录不全或未记录被测设备名称、仪器型号、检测单位、试验日期、环境温湿度扣1分； 未记录负荷电流扣2分； 未记录运行电压扣2分		

续表

序号	项目名称	质量要求	满分	扣分标准	扣分原因	得分
3.2	图谱采集	图谱清晰，图片应能体现直流分压器本体	10	每缺少1个部位扣4分； 红外图像对焦不准确、不清晰，每张扣4分； 红外图像画面布置不合理扣2分； 红外图像中色标温度范围设置不合适，直流分压器温宽超过±4K，每张扣2分； 被拍摄设备过亮或过暗，每张扣2分； 以上扣分，扣完为止		
3.3	分析结果	正确计算温升	5	结论不正确扣5分		
4	工作结束					
4.1	工器具归置及检查	工器具归置及检查： （1）归还红外测温仪，并检查外观正常。 （2）归还对讲机，并测试对讲机功能正常	5	未按规范归还工器具及仪器仪表，每条扣3分，扣完为止； 未按要求检查工器具及仪器仪表完好，每条扣2分，扣完为止		
	合计		100			

Jc0002542008　直流隔离开关精确红外测温。（100分）

考核知识点： 运维技能

难易度： 中

技能等级评价专业技能考核操作工作任务书

一、任务名称

直流隔离开关精确红外测温。

二、适用工种

换流站值班员初级工。

三、具体任务

（1）进行直流隔离开关精确红外测温工作，并出具检测报告。

（2）工作任务：直流隔离开关精确红外测温。

四、工作规范及要求

（1）操作人着装应符合要求。

（2）红外测温仪器的正确使用及安全措施。

（3）工作步骤要严格按照 DL/T 664—2016《带电设备红外诊断应用规范》要求进行。

（4）操作结束后填写检测报告。

五、考核及时间要求

（1）本考核操作时间为 20 分钟，时间到停止考评，包括测试过程和报告整理时间，报告整理时间不超过 5 分钟。

（2）考评过程中如果由于测试人员操作不规范，有可能引发不安全因素的，停止考评，该项考核项目不得分，但不影响其他项目。

（3）记录测试结果，整理报告。

技能等级评价专业技能考核操作评分标准

工种	换流站值班员			评价等级	初级工
项目模块	运维技能		编号		Jc0002542008
单位		准考证号		姓名	
考试时限	20分钟	题型	单项操作	题分	100分
成绩		考评员	考评组长	日期	
试题正文	直流隔离开关精确红外测温				
需要说明的问题和要求	（1）要求单人操作，考评员监护。 （2）着装应符合安全要求。 （3）正确使用仪器仪表，测试过程中应保证安全。 （4）操作结束后，待考评员同意后方可离开考场				

序号	项目名称	质量要求	满分	扣分标准	扣分原因	得分
1	安全事项					
1.1	安全措施的准备	着装： （1）穿全棉长袖工作服、绝缘鞋。 （2）正确佩戴安全帽，安全帽系带戴牢。 （3）检查安全帽外观正常。 （4）检查安全帽合格证完整，在检验有效期内。 （5）工作服穿着规范，无裸露、破损，衣扣系牢	5	着装不符合质量要求，每处扣2分，扣完为止		
1.2	工器具选择及检查	工器具选择及检查： （1）携带红外测温仪，测试功能正常。 （2）携带对讲机，操作前测试对讲机功能正常	5	未按规范携带、使用工器具及仪器仪表，每条扣3分； 未按要求检查工器具及仪器仪表完好，每条扣2分		
2	直流隔离开关精确红外测温					
2.1	仪器设定	测量环境温湿度，并对仪器进行设置	5	未进行设置，扣5分		
		检查仪器辐射率设置（可设置0.9）	4	未检查设置扣4分，低于0.8扣2分，高于0.96扣2分		
		设置仪器补偿参数目标距离	6	设置不当扣6分		
		直流隔离开关检测应包括转头、刀口	30	每漏检1处扣10分，扣完为止		
		至少从2个角度进行检测	20	每个设备仅从1个角度检测扣10分，扣完为止		
3	试验报告					
3.1	数据记录	数据翔实	5	记录不全或未记录被测设备名称、仪器型号、检测单位、试验日期、环境温湿度扣1分； 未记录负荷电流扣2分； 未记录运行电压扣2分		
3.2	图谱采集	图谱清晰，图片应能体现直流隔离开关（三相）	10	每缺少1个部位扣4分； 红外图像对焦不准确、不清晰，每张扣4分； 红外图像画面布置不合理扣2分； 红外图像中色标温度范围设置不合适，直流隔离开关温宽超过±4K，每张扣2分； 被拍摄设备过亮或过暗，每张扣2分； 以上扣分，扣完为止		
3.3	分析结果	正确计算温升	5	结论不正确扣5分		
4	工作结束					

续表

序号	项目名称	质量要求	满分	扣分标准	扣分原因	得分
4.1	工器具归置及检查	工器具归置及检查： （1）归还红外测温仪，并检查外观正常。 （2）归还对讲机，并测试对讲机功能正常	5	未按规范归还工器具及仪器仪表，每条扣3分，扣完为止； 未按要求检查工器具及仪器仪表完好，每条扣2分，扣完为止		
	合计		100			

Jc0002542009　交流滤波器电容器精确红外测温。（100分）

考核知识点：运维技能

难易度：中

技能等级评价专业技能考核操作工作任务书

一、任务名称

交流滤波器电容器精确红外测温。

二、适用工种

换流站值班员初级工。

三、具体任务

（1）进行交流滤波器电容器精确红外测温工作，并出具检测报告。

（2）工作任务：交流滤波器电容器精确红外测温。

四、工作规范及要求

（1）操作人着装应符合要求。

（2）红外测温仪器的正确使用及安全措施。

（3）工作步骤要严格按照DL/T 664—2016《带电设备红外诊断应用规范》要求进行。

（4）操作结束后填写检测报告。

五、考核及时间要求

（1）本考核操作时间为20分钟，时间到停止考评，包括测试过程和报告整理时间，报告整理时间不超过5分钟。

（2）考评过程中如果由于测试人员操作不规范，有可能引发不安全因素的，停止考评，该项考核项目不得分，但不影响其他项目。

（3）记录测试结果，整理报告。

技能等级评价专业技能考核操作评分标准

工种	换流站值班员				评价等级	初级工
项目模块	运维技能			编号	Jc0002542009	
单位		准考证号			姓名	
考试时限	20分钟	题型		单项操作	题分	100分
成绩		考评员		考评组长	日期	
试题正文	交流滤波器电容器精确红外测温					
需要说明的问题和要求	（1）要求单人操作，考评员监护。 （2）着装应符合安全要求。 （3）正确使用仪器仪表，测试过程中应保证安全。 （4）操作结束后，待考评员同意后方可离开考场					

续表

序号	项目名称	质量要求	满分	扣分标准	扣分原因	得分
1	安全事项					
1.1	安全措施的准备	着装： （1）穿全棉长袖工作服、绝缘鞋。 （2）正确佩戴安全帽，安全帽系带戴牢。 （3）检查安全帽外观正常。 （4）检查安全帽合格证完整，在检验有效期内。 （5）工作服穿着规范，无裸露、破损，衣扣系牢	5	着装不符合质量要求，每处扣2分，扣完为止		
1.2	工器具选择及检查	工器具选择及检查： （1）携带红外测温仪，测试功能正常。 （2）携带对讲机，操作前测试对讲机功能正常	5	未按规范携带、使用工器具及仪器仪表，每条扣3分； 未按要求检查工器具及仪器仪表完好，每条扣2分		
2	交流滤波器电容器精确红外测温					
2.1	仪器设定	测量环境温湿度，并对仪器进行设置	5	未进行设置，扣5分		
		检查仪器辐射率设置（可设置0.9）	4	未检查设置扣4分，低于0.8扣2分，高于0.96扣2分		
		设置仪器补偿参数目标距离	6	设置不当扣6分		
		交流滤波器电容器检测应包括本体、连接金具	30	每漏检1处扣10分，扣完为止		
		至少从2个角度进行检测	20	每个设备仅从1个角度检测扣10分，扣完为止		
3	试验报告					
3.1	数据记录	数据翔实	5	记录不全或未记录被测设备名称、仪器型号、检测单位、试验日期、环境温湿度扣1分； 未记录负荷电流扣2分； 未记录运行电压扣2分		
3.2	图谱采集	图谱清晰，图片应能体现交流滤波器电容器本体	10	每缺少1个部位扣4分； 红外图像对焦不准确、不清晰，每张扣4分； 红外图像画面布置不合理扣2分； 红外图像中色标温度范围设置不合适，交流滤波器电容器温宽超过±4K，每张扣2分； 被拍摄设备过亮或过暗，每张扣2分； 以上扣分，扣完为止		
3.3	分析结果	正确计算温升	5	结论不正确扣5分		
4	工作结束					
4.1	工器具归置及检查	工器具归置及检查： （1）归还红外测温仪，并检查外观正常。 （2）归还对讲机，并测试对讲机功能正常	5	未按规范归还工器具及仪器仪表，每条扣3分，扣完为止； 未按要求检查工器具及仪器仪表完好，每条扣2分，扣完为止		
	合计		100			

Jc0002542010　直流穿墙套管精确红外测温。（100分）

考核知识点：运维技能

难易度：中

技能等级评价专业技能考核操作工作任务书

一、任务名称

直流穿墙套管精确红外测温。

二、适用工种

换流站值班员初级工。

三、具体任务

（1）进行直流穿墙套管精确红外测温工作，并出具检测报告。

（2）工作任务：直流穿墙套管精确红外测温。

四、工作规范及要求

（1）操作人着装应符合要求。

（2）红外测温仪器的正确使用及安全措施。

（3）工作步骤要严格按照 DL/T 664—2016《带电设备红外诊断应用规范》要求进行。

（4）操作结束后填写检测报告。

五、考核及时间要求

（1）本考核操作时间为 20 分钟，时间到停止考评，包括测试过程和报告整理时间，报告整理时间不超过 5 分钟。

（2）考评过程中如果由于测试人员操作不规范，有可能引发不安全因素的，停止考评，该项考核项目不得分，但不影响其他项目。

（3）记录测试结果，整理报告。

技能等级评价专业技能考核操作评分标准

工种	换流站值班员				评价等级	初级工
项目模块	运维技能				编号	Jc0002542010
单位			准考证号		姓名	
考试时限	20分钟	题型		单项操作	题分	100分
成绩		考评员		考评组长	日期	
试题正文	直流穿墙套管精确红外测温					
需要说明的问题和要求	（1）要求单人操作，考评员监护。 （2）着装应符合安全要求。 （3）正确使用仪器仪表，测试过程中应保证安全。 （4）操作结束后，待考评员同意后方可离开考场					

序号	项目名称	质量要求	满分	扣分标准	扣分原因	得分
1	安全事项					
1.1	安全措施的准备	着装： （1）穿全棉长袖工作服、绝缘鞋。 （2）正确佩戴安全帽，安全帽系带戴牢。 （3）检查安全帽外观正常。 （4）检查安全帽合格证完整，在检验有效期内。 （5）工作服穿着规范，无裸露、破损，衣扣系牢	5	着装不符合质量要求，每处扣2分，扣完为止		
1.2	工器具选择及检查	工器具选择及检查： （1）携带红外测温仪，测试功能正常。 （2）携带对讲机，操作前测试对讲机功能正常	5	未按规范携带、使用工器具及仪器仪表，每条扣3分； 未按要求检查工器具及仪器仪表完好，每条扣2分		

续表

序号	项目名称	质量要求	满分	扣分标准	扣分原因	得分
2	直流穿墙套管精确红外测温					
2.1	仪器设定	测量环境温湿度，并对仪器进行设置	5	未进行设置，扣5分		
		检查仪器辐射率设置（可设置0.9）	4	未检查设置扣4分，低于0.8扣2分，高于0.96扣2分		
		设置仪器补偿参数目标距离	6	设置不当扣6分		
		直流穿墙套管检测应包括本体、连接金具	30	每漏检1处扣10分，扣完为止		
		至少从2个角度进行检测	20	每个设备仅从1个角度检测扣10分，扣完为止		
3	试验报告					
3.1	数据记录	数据翔实	5	记录不全或未记录被测设备名称、仪器型号、检测单位、试验日期、环境温湿度扣1分； 未记录负荷电流扣2分； 未记录运行电压扣2分		
3.2	图谱采集	图谱清晰，图片应能体现直流穿墙套管本体及连接金具	10	每缺少1个部位扣4分； 红外图像对焦不准确、不清晰，每张扣4分； 红外图像画面布置不合理扣2分； 红外图像中色标温度范围设置不合适，直流穿墙套管温宽超过±4K，每张扣2分； 被拍摄设备过亮或过暗，每张扣2分； 以上扣分，扣完为止		
3.3	分析结果	正确计算温升	5	结论不正确扣5分		
4	工作结束					
4.1	工器具归置及检查	工器具归置及检查： （1）归还红外测温仪，并检查外观正常。 （2）归还对讲机，并测试对讲机功能正常	5	未按规范归还工器具及仪器仪表，每条扣3分，扣完为止； 未按要求检查工器具及仪器仪表完好，每条扣2分，扣完为止		
	合计		100			

Jc0002542011 交流断路器精确红外测温。（100分）

考核知识点：运维技能

难易度：中

技能等级评价专业技能考核操作工作任务书

一、任务名称

交流断路器精确红外测温。

二、适用工种

换流站值班员初级工。

三、具体任务

（1）进行交流断路器精确红外测温工作，并出具检测报告。

（2）工作任务：交流断路器精确红外测温。

四、工作规范及要求

（1）操作人着装应符合要求。

（2）红外测温仪器的正确使用及安全措施。

（3）工作步骤要严格按照 DL/T 664—2016《带电设备红外诊断应用规范》要求进行。

（4）操作结束后填写检测报告。

五、考核及时间要求

（1）本考核操作时间为 20 分钟，时间到停止考评，包括测试过程和报告整理时间，报告整理时间不超过 5 分钟。

（2）考评过程中如果由于测试人员操作不规范，有可能引发不安全因素的，停止考评，该项考核项目不得分，但不影响其他项目。

（3）记录测试结果，整理报告。

技能等级评价专业技能考核操作评分标准

工种			换流站值班员			评价等级	初级工	
项目模块			运维技能		编号		Jc0002542011	
单位				准考证号			姓名	
考试时限	20 分钟		题型		单项操作		题分	100 分
成绩		考评员			考评组长		日期	
试题正文	交流断路器精确红外测温							
需要说明的问题和要求	（1）要求单人操作，考评员监护。 （2）着装应符合安全要求。 （3）正确使用仪器仪表，测试过程中应保证安全。 （4）操作结束后，待考评员同意后方可离开考场							

序号	项目名称	质量要求	满分	扣分标准	扣分原因	得分
1	安全事项					
1.1	安全措施的准备	着装： （1）穿全棉长袖工作服、绝缘鞋。 （2）正确佩戴安全帽，安全帽系带戴牢。 （3）检查安全帽外观正常。 （4）检查安全帽合格证完整，在检验有效期内。 （5）工作服着规范，无裸露、破损，衣扣系牢	5	着装不符合质量要求，每处扣 2 分，扣完为止		
1.2	工器具选择及检查	工器具选择及检查： （1）携带红外测温仪，测试功能正常。 （2）携带对讲机，操作前测试对讲机功能正常	5	未按规范携带、使用工器具及仪器仪表，每条扣 3 分； 未按要求检查工器具及仪器仪表完好，每条扣 2 分		
2	交流断路器精确红外测温					
2.1	仪器设定	测量环境温湿度，并对仪器进行设置	5	未进行设置，扣 5 分		
		检查仪器辐射率设置（可设置 0.9）	4	未检查设置扣 4 分，低于 0.8 扣 2 分，高于 0.96 扣 2 分		
		设置仪器补偿参数目标距离	6	设置不当扣 6 分		
		交流断路器检测应包括本体、连接金具	30	每漏检 1 处扣 10 分，扣完为止		
		至少从 2 个角度进行检测	20	每个设备仅从 1 个角度检测扣 10 分，扣完为止		
3	试验报告					
3.1	数据记录	数据翔实	5	记录不全或未记录被测设备名称、仪器型号、检测单位、试验日期、环境温湿度扣 1 分； 未记录负荷电流扣 2 分； 未记录运行电压扣 2 分		

续表

序号	项目名称	质量要求	满分	扣分标准	扣分原因	得分
3.2	图谱采集	图谱清晰，图片应能体现交流断路器（三相）	10	每缺少1个部位扣4分； 红外图像对焦不准确、不清晰，每张扣4分； 红外图像画面布置不合理扣2分； 红外图像中色标温度范围设置不合适，交流断路器本体温宽超过±4K，每张扣2分； 被拍摄设备过亮或过暗，每张扣2分； 以上扣分，扣完为止		
3.3	分析结果	正确计算温升	5	结论不正确扣5分		
4	工作结束					
4.1	工器具归置及检查	工器具归置及检查： （1）归还红外测温仪，并检查外观正常。 （2）归还对讲机，并测试对讲机功能正常	5	未按规范归还工器具及仪器仪表，每条扣3分，扣完为止； 未按要求检查工器具及仪器仪表完好，每条扣2分，扣完为止		
	合计		100			

Jc0002542012 **电流互感器精确红外测温。**（100分）
考核知识点：运维技能
难易度：中

技能等级评价专业技能考核操作工作任务书

一、任务名称

电流互感器精确红外测温。

二、适用工种

换流站值班员初级工。

三、具体任务

（1）进行电流互感器精确红外测温工作，并出具检测报告。

（2）工作任务：电流互感器精确红外测温。

四、工作规范及要求

（1）操作人着装应符合要求。

（2）红外测温仪器的正确使用及安全措施。

（3）工作步骤要严格按照 DL/T 664—2016《带电设备红外诊断应用规范》要求进行。

（4）操作结束后填写检测报告。

五、考核及时间要求

（1）本考核操作时间为 20 分钟，时间到停止考评，包括测试过程和报告整理时间，报告整理时间不超过 5 分钟。

（2）考评过程中如果由于测试人员操作不规范，有可能引发不安全因素的，停止考评，该项考核项目不得分，但不影响其他项目。

（3）记录测试结果，整理报告。

技能等级评价专业技能考核操作评分标准

工种	换流站值班员			评价等级	初级工
项目模块	运维技能		编号		Jc0002542012
单位		准考证号		姓名	
考试时限	20分钟	题型	单项操作	题分	100分
成绩		考评员		考评组长	日期

试题正文	电流互感器精确红外测温
需要说明的问题和要求	（1）要求单人操作，考评员监护。 （2）着装应符合安全要求。 （3）正确使用仪器仪表，测试过程中应保证安全。 （4）操作结束后，待考评员同意后方可离开考场

序号	项目名称	质量要求	满分	扣分标准	扣分原因	得分
1	安全事项					
1.1	安全措施的准备	着装： （1）穿全棉长袖工作服、绝缘鞋。 （2）正确佩戴安全帽，安全帽系带戴牢。 （3）检查安全帽外观正常。 （4）检查安全帽合格证完整，在检验有效期内。 （5）工作服穿着规范，无裸露、破损，衣扣系牢	5	着装不符合质量要求，每处扣2分，扣完为止		
1.2	工器具选择及检查	工器具选择及检查： （1）携带红外测温仪，测试功能正常。 （2）携带对讲机，操作前测试对讲机功能正常	5	未按规范携带、使用工器具及仪器仪表，每条扣3分； 未按要求检查工器具及仪器仪表完好，每条扣2分		
2	电流互感器精确红外测温					
2.1	仪器设定	测量环境温湿度，并对仪器进行设置	5	未进行设置，扣5分		
		检查仪器辐射率设置（可设置0.9）	4	未检查设置扣4分，低于0.8扣2分，高于0.96扣2分		
		设置仪器补偿参数目标距离	6	设置不当扣6分		
		电流互感器检测应包括本体、连接金具	30	每漏检1处扣10分，扣完为止		
		至少从2个角度进行检测	20	每个设备仅从1个角度检测扣10分，扣完为止		
3	试验报告					
3.1	数据记录	数据翔实	5	记录不全或未记录被测设备名称、仪器型号、检测单位、试验日期、环境温湿度扣1分； 未记录负荷电流扣2分； 未记录运行电压扣2分		
3.2	图谱采集	图谱清晰，图片应能体现电流互感器（三相）	10	每缺少1个部位扣4分； 红外图像对焦不准确、不清晰，每张扣4分； 红外图像画面布置不合理扣2分； 红外图像中色标温度范围设置不合适，电流互感器本体温宽超过±4K，每张扣2分； 被拍摄设备过亮或过暗，每张扣2分； 以上扣分，扣完为止		
3.3	分析结果	正确计算温升	5	结论不正确扣5分		

续表

序号	项目名称	质量要求	满分	扣分标准	扣分原因	得分
4	工作结束					
4.1	工器具归置及检查	工器具归置及检查： （1）归还红外测温仪，并检查外观正常。 （2）归还对讲机，并测试对讲机功能正常	5	未按规范归还工器具及仪器仪表，每条扣3分，扣完为止； 未按要求检查工器具及仪器仪表完好，每条扣2分，扣完为止		
	合计		100			

Jc0002542013　平波电抗器精确红外测温。（100分）

考核知识点：运维技能

难易度：中

技能等级评价专业技能考核操作工作任务书

一、任务名称

平波电抗器精确红外测温。

二、适用工种

换流站值班员初级工。

三、具体任务

（1）进行平波电抗器精确红外测温工作，并出具检测报告。

（2）工作任务：平波电抗器精确红外测温。

四、工作规范及要求

（1）操作人着装应符合要求。

（2）红外测温仪器的正确使用及安全措施。

（3）工作步骤要严格按照 DL/T 664—2016《带电设备红外诊断应用规范》要求进行。

（4）操作结束后填写检测报告。

五、考核及时间要求

（1）本考核操作时间为 20 分钟，时间到停止考评，包括测试过程和报告整理时间，报告整理时间不超过 5 分钟。

（2）考评过程中如果由于测试人员操作不规范，有可能引发不安全因素的，停止考评，该项考核项目不得分，但不影响其他项目。

（3）记录测试结果，整理报告。

技能等级评价专业技能考核操作评分标准

工种		换流站值班员			评价等级	初级工
项目模块		运维技能			编号	Jc0002542013
单位			准考证号		姓名	
考试时限	20分钟		题型	单项操作	题分	100分
成绩		考评员		考评组长		日期	
试题正文	平波电抗器精确红外测温					
需要说明的问题和要求	（1）要求单人操作，考评员监护。 （2）着装应符合安全要求。 （3）正确使用仪器仪表，测试过程中应保证安全。 （4）操作结束后，待考评员同意后方可离开考场					

续表

序号	项目名称	质量要求	满分	扣分标准	扣分原因	得分
1	安全事项					
1.1	安全措施的准备	着装： （1）穿全棉长袖工作服、绝缘鞋。 （2）正确佩戴安全帽，安全帽系带戴牢。 （3）检查安全帽外观正常。 （4）检查安全帽合格证完整，在检验有效期内。 （5）工作服穿着规范，无裸露、破损，衣扣系牢	5	着装不符合质量要求，每处扣2分，扣完为止		
1.2	工器具选择及检查	工器具选择及检查： （1）携带红外测温仪，测试功能正常。 （2）携带对讲机，操作前测试对讲机功能正常	5	未按规范携带、使用工器具及仪器仪表，每条扣3分； 未按要求检查工器具及仪器仪表完好，每条扣2分		
2	平波电抗器精确红外测温					
2.1	仪器设定	测量环境温湿度，并对仪器进行设置	5	未进行设置，扣5分		
		检查仪器辐射率设置（可设置0.9）	4	未检查设置扣4分，低于0.8扣2分，高于0.96扣2分		
		设置仪器补偿参数目标距离	6	设置不当扣6分		
		平波电抗器检测应包括本体、连接金具	30	每漏检1处扣10分，扣完为止		
		至少从2个角度进行检测	20	每个设备仅从1个角度检测扣10分，扣完为止		
3	试验报告					
3.1	数据记录	数据翔实	5	记录不全或未记录被测设备名称、仪器型号、检测单位、试验日期、环境温湿度扣1分； 未记录负荷电流扣2分； 未记录运行电压扣2分		
3.2	图谱采集	图谱清晰，图片应能体现平波电抗器本体及连接金具	10	每缺少1个部位扣4分； 红外图像对焦不准确、不清晰，每张扣4分； 红外图像画面布置不合理扣2分，红外图像中色标温度范围设置不合适，平波电抗器本体温宽超过±4K，每张扣2分； 被拍摄设备过亮或过暗，每张扣2分； 以上扣分，扣完为止		
3.3	分析结果	正确计算温升	5	结论不正确扣5分		
4	工作结束					
4.1	工器具归置及检查	工器具归置及检查： （1）归还红外测温仪，并检查外观正常。 （2）归还对讲机，并测试对讲机功能正常	5	未按规范归还工器具及仪器仪表，每条扣3分，扣完为止； 未按要求检查工器具及仪器仪表完好，每条扣2分，扣完为止		
	合计		100			

Jc0002542014　GIS（自母线隔离开关至套管）精确红外测温。（100分）

考核知识点：运维技能

难易度：中

技能等级评价专业技能考核操作工作任务书

一、任务名称

GIS（自母线隔离开关至套管）精确红外测温。

二、适用工种

换流站值班员初级工。

三、具体任务

（1）进行 GIS（自母线隔离开关至套管）精确红外测温工作，并出具检测报告。

（2）工作任务：GIS（自母线隔离开关至套管）精确红外测温。

四、工作规范及要求

（1）操作人着装应符合要求。

（2）红外测温仪器的正确使用及安全措施。

（3）工作步骤要严格按照 DL/T 664—2016《带电设备红外诊断应用规范》要求进行。

（4）操作结束后填写检测报告。

五、考核及时间要求

（1）本考核操作时间为 30 分钟，时间到停止考评，包括测试过程和报告整理时间，报告整理时间不超过 5 分钟。

（2）考评过程中如果由于测试人员操作不规范，有可能引发不安全因素的，停止考评，该项考核项目不得分，但不影响其他项目。

（3）记录测试结果，整理报告。

技能等级评价专业技能考核操作评分标准

工种	换流站值班员			评价等级	初级工
项目模块	运维技能		编号		Jc0002542014
单位		准考证号		姓名	
考试时限	30分钟	题型	单项操作	题分	100分
成绩		考评员	考评组长	日期	
试题正文	GIS（自母线隔离开关至套管）精确红外测温。				
需要说明的问题和要求	（1）要求单人操作，考评员监护。 （2）着装应符合安全要求。 （3）正确使用仪器仪表，测试过程中应保证安全。 （4）操作结束后，待考评员同意后方可离开考场				

序号	项目名称	质量要求	满分	扣分标准	扣分原因	得分
1	安全事项					
1.1	安全措施的准备	着装： （1）穿全棉长袖工作服、绝缘鞋。 （2）正确佩戴安全帽，安全帽系带戴牢。 （3）检查安全帽外观正常。 （4）检查安全帽合格证完整，在检验有效期内。 （5）工作服穿着规范，无裸露、破损，衣扣系牢	5	着装不符合质量要求，每处扣2分，扣完为止		
1.2	工器具选择及检查	工器具选择及检查： （1）携带红外测温仪，测试功能正常。 （2）携带对讲机，操作前测试对讲机功能正常	5	未按规范携带、使用工器具及仪器仪表，每条扣3分； 未按要求检查工器具及仪器仪表完好，每条扣2分		
2	GIS（自母线隔离开关至套管）精确红外测温					
2.1	仪器设定	测量环境温湿度，并对仪器进行设置	5	未进行设置，扣5分		
		检查仪器辐射率设置（可设置0.9）	4	未检查设置扣4分，低于0.8扣2分，高于0.96扣2分		

序号	项目名称	质量要求	满分	扣分标准	扣分原因	得分
2.1	仪器设定	设置仪器补偿参数目标距离	6	设置不当扣6分		
		GIS测温应对套管引线、套管本体、GIS各部位罐体进行全部检测	30	每漏检1处扣10分，扣完为止		
		至少从2个角度进行检测	20	每个设备仅从1个角度检测扣10分，扣完为止		
3	试验报告					
3.1	数据记录	数据翔实	5	记录不全或未记录被测设备名称、仪器型号、检测单位、试验日期、环境温湿度扣1分；未记录负荷电流扣2分；未记录运行电压扣2分		
3.2	图谱采集	图谱清晰，图片应能体现套管引线、套管本体、GIS各部位罐体	10	每缺少1个部位扣4分；红外图像对焦不准确、不清晰，每张扣4分；红外图像画面布置不合理扣2分；红外图像中色标温度范围设置不合适，套管本体温宽超过±4K，每张扣2分；GIS罐体温宽超过±10K，每张扣2分；被拍摄设备过亮或过暗，每张扣2分；以上扣分，扣完为止		
3.3	分析结果	正确计算温升	5	结论不正确扣5分		
4	工作结束					
4.1	工器具归置及检查	工器具归置及检查： （1）归还红外测温仪，并检查外观正常。 （2）归还对讲机，并测试对讲机功能正常	5	未按规范归还工器具及仪器仪表，每条扣3分，扣完为止；未按要求检查工器具及仪器仪表完好，每条扣2分，扣完为止		
	合计		100			

Jc0002542015 主变压器精确红外测温。（100分）

考核知识点：运维技能

难易度：中

技能等级评价专业技能考核操作工作任务书

一、任务名称

主变压器精确红外测温。

二、适用工种

换流站值班员初级工。

三、具体任务

（1）进行主变压器精确红外测温工作，并出具检测报告。

（2）工作任务：主变压器精确红外测温。

四、工作规范及要求

（1）操作人着装应符合要求。

（2）红外测温仪器的正确使用及安全措施。

（3）工作步骤要严格按照DL/T 664—2016《带电设备红外诊断应用规范》要求进行。

（4）操作结束后填写检测报告。

五、考核及时间要求

（1）本考核操作时间为 20 分钟，时间到停止考评，包括测试过程和报告整理时间，报告整理时间不超过 5 分钟。

（2）考评过程中如果由于测试人员操作不规范，有可能引发不安全因素的，停止考评，该项考核项目不得分，但不影响其他项目。

（3）记录测试结果，整理报告。

技能等级评价专业技能考核操作评分标准

工种		换流站值班员			评价等级	初级工
项目模块		运维技能		编号		Jc0002542015
单位			准考证号		姓名	
考试时限	20分钟		题型	单项操作	题分	100分
成绩		考评员		考评组长	日期	
试题正文	主变压器精确红外测温					
需要说明的问题和要求	（1）要求单人操作，考评员监护。 （2）着装应符合安全要求。 （3）正确使用仪器仪表，测试过程中应保证安全。 （4）操作结束后，待考评员同意后方可离开考场					

序号	项目名称	质量要求	满分	扣分标准	扣分原因	得分
1	安全事项					
1.1	安全措施的准备	着装： （1）穿全棉长袖工作服、绝缘鞋。 （2）正确佩戴安全帽，安全帽系带戴牢。 （3）检查安全帽外观正常。 （4）检查安全帽合格证完整，在检验有效期内。 （5）工作服穿着规范，无裸露、破损，衣扣系牢	5	着装不符合质量要求，每处扣2分，扣完为止		
1.2	工器具选择及检查	工器具选择及检查： （1）携带红外测温仪，测试功能正常。 （2）携带对讲机，操作前测试对讲机功能正常	5	未按规范携带、使用工器具及仪器仪表，每条扣3分； 未按要求检查工器具及仪器仪表完好，每条扣2分		
2	主变压器精确红外测温					
2.1	仪器设定	测量环境温湿度，并对仪器进行设置	5	未进行设置，扣5分		
		检查仪器辐射率设置（可设置0.9）	4	未检查设置扣4分，低于0.8扣2分，高于0.96扣2分		
		设置仪器补偿参数目标距离	6	设置不当扣6分		
		主变压器检测应包括本体、套管、冷却器、储油柜、连接金具	30	每漏检1处扣5分		
		至少从2个角度进行检测	20	每个设备仅从1个角度检测扣10分，扣完为止		
3	试验报告					
3.1	数据记录	数据翔实	5	记录不全或未记录被测设备名称、仪器型号、检测单位、试验日期、环境温湿度扣1分； 未记录负荷电流扣2分； 未记录运行电压扣2分		

续表

序号	项目名称	质量要求	满分	扣分标准	扣分原因	得分
3.2	图谱采集	图谱清晰，图片应能体现主变压器本体、套管、冷却器、储油柜、连接金具	10	每缺少1个部位扣4分； 红外图像对焦不准确、不清晰，每张扣4分； 红外图像画面布置不合理扣2分； 红外图像中色标温度范围设置不合适，主变压器本体、套管、冷却器、储油柜、连接金具温宽超过±4K，每张扣2分； 被拍摄设备过亮或过暗，每张扣2分；以上扣分，扣完为止		
3.3	分析结果	正确计算温升	5	结论不正确扣5分		
4	工作结束					
4.1	工器具归置及检查	工器具归置及检查： （1）归还红外测温仪，并检查外观正常。 （2）归还对讲机，并测试对讲机功能正常	5	未按规范归还工器具及仪器仪表，每条扣3分，扣完为止； 未按要求检查工器具及仪器仪表完好，每条扣2分，扣完为止		
	合计		100			

Jc0002563016　星州Ⅰ线线路由运行转检修。（100分）

考核知识点：倒闸操作

难易度：难

技能等级评价专业技能考核操作工作任务书

一、任务名称

星州Ⅰ线线路由运行转检修。

二、适用工种

换流站值班员初级工。

三、具体任务

视为五防电脑钥匙已模拟上传完成，按照星州Ⅰ线线路由运行转检修填写倒闸操作票，并进行操作。

四、工作规范及要求

（1）现场操作票所涉及的设备，均以现场实际设备的双重名称和结构型式为准。

（2）倒闸操作票填写只考虑一次设备状态，不考虑保护等二次连接片的投退。

（3）倒闸操作考试在仿真平台上进行，不设置监护人，按照单人后台操作进行考试。

五、考核及时间要求

（1）本考核操作时间为50分钟，时间到停止考评，包括测试过程和报告整理时间，报告整理时间不超过5分钟。

（2）考生向考评员汇报操作结束时，视为实操结束。若考生在限定时间内未完成考试，考评员应立即终止比赛，后续项目不予得分。

技能等级评价专业技能考核操作评分标准

工种	换流站值班员			评价等级	初级工
项目模块	倒闸操作		编号		Jc0002563016
单位		准考证号		姓名	
考试时限	50分钟	题型	单项操作	题分	100分

续表

成绩		考评员		考评组长		日期	

试题正文	星州Ⅰ线线路由运行转检修						
需要说明的问题和要求	（1）要求单人独立操作，在仿真平台上操作，不设置监护人。 （2）倒闸操作票填写只考虑一次设备状态，不考虑保护等二次连接片的投退						

序号	项目名称	质量要求	满分	扣分标准	扣分原因	得分
1	操作					
1.1	操作准备	根据操作任务，分析操作顺序，并正确填写操作票	45	未进行模拟预演，扣5分； 未正确填写操作票票头（发令人、受令人、下令时间、操作开始时间等），未盖以下空白章，扣2～5分； 操作票填写中，漏项、错项，直流顺控操作中，未按照正确顺序填写，每项扣3分，累计最高扣15分； 断路器、隔离开关操作顺序错误，扣3分； 在进行倒负荷或解、并列操作前后，未检查相关电源运行及负荷分配情况，扣2分； 设备检修后合闸送电前，未检查送电范围内接地开关（装置）已拉开，接地线已拆除，扣5分； 拉合设备［断路器（开关）、隔离开关（刀闸）、接地开关（装置）等］后，未检查设备的位置，扣5分； 在拉合隔离开关（刀闸）、手车式开关拉出、推入前，未检查断路器（开关）确在分闸位置，扣5分		
1.2	倒闸操作	操作票执行	50	未正确执行操作票中内容，操作错误，扣10分； 操作过程中未执行唱票复诵，扣10分； 操作过程中未按操作票顺序逐项操作，漏项、跳项，扣10分； 误操作，未造成后果，扣20分； 误操作，造成后果［① 误分、误合断路器；② 带负荷拉、合隔离开关或手车触头；③ 带电挂（合）接地线（接地开关）；④ 带接地线（接地开关）合断路器（隔离开关），扣50分		
1.3	操作结束	操作结束后，归档	5	操作票执行完毕后，未正确填写操作结束时间，扣3分； 操作票执行完毕后，未在对应位置加盖已执行章，扣2分		
	合计		100			

Jc0002563017　星州Ⅰ线线路由检修转运行。（100分）

考核知识点：倒闸操作

难易度：难

技能等级评价专业技能考核操作工作任务书

一、任务名称

星州Ⅰ线线路由检修转运行。

二、适用工种

换流站值班员初级工。

三、具体任务

视为五防电脑钥匙已模拟上传完成，按照星州Ⅰ线线路由检修转运行填写倒闸操作票，并进行操作。

四、工作规范及要求

（1）现场操作票所涉及的设备，均以现场实际设备的双重名称和结构型式为准。

（2）倒闸操作票填写只考虑一次设备状态，不考虑保护等二次连接片的投退。

（3）倒闸操作考试在仿真平台上进行，不设置监护人，按照单人后台操作进行考试。

五、考核及时间要求

（1）本考核操作时间为 50 分钟，时间到停止考评，包括测试过程和报告整理时间，报告整理时间不超过 5 分钟。

（2）考生向考评员汇报操作结束时，视为实操结束。若考生在限定时间内未完成考试，考评员应立即终止比赛，后续项目不予得分。

技能等级评价专业技能考核操作评分标准

工种	换流站值班员		评价等级		初级工
项目模块	倒闸操作		编号		Jc0002563017
单位		准考证号		姓名	
考试时限	50 分钟	题型	单项操作	题分	100 分
成绩		考评员	考评组长	日期	
试题正文	星州Ⅰ线线路由检修转运行				
需要说明的问题和要求	（1）要求单人独立操作，在仿真平台上操作，不设置监护人。 （2）倒闸操作票填写只考虑一次设备状态，不考虑保护等二次连接片的投退				

序号	项目名称	质量要求	满分	扣分标准	扣分原因	得分
1	操作					
1.1	操作准备	根据操作任务，分析操作顺序，并正确填写操作票	45	未进行模拟预演，扣 5 分； 未正确填写操作票票头（发令人、受令人、下令时间、操作开始时间等），未盖以下空白章，扣 2～5 分； 操作票填写中，漏项、错项，直流顺控操作中，未按照正确顺序填写，每项扣 3 分，累计最高扣 15 分； 断路器、隔离开关操作顺序错误，扣 3 分； 在进行倒负荷或解、并列操作前后，未检查相关电源运行及负荷分配情况，扣 2 分； 设备检修后合闸送电前，未检查送电范围内接地开关（装置）已拉开，接地线已拆除，扣 5 分； 拉合设备［断路器（开关）、隔离开关（刀闸）、接地开关（装置）等］后，未检查设备的位置，扣 5 分； 在拉合隔离开关（刀闸），手车式开关拉出、推入前，未检查断路器（开关）确在分闸位置，扣 5 分		
1.2	倒闸操作	操作票执行	50	未正确执行操作票中内容，操作错误，扣 10 分； 操作过程中未执行唱票复诵，扣 10 分		

续表

序号	项目名称	质量要求	满分	扣分标准	扣分原因	得分
1.2	倒闸操作	操作票执行	50	操作过程中未按操作票顺序逐项操作，漏项、跳项，扣 10 分； 误操作，未造成后果，扣 20 分； 误操作，造成后果［① 误分、误合断路器；② 带负荷拉、合隔离开关或手车触头；③ 带电挂（合）接地线（接地开关）；④ 带接地线（接地开关）合断路器（隔离开关）］，扣 50 分		
1.3	操作结束	操作结束后，归档	5	操作票执行完毕后，未正确填写操作结束时间，扣 3 分； 操作票执行完毕后，未在对应位置加盖已执行章，扣 2 分		
	合计		100			

Jc0002563018　灵绍直流极Ⅰ正常停运（单极功率控制模式下）。（100 分）

考核知识点：倒闸操作

难易度：难

技能等级评价专业技能考核操作工作任务书

一、任务名称

灵绍直流极Ⅰ正常停运（单极功率控制模式下）。

二、适用工种

换流站值班员初级工。

三、具体任务

视为五防电脑钥匙已模拟上传完成，按照灵绍直流极Ⅰ正常停运（单极功率控制模式下）填写倒闸操作票，并进行操作。

四、工作规范及要求

（1）现场操作票所涉及的设备，均以现场实际设备的双重名称和结构型式为准。

（2）倒闸操作票填写只考虑一次设备状态，不考虑保护等二次连接片的投退。

（3）倒闸操作考试在仿真平台上进行，不设置监护人，按照单人后台操作进行考试。

五、考核及时间要求

（1）本考核操作时间为 45 分钟，时间到停止考评，包括测试过程和报告整理时间，报告整理时间不超过 5 分钟。

（2）考生向考评员汇报操作结束时，视为实操结束。若考生在限定时间内未完成考试，考评员应立即终止比赛，后续项目不予得分。

技能等级评价专业技能考核操作评分标准

工种	换流站值班员			评价等级	初级工
项目模块	倒闸操作			编号	Jc0002563018
单位		准考证号		姓名	
考试时限	45 分钟	题型	单项操作	题分	100 分
成绩		考评员	考评组长	日期	

试题正文	灵绍直流极Ⅰ正常停运（单极功率控制模式下）					
需要说明的问题和要求	（1）要求单人独立操作，在仿真平台上操作，不设置监护人。 （2）倒闸操作票填写只考虑一次设备状态，不考虑保护等二次连接片的投退					
序号	项目名称	质量要求	满分	扣分标准	扣分原因	得分
1	操作					
1.1	操作准备	根据操作任务，分析操作顺序，并正确填写操作票	45	未进行模拟预演，扣5分； 未正确填写操作票票头（发令人、受令人、下令时间、操作开始时间等），未盖以下空白章，扣2~5分； 操作票填写中，漏项、错项，直流顺控操作中，未按照正确顺序填写，每项扣3分，累计最高扣15分； 断路器、隔离开关操作顺序错误，扣3分； 在进行倒负荷或解、并列操作前后，未检查相关电源运行及负荷分配情况，扣2分； 设备检修后合闸送电前，未检查送电范围内接地开关（装置）已拉开，接地线已拆除，扣5分； 拉合设备[断路器（开关）、隔离开关（刀闸）、接地开关（装置）等]后，未检查设备的位置，扣5分； 在拉合隔离开关（刀闸），手车式开关拉出、推入前，未检查断路器（开关）确在分闸位置，扣5分		
1.2	倒闸操作	操作票执行	50	未正确执行操作票中内容，操作错误，扣10分； 操作过程中未执行唱票复诵，扣10分； 操作过程中未按操作票顺序逐项操作，漏项、跳项，扣10分； 误操作，未造成后果，扣20分； 误操作，造成后果[① 误分、误合断路器；② 带负荷拉、合隔离开关或手车触头；③ 带电挂（合）接地线（接地开关）；④ 带接地线（接地开关）合断路器（隔离开关）]，扣50分		
1.3	操作结束	操作结束后，归档	5	操作票执行完毕后，未正确填写操作结束时间，扣3分； 操作票执行完毕后，未在对应位置加盖已执行章，扣2分		
	合计		100			

Jc0002563019　灵绍直流极Ⅱ由单极金属回线方式运行转单极大地回线方式运行。（100分）

考核知识点：倒闸操作

难易度：难

技能等级评价专业技能考核操作工作任务书

一、任务名称

灵绍直流极Ⅱ由单极金属回线方式运行转单极大地回线方式运行。

二、适用工种

换流站值班员初级工。

三、具体任务

视为五防电脑钥匙已模拟上传完成，按照灵绍直流极Ⅱ由单极金属回线方式运行转单极大地回线方式运行填写倒闸操作票，并进行操作。

四、工作规范及要求

（1）现场操作票所涉及的设备，均以现场实际设备的双重名称和结构型式为准。

（2）倒闸操作票填写只考虑一次设备状态，不考虑保护等二次连接片的投退。

（3）倒闸操作考试在仿真平台上进行，不设置监护人，按照单人后台操作进行考试。

五、考核及时间要求

（1）本考核操作时间为 45 分钟，时间到停止考评，包括测试过程和报告整理时间，报告整理时间不超过 5 分钟。

（2）考生向考评员汇报操作结束时，视为实操结束。若考生在限定时间内未完成考试，考评员应立即终止比赛，后续项目不予得分。

技能等级评价专业技能考核操作评分标准

工种		换流站值班员			评价等级	初级工
项目模块		倒闸操作		编号		Jc0002563019
单位			准考证号		姓名	
考试时限	45分钟	题型		单项操作	题分	100分
成绩		考评员		考评组长	日期	
试题正文	灵绍直流极Ⅱ由单极金属回线方式运行转单极大地回线方式运行					
需要说明的问题和要求	（1）要求单人独立操作，在仿真平台上操作，不设置监护人。 （2）倒闸操作票填写只考虑一次设备状态，不考虑保护等二次连接片的投退					

序号	项目名称	质量要求	满分	扣分标准	扣分原因	得分
1	操作					
1.1	操作准备	根据操作任务，分析操作顺序，并正确填写操作票	45	未进行模拟预演，扣5分； 未正确填写操作票票头（发令人、受令人、下令时间、操作开始时间等），未盖以下空白章，扣2~5分； 操作票填写中，漏项、错项，直流顺控操作中，未按照正确顺序填写，每项扣3分，累计最高扣15分； 断路器、隔离开关操作顺序错误，扣3分； 在进行倒负荷或解、并列操作前，未检查相关电源运行及负荷分配情况，扣2分； 设备检修后合闸送电前，未检查送电范围内接地开关（装置）已拉开，接地线已拆除，扣5分； 拉合设备［断路器（开关）、隔离开关（刀闸）、接地开关（装置）等］后，未检查设备的位置，扣5分； 在拉合隔离开关（刀闸）；手车式开关拉出、推入前，未检查断路器（开关）确在分闸位置，扣5分		

续表

序号	项目名称	质量要求	满分	扣分标准	扣分原因	得分
1.2	倒闸操作	操作票执行	50	未正确执行操作票中内容，操作错误，扣10分； 操作过程中未执行唱票复诵，扣10分； 操作过程中未按操作票顺序逐项操作，漏项、跳项，扣10分； 误操作，未造成后果，扣20分； 误操作，造成后果［① 误分、误合断路器；② 带负荷拉、合隔离开关或手车触头；③ 带电挂（合）接地线（接地开关）；④ 带接地线（接地开关）合断路器（隔离开关）］，扣50分		
1.3	操作结束	操作结束后，归档	5	操作票执行完毕后，未正确填写操作结束时间，扣3分； 操作票执行完毕后，未在对应位置加盖已执行章，扣2分		
	合计		100			

Jc0002563020 极Ⅰ转检修（进线开关到冷备用状态，不包括降功率操作及极Ⅱ运行方式转换）。（100分）

考核知识点：倒闸操作

难易度：难

技能等级评价专业技能考核操作工作任务书

一、任务名称

极Ⅰ转检修（进线开关到冷备用状态，不包括降功率操作及极Ⅱ运行方式转换）。

二、适用工种

换流站值班员初级工。

三、具体任务

视为五防电脑钥匙已模拟上传完成，按照极Ⅰ转检修填写倒闸操作票（进线开关到冷备用状态，不包括降功率操作及极Ⅱ运行方式转换）。填写倒闸操作票，并进行操作。

四、工作规范及要求

（1）现场操作票所涉及的设备，均以现场实际设备的双重名称和结构型式为准。

（2）倒闸操作票填写只考虑一次设备状态，不考虑保护等二次连接片的投退。

（3）倒闸操作考试在仿真平台上进行，不设置监护人，按照单人后台操作进行考试。

五、考核及时间要求

（1）本考核操作时间为50分钟，时间到停止考评，包括测试过程和报告整理时间，报告整理时间不超过5分钟。

（2）考生向考评员汇报操作结束时，视为实操结束。若考生在限定时间内未完成考试，考评员应立即终止比赛，后续项目不予得分。

技能等级评价专业技能考核操作评分标准

工种	换流站值班员			评价等级	初级工
项目模块	倒闸操作		编号	Jc0002563020	
单位		准考证号		姓名	
考试时限	50分钟	题型	单项操作	题分	100分
成绩		考评员	考评组长	日期	
试题正文	极Ⅰ转检修（进线开关到冷备用状态，不包括降功率操作及极Ⅱ运行方式转换）				
需要说明的问题和要求	（1）要求单人独立操作，在仿真平台上操作，不设置监护人。 （2）倒闸操作票填写只考虑一次设备状态，不考虑保护等二次连接片的投退				

序号	项目名称	质量要求	满分	扣分标准	扣分原因	得分
1	操作					
1.1	操作准备	根据操作任务，分析操作顺序，并正确填写操作票	45	未进行模拟预演，扣5分； 未正确填写操作票票头（发令人、受令人、下令时间、操作开始时间等），未盖以下空白章，扣2~5分； 操作票填写中，漏项、错项，直流顺控操作中，未按照正确顺序填写，每项扣3分，累计最高扣15分； 断路器、隔离开关操作顺序错误，扣3分； 在进行倒负荷或解、并列操作前后，未检查相关电源运行及负荷分配情况，扣2分； 设备检修后合闸送电前，未检查送电范围内接地开关（装置）已拉开，接地线已拆除，扣5分； 拉合设备［断路器（开关）、隔离开关（刀闸）、接地开关（装置）等］后，未检查设备的位置，扣5分； 在拉合隔离开关（刀闸），手车式开关拉出、推入前，未检查断路器（开关）确在分闸位置，扣5分		
1.2	倒闸操作	操作票执行	50	未正确执行操作票中内容，操作错误，扣10分； 操作过程中未执行唱票复诵，扣10分； 操作过程中未按操作票顺序逐项操作，漏项、跳项，扣10分； 误操作，未造成后果，扣20分； 误操作，造成后果［① 误分、误合断路器；② 带负荷拉、合隔离开关或手车触头；③ 带电挂（合）接地线（接地开关）；④ 带接地线（接地开关）合断路器（隔离开关）］，扣50分		
1.3	操作结束	操作结束后，归档	5	操作票执行完毕后，未正确填写操作结束时间，扣3分； 操作票执行完毕后，未在对应位置加盖已执行章，扣2分		
	合计		100			

Jc0002563021　极Ⅰ由检修转运行（不包括解锁操作及极Ⅱ运行方式转换）。（100分）
考核知识点：倒闸操作
难易度：难

技能等级评价专业技能考核操作工作任务书

一、任务名称
极Ⅰ由检修转运行（不包括解锁操作及极Ⅱ运行方式转换）。

二、适用工种
换流站值班员初级工。

三、具体任务
视为五防电脑钥匙已模拟上传完成，按照极Ⅰ由检修转运行填写倒闸操作票（不包括解锁操作及极Ⅱ运行方式转换）。填写倒闸操作票，并进行操作。

四、工作规范及要求
（1）现场操作票所涉及的设备，均以现场实际设备的双重名称和结构型式为准。
（2）倒闸操作票填写只考虑一次设备状态，不考虑保护等二次连接片的投退。
（3）倒闸操作考试在仿真平台上进行，不设置监护人，按照单人后台操作进行考试。

五、考核及时间要求
（1）本考核操作时间为50分钟，时间到停止考评，包括测试过程和报告整理时间，报告整理时间不超过5分钟。
（2）考生向考评员汇报操作结束时，视为实操结束。若考生在限定时间内未完成考试，考评员应立即终止比赛，后续项目不予得分。

技能等级评价专业技能考核操作评分标准

工种	换流站值班员			评价等级	初级工
项目模块	倒闸操作		编号		Jc0002563021
单位		准考证号		姓名	
考试时限	50分钟	题型	单项操作	题分	100分
成绩		考评员	考评组长	日期	

试题正文	极Ⅰ由检修转运行（不包括解锁操作及极Ⅱ运行方式转换）
需要说明的问题和要求	（1）要求单人独立操作，在仿真平台上操作，不设置监护人。 （2）倒闸操作票填写只考虑一次设备状态，不考虑保护等二次连接片的投退

序号	项目名称	质量要求	满分	扣分标准	扣分原因	得分
1	操作					
1.1	操作准备	根据操作任务，分析操作顺序，并正确填写操作票	45	未进行模拟预演，扣5分；未正确填写操作票票头（发令人、受令人、下令时间、操作开始时间等），未盖以下空白章，扣2~5分；操作票填写中，漏项、错项，直流顺控操作中，未按照正确顺序填写，每项扣3分，累计最高扣15分；断路器、隔离开关操作顺序错误，扣3分；在进行倒负荷或解、并列操作前后，未检查相关电源运行及负荷分配情况，扣2分		

续表

序号	项目名称	质量要求	满分	扣分标准	扣分原因	得分
1.1	操作准备	根据操作任务，分析操作顺序，并正确填写操作票	45	设备检修后合闸送电前，未检查送电范围内接地开关（装置）已拉开，接地线已拆除，扣5分； 拉合设备［断路器（开关）、隔离开关（刀闸）、接地开关（装置）等］后，未检查设备的位置，扣5分； 在拉合隔离开关（刀闸），手车式开关拉出、推入前，未检查断路器（开关）确在分闸位置，扣5分		
1.2	倒闸操作	操作票执行	50	未正确执行操作票中内容，操作错误，扣10分； 操作过程中未执行唱票复诵，扣10分； 操作过程中未按操作票顺序逐项操作，漏项、跳项，扣10分； 误操作，未造成后果，扣20分； 误操作，造成后果［① 误分、误合断路器；② 带负荷拉、合隔离开关或手车触头；③ 带电挂（合）接地线（接地开关）；④ 带接地线（接地开关）合断路器（隔离开关）］，扣50分		
1.3	操作结束	操作结束后，归档	5	操作票执行完毕后，未正确填写操作结束时间，扣3分； 操作票执行完毕后，未在对应位置加盖已执行章，扣2分		
	合计		100			

Jc0002563022 川水Ⅲ线31014线路由运行转检修。（100分）

考核知识点：倒闸操作

难易度：难

技能等级评价专业技能考核操作工作任务书

一、任务名称

川水Ⅲ线31014线路由运行转检修。

二、适用工种

换流站值班员初级工。

三、具体任务

视为五防电脑钥匙已模拟上传完成，按照川水Ⅲ线31014线路由运行转检修填写倒闸操作票，并进行操作。

四、工作规范及要求

（1）现场操作票所涉及的设备，均以现场实际设备的双重名称和结构型式为准。

（2）倒闸操作票填写只考虑一次设备状态，不考虑保护等二次连接片的投退。

（3）倒闸操作考试在仿真平台上进行，不设置监护人，按照单人后台操作进行考试。

五、考核及时间要求

（1）本考核操作时间为45分钟，时间到停止考评，包括测试过程和报告整理时间，报告整理时间不超过5分钟。

（2）考生向考评员汇报操作结束时，视为实操结束。若考生在限定时间内未完成考试，考评员应立即终止比赛，后续项目不予得分。

技能等级评价专业技能考核操作评分标准

工种	换流站值班员		评价等级	初级工
项目模块	倒闸操作	编号		Jc0002563022
单位		准考证号	姓名	
考试时限	45 分钟	题型	单项操作	题分	100 分
成绩		考评员	考评组长	日期	

试题正文	川水Ⅲ线 31014 线路由运行转检修
需要说明的问题和要求	（1）要求单人独立操作，在仿真平台上操作，不设置监护人。 （2）倒闸操作票填写只考虑一次设备状态，不考虑保护等二次连接片的投退

序号	项目名称	质量要求	满分	扣分标准	扣分原因	得分
1	操作					
1.1	操作准备	根据操作任务，分析操作顺序，并正确填写操作票	45	未进行模拟预演，扣 5 分； 未正确填写操作票票头（发令人、受令人、下令时间、操作开始时间等）、未盖以下空白章，扣 2~5 分； 操作票填写中，漏项、错项；直流顺控操作中，未按照正确顺序填写，每项扣 3 分，累计最高扣 15 分； 断路器、隔离开关操作顺序错误，扣 3 分； 在进行倒负荷或解、并列操作前后，未检查相关电源运行及负荷分配情况，扣 2 分； 设备检修后合闸送电前，未检查送电范围内接地开关（装置）已拉开，接地线已拆除，扣 5 分； 拉合设备[断路器（开关）、隔离开关（刀闸）、接地开关（装置）等]后，未检查设备的位置，扣 5 分； 在拉合隔离开关（刀闸），手车式开关拉出、推入前，未检查断路器（开关）确在分闸位置，扣 5 分		
1.2	倒闸操作	操作票执行	50	未正确执行操作票中内容，操作错误，扣 10 分； 操作过程中未执行唱票复诵，扣 10 分； 操作过程中未按操作票顺序逐项操作，漏项、跳项，扣 10 分； 误操作，未造成后果，扣 20 分； 误操作，造成后果[① 误分、误合断路器；② 带负荷拉、合隔离开关或手车触头；③ 带电挂（合）接地线（接地开关）；④ 带接地线（接地开关）合断路器（隔离开关）]，扣 50 分		
1.3	操作结束	操作结束后，归档	5	操作票执行完毕后，未正确填写操作结束时间，扣 3 分； 操作票执行完毕后，未在对应位置加盖已执行章，扣 2 分		
	合计		100			

Jc0002562023　东州线线路由运行转检修。（100 分）

考核知识点：倒闸操作

难易度：中

技能等级评价专业技能考核操作工作任务书

一、任务名称

东州线线路由运行转检修。

二、适用工种

换流站值班员初级工。

三、具体任务

视为五防电脑钥匙已模拟上传完成，按照东州线线路由运行转检修填写倒闸操作票，并进行操作。

四、工作规范及要求

（1）现场操作票所涉及的设备，均以现场实际设备的双重名称和结构型式为准。

（2）倒闸操作票填写只考虑一次设备状态，不考虑保护等二次连接片的投退。

（3）倒闸操作考试在仿真平台上进行，不设置监护人，按照单人后台操作进行考试。

五、考核及时间要求

（1）本考核操作时间为 40 分钟，时间到停止考评，包括测试过程和报告整理时间，报告整理时间不超过 5 分钟。

（2）考生向考评员汇报操作结束时，视为实操结束。若考生在限定时间内未完成考试，考评员应立即终止比赛，后续项目不予得分。

技能等级评价专业技能考核操作评分标准

工种	换流站值班员			评价等级	初级工
项目模块	倒闸操作		编号		Jc0002562023
单位		准考证号		姓名	
考试时限	40 分钟	题型	单项操作	题分	100 分
成绩	考评员		考评组长	日期	
试题正文	东州线线路由运行转检修				
需要说明的问题和要求	（1）要求单人独立操作，在仿真平台上操作，不设置监护人。 （2）倒闸操作票填写只考虑一次设备状态，不考虑保护等二次连接片的投退				

序号	项目名称	质量要求	满分	扣分标准	扣分原因	得分
1	操作					
1.1	操作准备	根据操作任务，分析操作顺序，并正确填写操作票	45	未进行模拟预演，扣 5 分； 未正确填写操作票票头（发令人、受令人、下令时间、操作开始时间等），未盖以下空白章，扣 2～5 分； 操作票填写中，漏项、错项；直流顺控操作中，未按照正确顺序填写，每项扣 3 分，累计最高扣 15 分； 断路器、隔离开关操作顺序错误，扣 3 分； 在进行倒负荷或解、并列操作前后，未检查相关电源运行及负荷分配情况，扣 2 分； 设备检修后合闸送电前，未检查送电范围内接地开关（装置）已拉开，接地线已拆除，扣 5 分；		

续表

序号	项目名称	质量要求	满分	扣分标准	扣分原因	得分
1.1	操作准备	根据操作任务，分析操作顺序，并正确填写操作票	45	拉合设备［断路器（开关）、隔离开关（刀闸）、接地开关（装置）等］后，未检查设备的位置，扣5分； 在拉合隔离开关（刀闸），手车式开关拉出、推入前，未检查断路器（开关）确在分闸位置，扣5分		
1.2	倒闸操作	操作票执行	50	未正确执行操作票中内容，操作错误，扣10分； 操作过程中未执行唱票复诵，扣10分； 操作过程中未按操作票顺序逐项操作，漏项、跳项，扣10分； 误操作，未造成后果，扣20分； 误操作，造成后果［① 误分、误合断路器；② 带负荷拉、合隔离开关或手车触头；③ 带电挂（合）接地线（接地开关）；④ 带接地线（接地开关）合断路器（隔离开关）］，扣50分		
1.3	操作结束	操作结束后，归档	5	操作票执行完毕后，未正确填写操作结束时间，扣3分； 操作票执行完毕后，未在对应位置加盖已执行章，扣2分		
	合计		100			

Jc0002562024　灵绍直流极 I 解锁（单极功率控制模式&大地回线）。（100 分）

考核知识点：倒闸操作

难易度：中

技能等级评价专业技能考核操作工作任务书

一、任务名称

灵绍直流极 I 解锁（单极功率控制模式&大地回线）。

二、适用工种

换流站值班员初级工。

三、具体任务

视为五防电脑钥匙已模拟上传完成，按照灵绍直流极 I 解锁（单极功率控制模式&大地回线）填写倒闸操作票，并进行操作。

四、工作规范及要求

（1）现场操作票所涉及的设备，均以现场实际设备的双重名称和结构型式为准。

（2）倒闸操作票填写只考虑一次设备状态，不考虑保护等二次连接片的投退。

（3）倒闸操作考试在仿真平台上进行，不设置监护人，按照单人后台操作进行考试。

五、考核及时间要求

（1）本考核操作时间为 40 分钟，时间到停止考评，包括测试过程和报告整理时间，报告整理时间不超过 5 分钟。

（2）考生向考评员汇报操作结束时，视为实操结束。若考生在限定时间内未完成考试，考评员应立即终止比赛，后续项目不予得分。

技能等级评价专业技能考核操作评分标准

工种	换流站值班员			评价等级	初级工
项目模块	倒闸操作		编号		Jc0002562024
单位		准考证号		姓名	
考试时限	40分钟	题型	单项操作	题分	100分
成绩		考评员		考评组长	日期

试题正文	灵绍直流极Ⅰ解锁（单极功率控制模式&大地回线）
需要说明的问题和要求	（1）要求单人独立操作，在仿真平台上操作，不设置监护人。 （2）倒闸操作票填写只考虑一次设备状态，不考虑保护等二次连接片的投退

序号	项目名称	质量要求	满分	扣分标准	扣分原因	得分
1	操作					
1.1	操作准备	根据操作任务，分析操作顺序，并正确填写操作票	45	未进行模拟预演，扣5分； 未正确填写操作票票头（发令人、受令人、下令时间、操作开始时间等），未盖以下空白章，扣2~5分； 操作票填写中，漏项、错项；直流顺控操作中，未按照正确顺序填写，每项扣3分，累计最高扣15分； 断路器、隔离开关操作顺序错误，扣3分； 在进行倒负荷或解、并列操作前后，未检查相关电源运行及负荷分配情况，扣2分； 设备检修后合闸送电前，未检查送电范围内接地开关（装置）已拉开，接地线已拆除，扣5分； 拉合设备[断路器（开关）、隔离开关（刀闸）、接地开关（装置）等]后，未检查设备的位置，扣5分； 在拉合隔离开关（刀闸），手车式开关拉出、推入前，未检查断路器（开关）确在分闸位置，扣5分		
1.2	倒闸操作	操作票执行	50	未正确执行操作票中内容，操作错误，扣10分； 操作过程中未执行唱票复诵，扣10分； 操作过程中未按操作票顺序逐项操作，漏项、跳项，扣10分； 误操作，未造成后果，扣20分； 误操作，造成后果[①误分、误合断路器；②带负荷拉、合隔离开关或手车触头；③带电挂（合）接地线（接地开关）；④带接地线（接地开关）合断路器（隔离开关）]，扣50分		
1.3	操作结束	操作结束后，归档	5	操作票执行完毕后，未正确填写操作结束时间，扣3分； 操作票执行完毕后，未在对应位置加盖已执行章，扣2分		
	合计		100			

Jc0002562025 灵州站灵绍直流极Ⅱ由极隔离转极连接（直流滤波器在检修状态）。（100分）
考核知识点： 倒闸操作
难易度： 中

技能等级评价专业技能考核操作工作任务书

一、任务名称

灵州站灵绍直流极Ⅱ由极隔离转极连接（直流滤波器在检修状态）。

二、适用工种

换流站值班员初级工。

三、具体任务

视为五防电脑钥匙已模拟上传完成，按照灵州站灵绍直流极Ⅱ由极隔离转极连接（直流滤波器在检修状态）填写倒闸操作票，并进行操作。

四、工作规范及要求

（1）现场操作票所涉及的设备，均以现场实际设备的双重名称和结构型式为准。

（2）倒闸操作票填写只考虑一次设备状态，不考虑保护等二次连接片的投退。

（3）倒闸操作考试在仿真平台上进行，不设置监护人，按照单人后台操作进行考试。

五、考核及时间要求

（1）本考核操作时间为40分钟，时间到停止考评，包括测试过程和报告整理时间，报告整理时间不超过5分钟。

（2）考生向考评员汇报操作结束时，视为实操结束。若考生在限定时间内未完成考试，考评员应立即终止比赛，后续项目不予得分。

技能等级评价专业技能考核操作评分标准

工种	换流站值班员			评价等级	初级工
项目模块	倒闸操作		编号		Jc0002562025
单位		准考证号		姓名	
考试时限	40分钟	题型	单项操作	题分	100分
成绩		考评员	考评组长	日期	
试题正文	灵州站灵绍直流极Ⅱ由极隔离转极连接（直流滤波器在检修状态）				
需要说明的问题和要求	（1）要求单人独立操作，在仿真平台上操作，不设置监护人。 （2）倒闸操作票填写只考虑一次设备状态，不考虑保护等二次连接片的投退				

序号	项目名称	质量要求	满分	扣分标准	扣分原因	得分
1	操作					
1.1	操作准备	根据操作任务，分析操作顺序，并正确填写操作票	45	未进行模拟预演，扣5分； 未正确填写操作票票头（发令人、受令人、下令时间、操作开始时间等），未盖以下空白章，扣2～5分； 操作票填写中，漏项、错项；直流顺控操作中，未按照正确顺序填写，每项扣3分，累计最高扣15分； 断路器、隔离开关操作顺序错误，扣3分； 在进行倒负荷或解、并列操作前后，未检查相关电源运行及负荷分配情况，扣2分； 设备检修后合闸送电前，未检查送电范围内接地开关（装置）已拉开，接地线已拆除，扣5分；		

续表

序号	项目名称	质量要求	满分	扣分标准	扣分原因	得分
1.1	操作准备	根据操作任务，分析操作顺序，并正确填写操作票	45	拉合设备［断路器（开关）、隔离开关（刀闸）、接地开关（装置）等］后，未检查设备的位置，扣5分； 在拉合隔离开关（刀闸），手车式开关拉出、推入前，未检查断路器（开关）确在分闸位置，扣5分		
1.2	倒闸操作	操作票执行	50	未正确执行操作票中内容，操作错误，扣10分； 操作过程中未执行唱票复诵，扣10分； 操作过程中未按操作票顺序逐项操作，漏项、跳项，扣10分； 误操作，未造成后果，扣20分； 误操作，造成后果［① 误分、误合断路器；② 带负荷拉、合隔离开关或手车触头；③ 带电挂（合）接地线（接地开关）；④ 带接地线（接地开关）合断路器（隔离开关）］，扣50分		
1.3	操作结束	操作结束后，归档	5	操作票执行完毕后，未正确填写操作结束时间，扣3分； 操作票执行完毕后，未在对应位置加盖已执行章，扣2分		
	合计		100			

Jc0002562026　灵州站灵绍直流极Ⅰ由极隔离转极连接（直流滤波器在检修状态）。（100分）

考核知识点：倒闸操作

难易度：中

技能等级评价专业技能考核操作工作任务书

一、任务名称

灵州站灵绍直流极Ⅰ由极隔离转极连接（直流滤波器在检修状态）。

二、适用工种

换流站值班员初级工。

三、具体任务

视为五防电脑钥匙已模拟上传完成，按照灵州站灵绍直流极Ⅰ由极隔离转极连接（直流滤波器在检修状态）填写倒闸操作票，并进行操作。

四、工作规范及要求

（1）现场操作票所涉及的设备，均以现场实际设备的双重名称和结构型式为准。

（2）倒闸操作票填写只考虑一次设备状态，不考虑保护等二次连接片的投退。

（3）倒闸操作考试在仿真平台上进行，不设置监护人，按照单人后台操作进行考试。

五、考核及时间要求

（1）本考核操作时间为40分钟，时间到停止考评，包括测试过程和报告整理时间，报告整理时间不超过5分钟。

（2）考生向考评员汇报操作结束时，视为实操结束。若考生在限定时间内未完成考试，考评员应立即终止比赛，后续项目不予得分。

技能等级评价专业技能考核操作评分标准

工种	换流站值班员		评价等级	初级工
项目模块	倒闸操作	编号		Jc0002562026
单位		准考证号	姓名	
考试时限	40分钟	题型	单项操作	题分	100分
成绩		考评员	考评组长		日期	

试题正文	灵州站灵绍直流极Ⅰ由极隔离转极连接（直流滤波器在检修状态）

需要说明的问题和要求	（1）要求单人独立操作，在仿真平台上操作，不设置监护人。 （2）倒闸操作票填写只考虑一次设备状态，不考虑保护等二次连接片的投退

序号	项目名称	质量要求	满分	扣分标准	扣分原因	得分
1	操作					
1.1	操作准备	根据操作任务，分析操作顺序，并正确填写操作票	45	未进行模拟预演，扣5分； 未正确填写操作票票头（发令人、受令人、下令时间、操作开始时间等），未盖以下空白章，扣2～5分； 操作票填写中，漏项、错项；直流顺控操作中，未按照正确顺序填写，每项扣3分，累计最高扣15分； 断路器、隔离开关操作顺序错误，扣3分； 在进行倒负荷或解、并列操作前后，未检查相关电源运行及负荷分配情况，扣2分； 设备检修后合闸送电前，未检查送电范围内接地开关（装置）已拉开，接地线已拆除，扣5分； 拉合设备［断路器（开关）、隔离开关（刀闸）、接地开关（装置）等］后，未检查设备的位置，扣5分； 在拉合隔离开关（刀闸），手车式开关拉出、推入前，未检查断路器（开关）确在分闸位置，扣5分		
1.2	倒闸操作	操作票执行	50	未正确执行操作票中内容，操作错误，扣10分； 操作过程中未执行唱票复诵，扣10分； 操作过程中未按操作票顺序逐项操作，漏项、跳项，扣10分； 误操作，未造成后果，扣20分； 误操作，造成后果［① 误分、误合断路器；② 带负荷拉、合隔离开关或手车触头；③ 带电挂（合）接地线（接地开关）；④ 带接地线（接地开关）合断路器（隔离开关）］，扣50分		
1.3	操作结束	操作结束后，归档	5	操作票执行完毕后，未正确填写操作结束时间，扣3分； 操作票执行完毕后，未在对应位置加盖已执行章，扣2分		
	合计		100			

Jc0002563027　灵绍直流极Ⅱ由单极大地回线方式运行转为单极金属回线方式运行。（100分）

考核知识点：倒闸操作

难易度：难

技能等级评价专业技能考核操作工作任务书

一、任务名称

灵绍直流极Ⅱ由单极大地回线方式运行转为单极金属回线方式运行。

二、适用工种

换流站值班员初级工。

三、具体任务

视为五防电脑钥匙已模拟上传完成，按照灵绍直流极Ⅱ由单极大地回线方式运行转为单极金属回线方式运行填写倒闸操作票，并进行操作。

四、工作规范及要求

（1）现场操作票所涉及的设备，均以现场实际设备的双重名称和结构型式为准。

（2）倒闸操作票填写只考虑一次设备状态，不考虑保护等二次连接片的投退。

（3）倒闸操作考试在仿真平台上进行，不设置监护人，按照单人后台操作进行考试。

五、考核及时间要求

（1）本考核操作时间为 45 分钟，时间到停止考评，包括测试过程和报告整理时间，报告整理时间不超过 5 分钟。

（2）考生向考评员汇报操作结束时，视为实操结束。若考生在限定时间内未完成考试，考评员应立即终止比赛，后续项目不予得分。

技能等级评价专业技能考核操作评分标准

工种	换流站值班员			评价等级	初级工
项目模块	倒闸操作		编号		Jc0002563027
单位		准考证号		姓名	
考试时限	45 分钟	题型	单项操作	题分	100 分
成绩		考评员		考评组长	日期
试题正文	灵绍直流极Ⅱ由单极大地回线方式运行转为单极金属回线方式运行				
需要说明的问题和要求	（1）要求单人独立操作，在仿真平台上操作，不设置监护人。 （2）倒闸操作票填写只考虑一次设备状态，不考虑保护等二次连接片的投退				

序号	项目名称	质量要求	满分	扣分标准	扣分原因	得分
1	操作					
1.1	操作准备	根据操作任务，分析操作顺序，并正确填写操作票	45	未进行模拟预演，扣 5 分； 未正确填写操作票票头（发令人、受令人、下令时间、操作开始时间等），未盖以下空白章，扣 2～5 分； 操作票填写中，漏项、错项；直流顺控操作中，未按照正确顺序填写，每项扣 3 分，累计最高扣 15 分； 断路器、隔离开关操作顺序错误，扣 3 分； 在进行倒负荷或解、并列操作前后，未检查相关电源运行及负荷分配情况，扣 2 分； 设备检修后合闸送电前，未检查送电范围内接地开关（装置）已拉开，接地线已拆除，扣 5 分；		

续表

序号	项目名称	质量要求	满分	扣分标准	扣分原因	得分
1.1	操作准备	根据操作任务,分析操作顺序,并正确填写操作票	45	拉合设备〔断路器(开关)、隔离开关(刀闸)、接地开关(装置)等〕后,未检查设备的位置,扣5分; 在拉合隔离开关(刀闸),手车式开关拉出、推入前,未检查断路器(开关)确在分闸位置,扣5分		
1.2	倒闸操作	操作票执行	50	未正确执行操作票中内容,操作错误,扣10分; 操作过程中未执行唱票复诵,扣10分; 操作过程中未按操作票顺序逐项操作,漏项、跳项,扣10分; 误操作,未造成后果,扣20分; 误操作,造成后果〔① 误分、误合断路器;② 带负荷拉、合隔离开关或手车触头;③ 带电挂(合)接地线(接地开关);④ 带接地线(接地开关)合断路器(隔离开关)〕,扣50分		
1.3	操作结束	操作结束后,归档	5	操作票执行完毕后,未正确填写操作结束时间,扣3分; 操作票执行完毕后,未在对应位置加盖"已执行"章,扣2分		
	合计		100			

Jc0002563028　极Ⅰ直流系统由大地回线方式转金属回线方式。（100分）

考核知识点：倒闸操作

难易度：难

技能等级评价专业技能考核操作工作任务书

一、任务名称

极Ⅰ直流系统由大地回线方式转金属回线方式。

二、适用工种

换流站值班员初级工。

三、具体任务

视为五防电脑钥匙已模拟上传完成,按照极Ⅰ直流系统由大地回线方式转金属回线方式填写倒闸操作票,并进行操作。

四、工作规范及要求

（1）现场操作票所涉及的设备,均以现场实际设备的双重名称和结构型式为准。

（2）倒闸操作票填写只考虑一次设备状态,不考虑保护等二次连接片的投退。

（3）倒闸操作考试在仿真平台上进行,不设置监护人,按照单人后台操作进行考试。

五、考核及时间要求

（1）本考核操作时间为45分钟,时间到停止考评,包括测试过程和报告整理时间,报告整理时间不超过5分钟。

（2）考生向考评员汇报操作结束时,视为实操结束。若考生在限定时间内未完成考试,考评员应立即终止比赛,后续项目不予得分。

技能等级评价专业技能考核操作评分标准

工种	换流站值班员			评价等级	初级工
项目模块	倒闸操作		编号		Jc0002563028
单位		准考证号		姓名	
考试时限	45 分钟	题型	单项操作	题分	100 分
成绩		考评员		考评组长	日期
试题正文	极Ⅰ直流系统由大地回线方式转金属回线方式				
需要说明的问题和要求	(1) 要求单人独立操作，在仿真平台上操作，不设置监护人。 (2) 倒闸操作票填写只考虑一次设备状态，不考虑保护等二次连接片的投退				

序号	项目名称	质量要求	满分	扣分标准	扣分原因	得分
1	操作					
1.1	操作准备	根据操作任务，分析操作顺序，并正确填写操作票	45	未进行模拟预演，扣 5 分； 未正确填写操作票票头（发令人、受令人、下令时间、操作开始时间等），未盖以下空白章，扣 2～5 分； 操作票填写中，漏项、错项；直流顺控操作中，未按照正确顺序填写，每项扣 3 分，累计最高扣 15 分； 断路器、隔离开关操作顺序错误，扣 3 分； 在进行倒负荷或解、并列操作前后，未检查相关电源运行及负荷分配情况，扣 2 分； 设备检修后合闸送电前，未检查送电范围内接地开关（装置）已拉开，接地线已拆除，扣 5 分； 拉合设备［断路器（开关）、隔离开关（刀闸）、接地开关（装置）等］后，未检查设备的位置，扣 5 分； 在拉隔离开关（刀闸），手车式开关拉出、推入前，未检查断路器（开关）确在分闸位置，扣 5 分		
1.2	倒闸操作	操作票执行	50	未正确执行操作票中内容，操作错误，扣 10 分； 操作过程中未执行唱票复诵，扣 10 分； 操作过程中未按操作票顺序逐项操作，漏项、跳项，扣 10 分； 误操作，未造成后果，扣 20 分； 误操作，造成后果［① 误分、误合断路器；② 带负荷拉、合隔离开关或手车触头；③ 带电挂（合）接地线（接地开关）；④ 带接地线（接地开关）合断路器（隔离开关）］，扣 50 分		
1.3	操作结束	操作结束后，归档	5	操作票执行完毕后，未正确填写操作结束时间，扣 3 分； 操作票执行完毕后，未在对应位置加盖"已执行"章，扣 2 分		
	合计		100			

Jc0002562029　灵州站灵绍直流极Ⅰ由极隔离转极连接。（100 分）

考核知识点：倒闸操作

难易度：中

技能等级评价专业技能考核操作工作任务书

一、任务名称

灵州站灵绍直流极Ⅰ由极隔离转极连接。

二、适用工种

换流站值班员初级工。

三、具体任务

视为五防电脑钥匙已模拟上传完成，按照灵州站灵绍直流极Ⅰ由极隔离转极连接填写倒闸操作票，并进行操作。

四、工作规范及要求

（1）现场操作票所涉及的设备，均以现场实际设备的双重名称和结构型式为准。

（2）倒闸操作票填写只考虑一次设备状态，不考虑保护等二次连接片的投退。

（3）倒闸操作考试在仿真平台上进行，不设置监护人，按照单人后台操作进行考试。

五、考核及时间要求

（1）本考核操作时间为 40 分钟，时间到停止考评，包括测试过程和报告整理时间，报告整理时间不超过 5 分钟。

（2）考生向考评员汇报操作结束时，视为实操结束。若考生在限定时间内未完成考试，考评员应立即终止比赛，后续项目不予得分。

技能等级评价专业技能考核操作评分标准

工种	换流站值班员				评价等级	初级工
项目模块	倒闸操作			编号		Jc0002562029
单位			准考证号		姓名	
考试时限	40分钟		题型	单项操作	题分	100分
成绩		考评员		考评组长		日期	
试题正文	灵州站灵绍直流极Ⅰ由极隔离转极连接					
需要说明的问题和要求	（1）要求单人独立操作，在仿真平台上操作，不设置监护人。 （2）倒闸操作票填写只考虑一次设备状态，不考虑保护等二次连接片的投退					

序号	项目名称	质量要求	满分	扣分标准	扣分原因	得分
1	操作					
1.1	操作准备	根据操作任务，分析操作顺序，并正确填写操作票	45	未进行模拟预演，扣5分； 未正确填写操作票票头（发令人、受令人、下令时间、操作开始时间等），未盖以下空白章，扣2～5分； 操作票填写中，漏项、错项；直流顺控操作中，未按照正确顺序填写，每项扣3分，累计最高扣15分； 断路器、隔离开关操作顺序错误，扣3分； 在进行倒负荷或解、并列操作前后，未检查相关电源运行及负荷分配情况，扣2分； 设备检修后合闸送电前，未检查送电范围内接地开关（装置）已拉开，接地线已拆除，扣5分；		

续表

序号	项目名称	质量要求	满分	扣分标准	扣分原因	得分
1.1	操作准备	根据操作任务，分析操作顺序，并正确填写操作票	45	拉合设备［断路器（开关）、隔离开关（刀闸）、接地开关（装置）等］后，未检查设备的位置，扣5分； 在拉合隔离开关（刀闸），手车式开关拉出、推入前，未检查断路器（开关）确在分闸位置，扣5分		
1.2	倒闸操作	操作票执行	50	未正确执行操作票中内容，操作错误，扣10分； 操作过程中未执行唱票复诵，扣10分； 操作过程中未按操作票顺序逐项操作，漏项、跳项，扣10分； 误操作，未造成后果，扣20分； 误操作，造成后果［① 误分、误合断路器；② 带负荷拉、合隔离开关或手车触头；③ 带电挂（合）接地线（接地开关）；④ 带接地线（接地开关）合断路器（隔离开关）］，扣50分		
1.3	操作结束	操作结束后，归档	5	操作票执行完毕后，未正确填写操作结束时间，扣3分； 操作票执行完毕后，未在对应位置加盖"已执行"章，扣2分		
	合计		100			

Jc0002562030 极Ⅱ阀组 02FQ 由检修转冷备用。（100 分）

考核知识点：倒闸操作

难易度：中

技能等级评价专业技能考核操作工作任务书

一、任务名称

极Ⅱ阀组 02FQ 由检修转冷备用。

二、适用工种

换流站值班员初级工。

三、具体任务

视为五防电脑钥匙已模拟上传完成，按照极Ⅱ阀组 02FQ 由检修转冷备用填写倒闸操作票，并进行操作。

四、工作规范及要求

（1）现场操作票所涉及的设备，均以现场实际设备的双重名称和结构型式为准。

（2）倒闸操作票填写只考虑一次设备状态，不考虑保护等二次连接片的投退。

（3）倒闸操作考试在仿真平台上进行，不设置监护人，按照单人后台操作进行考试。

五、考核及时间要求

（1）本考核操作时间为 40 分钟，时间到停止考评，包括测试过程和报告整理时间，报告整理时间不超过 5 分钟。

（2）考生向考评员汇报操作结束时，视为实操结束。若考生在限定时间内未完成考试，考评员应立即终止比赛，后续项目不予得分。

技能等级评价专业技能考核操作评分标准

工种	换流站值班员			评价等级	初级工
项目模块	倒闸操作		编号		Jc0002562030
单位		准考证号		姓名	
考试时限	40分钟	题型	单项操作	题分	100分
成绩		考评员	考评组长		日期
试题正文	极Ⅱ阀组02FQ由检修转冷备用				
需要说明的问题和要求	(1) 要求单人独立操作，在仿真平台上操作，不设置监护人。 (2) 倒闸操作票填写只考虑一次设备状态，不考虑保护等二次连接片的投退				

序号	项目名称	质量要求	满分	扣分标准	扣分原因	得分
1	操作					
1.1	操作准备	根据操作任务，分析操作顺序，并正确填写操作票	45	未进行模拟预演，扣5分； 未正确填写操作票票头（发令人、受令人、下令时间、操作开始时间等），未盖以下空白章，扣2～5分； 操作票填写中，漏项、错项，直流顺控操作中，未按照正确顺序填写，每项扣3分，累计最高扣15分； 断路器、隔离开关操作顺序错误，扣3分； 在进行倒负荷或解、并列操作前后，未检查相关电源运行及负荷分配情况，扣2分； 设备检修后合闸送电前，未检查送电范围内接地开关（装置）已拉开，接地线已拆除，扣5分； 拉合设备［断路器（开关）、隔离开关（刀闸）、接地开关（装置）等］后，未检查设备的位置，扣5分； 在拉合隔离开关（刀闸），手车式开关拉出、推入前，未检查断路器（开关）确在分闸位置，扣5分		
1.2	倒闸操作	操作票执行	50	未正确执行操作票中内容，操作错误，扣10分； 操作过程中未执行唱票复诵，扣10分； 操作过程中未按操作票顺序逐项操作，漏项、跳项，扣10分； 误操作，未造成后果，扣20分； 误操作，造成后果［① 误分、误合断路器；② 带负荷拉、合隔离开关或手车触头；③ 带电挂（合）接地线（接地开关）；④ 带接地线（接地开关）合断路器（隔离开关）］，扣50分		
1.3	操作结束	操作结束后，归档	5	操作票执行完毕后，未正确填写操作结束时间，扣3分； 操作票执行完毕后，未在对应位置加盖"已执行"章，扣2分		
	合计		100			

Jc0002562031　33A1断路器由运行转检修。(100分)

考核知识点： 倒闸操作

难易度： 中

技能等级评价专业技能考核操作工作任务书

一、任务名称

33A1 断路器由运行转检修。

二、适用工种

换流站值班员初级工。

三、具体任务

视为五防电脑钥匙已模拟上传完成，按照 33A1 断路器由运行转检修填写倒闸操作票，并进行操作。

四、工作规范及要求

（1）现场操作票所涉及的设备，均以现场实际设备的双重名称和结构型式为准。

（2）倒闸操作票填写只考虑一次设备状态，不考虑保护等二次连接片的投退。

（3）倒闸操作考试在仿真平台上进行，不设置监护人，按照单人后台操作进行考试。

五、考核及时间要求

（1）本考核操作时间为 40 分钟，时间到停止考评，包括测试过程和报告整理时间，报告整理时间不超过 5 分钟。

（2）考生向考评员汇报操作结束时，视为实操结束。若考生在限定时间内未完成考试，考评员应立即终止比赛，后续项目不予得分。

技能等级评价专业技能考核操作评分标准

工种	换流站值班员			评价等级	初级工
项目模块	倒闸操作		编号		Jc0002562031
单位		准考证号		姓名	
考试时限	40 分钟	题型	单项操作	题分	100 分
成绩		考评员	考评组长	日期	
试题正文	33A1 断路器由运行转检修				
需要说明的问题和要求	（1）要求单人独立操作，在仿真平台上操作，不设置监护人。 （2）倒闸操作票填写只考虑一次设备状态，不考虑保护等二次连接片的投退				

序号	项目名称	质量要求	满分	扣分标准	扣分原因	得分
1	操作					
1.1	操作准备	根据操作任务，分析操作顺序，并正确填写操作票	45	未进行模拟预演，扣 5 分； 未正确填写操作票票头（发令人、受令人、下令时间、操作开始时间等），未盖以下空白章，扣 2~5 分； 操作票填写中，漏项、错项；直流顺控操作中，未按照正确顺序填写，每项扣 3 分，累计最高扣 15 分； 断路器、隔离开关操作顺序错误，扣 3 分； 在进行倒负荷或解、列操作前后，未检查相关电源运行及负荷分配情况，扣 2 分； 设备检修后合闸送电前，未检查送电范围内接地开关（装置）已拉开，接地线已拆除，扣 5 分；		

续表

序号	项目名称	质量要求	满分	扣分标准	扣分原因	得分
1.1	操作准备	根据操作任务，分析操作顺序，并正确填写操作票	45	拉合设备［断路器（开关）、隔离开关（刀闸）、接地开关（装置）等］后，未检查设备的位置，扣5分； 在拉合隔离开关（刀闸），手车式开关拉出、推入前，未检查断路器（开关）确在分闸位置，扣5分		
1.2	倒闸操作	操作票执行	50	未正确执行操作票中内容，操作错误，扣10分； 操作过程中未执行唱票复诵，扣10分； 操作过程中未按操作票顺序逐项操作，漏项、跳项，扣10分； 误操作，未造成后果，扣20分； 误操作，造成后果［① 误分、误合断路器；② 带负荷拉、合隔离开关或手车触头；③ 带电挂（合）接地线（接地开关）；④ 带接地线（接地开关）合断路器（隔离开关）］，扣50分		
1.3	操作结束	操作结束后，归档	5	操作票执行完毕后，未正确填写操作结束时间，扣3分； 操作票执行完毕后，未在对应位置加盖已执行章，扣2分		
合计			100			

Jc0002562032 33A1 断路器由检修转运行。（100 分）

考核知识点：倒闸操作

难易度：中

技能等级评价专业技能考核操作工作任务书

一、任务名称

33A1 断路器由检修转运行。

二、适用工种

换流站值班员初级工。

三、具体任务

视为五防电脑钥匙已模拟上传完成，请按照 33A1 断路器由检修转运行填写倒闸操作票，并进行操作。

四、工作规范及要求

（1）现场操作票所涉及的设备，均以现场实际设备的双重名称和结构型式为准。

（2）倒闸操作票填写只考虑一次设备状态，不考虑保护等二次连接片的投退。

（3）倒闸操作考试在仿真平台上进行，不设置监护人，按照单人后台操作进行考试。

五、考核及时间要求

（1）本考核操作时间为 40 分钟，时间到停止考评，包括测试过程和报告整理时间，报告整理时间不超过 5 分钟。

（2）考生向考评员汇报操作结束时，视为实操结束。若考生在限定时间内未完成考试，考评员应立即终止比赛，后续项目不予得分。

技能等级评价专业技能考核操作评分标准

工种	换流站值班员			评价等级	初级工
项目模块	倒闸操作		编号		Jc0002562032
单位		准考证号		姓名	
考试时限	40分钟	题型	单项操作	题分	100分
成绩		考评员		考评组长	日期
试题正文	33A1断路器由检修转运行				
需要说明的问题和要求	(1) 要求单人独立操作,在仿真平台上操作,不设置监护人。 (2) 倒闸操作票填写只考虑一次设备状态,不考虑保护等二次连接片的投退				

序号	项目名称	质量要求	满分	扣分标准	扣分原因	得分
1	操作					
1.1	操作准备	根据操作任务,分析操作顺序,并正确填写操作票	45	未进行模拟预演,扣5分; 未正确填写操作票票头(发令人、受令人、下令时间、操作开始时间等),未盖以下空白章,扣2～5分; 操作票填写中,漏项、错项;直流顺控操作中,未按照正确顺序填写,每项扣3分,累计最高扣15分; 断路器、隔离开关操作顺序错误,扣3分; 在进行倒负荷或解、并列操作前后,未检查相关电源运行及负荷分配情况,扣2分; 设备检修后合闸送电前,未检查送电范围内接地开关(装置)已拉开,接地线已拆除,扣5分; 拉合设备[断路器(开关)、隔离开关(刀闸)、接地开关(装置)等]后,未检查设备的位置,扣5分; 在拉合隔离开关(刀闸),手车式开关拉出、推入前,未检查断路器(开关)确在分闸位置,扣5分		
1.2	倒闸操作	操作票执行	50	未正确执行操作票中内容,操作错误,扣10分; 操作过程中未执行唱票复诵,扣10分; 操作过程中未按操作票顺序逐项操作,漏项、跳项,扣10分; 误操作,未造成后果,扣20分; 误操作,造成后果[① 误分、误合断路器;② 带负荷拉、合隔离开关或手车触头;③ 带电挂(合)接地线(接地开关);④ 带接地线(接地开关)合断路器(隔离开关)],扣50分		
1.3	操作结束	操作结束后,归档	5	操作票执行完毕后,未正确填写操作结束时间,扣3分; 操作票执行完毕后,未在对应位置加盖已执行章,扣2分		
	合计		100			

Jc0002562033 **极Ⅰ阀组01FQ由检修转冷备用。**(100分)

考核知识点:倒闸操作

难易度:中

技能等级评价专业技能考核操作工作任务书

一、任务名称

极Ⅰ阀组 01FQ 由检修转冷备用。

二、适用工种

换流站值班员初级工。

三、具体任务

视为五防电脑钥匙已模拟上传完成，请按照极Ⅰ阀组 01FQ 由检修转冷备用填写倒闸操作票，并进行操作。

四、工作规范及要求

（1）现场操作票所涉及的设备，均以现场实际设备的双重名称和结构型式为准。

（2）倒闸操作票填写只考虑一次设备状态，不考虑保护等二次连接片的投退。

（3）倒闸操作考试在仿真平台上进行，不设置监护人，按照单人后台操作进行考试。

五、考核及时间要求

（1）本考核操作时间为 40 分钟，时间到停止考评，包括测试过程和报告整理时间，报告整理时间不超过 5 分钟。

（2）考生向考评员汇报操作结束时，视为实操结束。若考生在限定时间内未完成考试，考评员应立即终止比赛，后续项目不予得分。

技能等级评价专业技能考核操作评分标准

工种	换流站值班员				评价等级		初级工
项目模块	倒闸操作				编号		Jc0002562033
单位			准考证号			姓名	
考试时限	40 分钟	题型		单项操作		题分	100 分
成绩		考评员		考评组长		日期	
试题正文	极Ⅰ阀组 01FQ 由检修转冷备用						
需要说明的问题和要求	（1）要求单人独立操作，在仿真平台上操作，不设置监护人。 （2）倒闸操作票填写只考虑一次设备状态，不考虑保护等二次连接片的投退						

序号	项目名称	质量要求	满分	扣分标准	扣分原因	得分
1	操作					
1.1	操作准备	根据操作任务，分析操作顺序，并正确填写操作票	45	未进行模拟预演，扣 5 分； 未正确填写操作票票头（发令人、受令人、下令时间、操作开始时间等），未盖以下空白章，扣 2~5 分； 操作票填写中，漏项、错项；直流顺控操作中，未按照正确顺序填写，每项扣 3 分，累计最高扣 15 分； 断路器、隔离开关操作顺序错误，扣 3 分； 在进行倒负荷或解、并列操作前后，未检查相关电源运行及负荷分配情况，扣 2 分； 设备检修后合闸送电前，未检查送电范围内接地开关（装置）已拉开，接地线已拆除，扣 5 分；		

续表

序号	项目名称	质量要求	满分	扣分标准	扣分原因	得分
1.1	操作准备	根据操作任务,分析操作顺序,并正确填写操作票	45	拉合设备〔断路器(开关)、隔离开关(刀闸)、接地开关(装置)等〕后,未检查设备的位置,扣5分; 在拉合隔离开关(刀闸),手车式开关拉出、推入前,未检查断路器(开关)确在分闸位置,扣5分		
1.2	倒闸操作	操作票执行	50	未正确执行操作票中内容,操作错误,扣10分; 操作过程中未执行唱票复诵,扣10分; 操作过程中未按操作票顺序逐项操作,漏项、跳项,扣10分; 误操作,未造成后果,扣20分; 误操作,造成后果〔① 误分、误合断路器;② 带负荷拉、合隔离开关或手车触头;③ 带电挂(合)接地线(接地开关);④ 带接地线(接地开关)合断路器(隔离开关)〕,扣50分		
1.3	操作结束	操作结束后,归档	5	操作票执行完毕后,未正确填写操作结束时间,扣3分; 操作票执行完毕后,未在对应位置加盖已执行章,扣2分		
	合计		100			

Jc0002562034　极Ⅱ阀组02FQ由检修转冷备用。(100分)

考核知识点:倒闸操作

难易度:中

技能等级评价专业技能考核操作工作任务书

一、任务名称

极Ⅱ阀组02FQ由检修转冷备用。

二、适用工种

换流站值班员初级工。

三、具体任务

视为五防电脑钥匙已模拟上传完成,按照极Ⅱ阀组02FQ由检修转冷备用填写倒闸操作票,并进行操作。

四、工作规范及要求

(1)现场操作票所涉及的设备,均以现场实际设备的双重名称和结构型式为准。

(2)倒闸操作票填写只考虑一次设备状态,不考虑保护等二次连接片的投退。

(3)倒闸操作考试在仿真平台上进行,不设置监护人,按照单人后台操作进行考试。

五、考核及时间要求

(1)本考核操作时间为40分钟,时间到停止考评,包括测试过程和报告整理时间,报告整理时间不超过5分钟。

(2)考生向考评员汇报操作结束时,视为实操结束。若考生在限定时间内未完成考试,考评员应立即终止比赛,后续项目不予得分。

技能等级评价专业技能考核操作评分标准

工种	换流站值班员			评价等级	初级工
项目模块	倒闸操作		编号		Jc0002562034
单位		准考证号		姓名	
考试时限	40分钟	题型	单项操作	题分	100分
成绩		考评员	考评组长	日期	
试题正文	极Ⅱ阀组02FQ由检修转冷备用				
需要说明的问题和要求	（1）要求单人独立操作，在仿真平台上操作，不设置监护人。 （2）倒闸操作票填写只考虑一次设备状态，不考虑保护等二次连接片的投退				

序号	项目名称	质量要求	满分	扣分标准	扣分原因	得分
1	操作					
1.1	操作准备	根据操作任务，分析操作顺序，并正确填写操作票	45	未进行模拟预演，扣5分； 未正确填写操作票票头（发令人、受令人、下令时间、操作开始时间等），未盖以下空白章，扣2～5分； 操作票填写中，漏项、错项；直流顺控操作中，未按照正确顺序填写，每项扣3分，累计最高扣15分； 断路器、隔离开关操作顺序错误，扣3分； 在进行倒负荷或解、并列操作前后，未检查相关电源运行及负荷分配情况，扣2分； 设备检修后合闸送电，未检查送电范围内接地开关（装置）已拉开，接地线已拆除，扣5分； 拉合设备［断路器（开关）、隔离开关（刀闸）、接地开关（装置）等］后，未检查设备的位置，扣5分； 在拉合隔离开关（刀闸），手车式开关拉出、推入前，未检查断路器（开关）确在分闸位置，扣5分		
1.2	倒闸操作	操作票执行	50	未正确执行操作票中内容，操作错误，扣10分； 操作过程中未执行唱票复诵，扣10分； 操作过程中未按操作票顺序逐项操作，漏项、跳项，扣10分； 误操作，未造成后果，扣20分； 误操作，造成后果［① 误分、误合断路器；② 带负荷拉、合隔离开关或手车触头；③ 带电挂（合）接地线（接地开关）；④ 带接地线（接地开关）合断路器（隔离开关）］，扣50分		
1.3	操作结束	操作结束后，归档	5	操作票执行完毕后，未正确填写操作结束时间，扣3分； 操作票执行完毕后，未在对应位置加盖已执行章，扣2分		
	合计		100			

Jc0002541035 换流站设备巡视类（安防设施巡视）。（100分）

考核知识点：基本运维工作

难易度：易

技能等级评价专业技能考核操作工作任务书

一、任务名称

换流站设备巡视类（安防设施巡视）。

二、适用工种

换流站值班员初级工。

三、具体任务

（1）进行站用安防设施巡视工作，并填写巡检记录。

（2）工作任务：安防设施巡视。

四、工作规范及要求

（1）巡视人着装应符合要求。

（2）巡检工器具的正确使用及安全措施。

（3）工作步骤要严格按照《国家电网有限公司直流换流站运维管理规定》要求进行。

（4）巡检结束后填写巡检记录。

五、考核及时间要求

（1）本考核操作时间为20分钟，时间到停止考评，包括巡视过程和报告整理时间，报告整理时间不超过5分钟。

（2）考评过程中如果由于巡视人员操作不规范、误入间隔等有可能引发不安全因素的，停止考评，该项考核项目不得分，但不影响其他项目。

（3）记录巡检结果，整理记录。

技能等级评价专业技能考核操作评分标准

工种		换流站值班员			评价等级	初级工
项目模块		基本运维工作		编号		Jc0002541035
单位			准考证号		姓名	
考试时限	20分钟		题型	单项操作	题分	100分
成绩		考评员		考评组长		日期	
试题正文	换流站设备巡视类（安防设施巡视）					
需要说明的问题和要求	（1）要求单人巡视，着装符合安全要求。 （2）正确使用巡视所需工器具，巡视过程中应保证安全。 （3）合理规划巡视路线，巡视完成一个设备/间隔后不允许折返。 （4）巡视结束后，待考评员同意方可离开考场					

序号	项目名称	质量要求	满分	扣分标准	扣分原因	得分
1	安全事项					
1.1	安全措施的准备	着装： （1）穿全棉长袖工作服、绝缘鞋。 （2）正确佩戴安全帽，安全帽系带戴牢。 （3）检查安全帽外观正常。 （4）检查安全帽合格证完整，在检验有效期内。 （5）工作服穿着规范，无裸露、破损，衣扣系牢	5	着装不符合质量要求，每处扣2分，扣完为止		

续表

序号	项目名称	质量要求	满分	扣分标准	扣分原因	得分
1.2	巡视工器具选择及检查	工器具选择及检查： （1）携带对讲机，巡检前测试对讲机功能正常。 （2）携带巡检钥匙，检查钥匙外观完整，巡视区域授权正确，钥匙功能正常	10	未按规范携带、使用工器具及仪器仪表，每条扣3分； 未按要求检查工器具及仪器仪表完好，每条扣2分； 巡检钥匙授权错误，扣10分		
2	安防设施巡视	巡视要点				
2.1	巡视内容	安防设施设备标识、标签应齐全、清晰	2	巡视缺少此项扣2分，表述不完整的扣1分，扣完为止		
		电子围栏报警主控制箱工作电源应正常，指示灯正常，无异常信号	3	巡视缺少此项扣3分，表述不完整的扣1分，扣完为止		
		电子围栏主导线架设正常，无松动、断线现象，主导线上悬挂的警示牌无掉落	3	巡视缺少此项扣3分，表述不完整的扣1分，扣完为止		
		围栏承立杆无倾斜、倒塌、破损	2	巡视缺少此项扣2分，表述不完整的扣1分，扣完为止		
		红外对射或激光对射报警主控制箱工作电源应正常，指示灯正常，无异常信号	2	巡视缺少此项扣2分，表述不完整的扣1分，扣完为止		
		红外对射或激光对射系统电源线、信号线连接牢固	2	巡视缺少此项扣2分，表述不完整的扣1分，扣完为止		
		红外探测器或激光探测器支架安装牢固，无倾斜、断裂，角度正常，外观完好，指示灯正常	2	巡视缺少此项扣2分，表述不完整的扣1分，扣完为止		
		红外探测器或激光探测器工作区间无影响报警系统正常工作的异物	2	巡视缺少此项扣2分，表述不完整的扣1分，扣完为止		
		红外对射或激光对射系统电源线、信号线穿管处封堵良好	2	巡视缺少此项扣2分，表述不完整的扣1分，扣完为止		
3	巡检记录					
3.1	缺陷报告	记录巡检过程中发现的缺陷，记录要翔实，包含设备电压等级、设备双重名称及缺陷准确描述	30	巡检缺陷数量不全，缺少1条扣5分，扣完为止； 巡检缺陷描述不清楚，每条扣3分，扣完为止		
3.2	缺陷定性	对发现的缺陷逐条定性正确	20	定性不正确，每条扣2分，扣完为止		
4	工作结束					
4.1	工作现场清理	清理工作现场： （1）合理规划巡视路线，巡视完成一个设备/间隔后不允许折返。 （2）巡检过程中打开的箱门、柜门及时上锁。 （3）巡检过程中保持地面整洁，不随意丢弃垃圾	10	巡视完成一个设备/间隔后出现折返情况，每次扣2分，扣完为止； 打开的箱门、柜门未及时恢复，每处扣1分，扣完为止； 巡检过程中地面出现异物，每处扣1分，扣完为止		
4.2	巡视工器具归置及检查	巡视工器具归置及检查： （1）归还对讲机，并测试对讲机功能正常。 （2）归还巡检钥匙，并检查钥匙外观完整，功能正常	5	未按规范归还工器具及仪器仪表，每条扣3分，扣完为止； 未按要求检查工器具及仪器仪表完好，每条扣2分，扣完为止		
	合计		100			

Jc0002541036　换流站设备巡视类（生活水系统巡视）。（100分）

考核知识点：基本运维工作

难易度：易

技能等级评价专业技能考核操作工作任务书

一、任务名称

换流站设备巡视类（生活水系统巡视）。

二、适用工种

换流站值班员初级工。

三、具体任务

（1）进行站用生活水系统巡视工作，并填写巡检记录。

（2）工作任务：生活水系统巡视。

四、工作规范及要求

（1）巡视人着装应符合要求。

（2）巡检工器具的正确使用及安全措施。

（3）工作步骤要严格按照《国家电网有限公司直流换流站运维管理规定》要求进行。

（4）巡检结束后填写巡检记录。

五、考核及时间要求

（1）本考核操作时间为 20 分钟，时间到停止考评，包括巡视过程和报告整理时间，报告整理时间不超过 5 分钟。

（2）考评过程中如果由于巡视人员操作不规范、误入间隔等有可能引发不安全因素的，停止考评，该项考核项目不得分，但不影响其他项目。

（3）记录巡检结果，整理报告。

技能等级评价专业技能考核操作评分标准

工种	换流站值班员			评价等级	初级工
项目模块	基本运维工作		编号		Jc0002541036
单位		准考证号		姓名	
考试时限	20 分钟	题型	单项操作	题分	100 分
成绩		考评员	考评组长	日期	
试题正文	换流站设备巡视类（生活水系统巡视）				
需要说明的问题和要求	（1）要求单人巡视，着装符合安全要求。 （2）正确使用巡视所需工器具，巡视过程中应保证安全。 （3）合理规划巡视路线，巡视完成一个设备/间隔后不允许折返。 （4）巡视结束后，待考评员同意方可离开考场				

序号	项目名称	质量要求	满分	扣分标准	扣分原因	得分
1	安全事项					
1.1	安全措施的准备	着装： （1）穿全棉长袖工作服、绝缘鞋。 （2）正确佩戴安全帽，安全帽系带戴牢。 （3）检查安全帽外观正常。 （4）检查安全帽合格证完整，在检验有效期内。 （5）工作服穿着规范，无裸露、破损，衣扣系牢	5	着装不符合质量要求，每处扣 2 分，扣完为止		

续表

序号	项目名称	质量要求	满分	扣分标准	扣分原因	得分
1.2	巡视工器具选择及检查	工器具选择及检查： （1）携带对讲机，巡检前测试对讲机功能正常。 （2）携带巡检钥匙，检查钥匙外观完整，巡视区域授权正确，钥匙功能正常	10	未按规范携带、使用工器具及仪器仪表，每条扣3分； 未按要求检查工器具及仪器仪表完好，每条扣2分； 巡检钥匙授权错误，扣10分		
2	生活水系统巡视	巡视要点				
		检查水源供水正常	3	巡视缺少此项扣3分，表述不完整的扣1分，扣完为止		
		水泵房通风换气情况良好，环境卫生清洁	2	巡视缺少此项扣2分，表述不完整的扣1分，扣完为止		
		水泵等运行声音正常，无渗漏水现象	3	巡视缺少此项扣3分，表述不完整的扣1分，扣完为止		
		控制柜电压表、电流表指示正常	2	巡视缺少此项扣2分，表述不完整的扣1分，扣完为止		
2.1	巡视内容	泵控制方式为自动方式，电源盘柜无异常声响、振动，无焦煳味	2	巡视缺少此项扣2分，表述不完整的扣1分，扣完为止		
		生活水系统设备阀门、管道完好，无跑、冒、滴、漏现象	2	巡视缺少此项扣2分，表述不完整的扣1分，扣完为止		
		水池、水箱水位正常，无明显渗漏，供水管阀门状态正确	2	巡视缺少此项扣2分，表述不完整的扣1分，扣完为止		
		场地排水畅通，无积水	2	巡视缺少此项扣2分，表述不完整的扣1分，扣完为止		
		生活水系统设备阀门、管道保温措施齐全	2	巡视缺少此项扣2分，表述不完整的扣1分，扣完为止		
3	巡检报告					
3.1	缺陷报告	记录巡检过程中发现的缺陷，记录要翔实，包含设备电压等级、设备双重名称及缺陷准确描述	30	巡检缺陷数量不全，缺少1条扣5分，扣完为止； 巡检缺陷描述不清楚，每条扣3分，扣完为止		
3.2	缺陷定性	对发现的缺陷逐条定性正确	20	定性不正确，每条扣2分，扣完为止		
4	工作结束					
4.1	工作现场清理	清理工作现场： （1）合理规划巡视路线，巡视完成一个设备/间隔后不允许折返。 （2）巡检过程中打开的箱门、柜门及时上锁。 （3）巡检过程中保持地面整洁，不随意丢弃垃圾	10	巡视完成一个设备/间隔后出现折返情况，每次扣2分，扣完为止； 打开的箱门、柜门未及时恢复，每处扣1分，扣完为止； 巡检过程中地面出现异物，每处扣1分，扣完为止		
4.2	巡视工器具归置及检查	巡视工器具归置及检查： （1）归还对讲机，并测试对讲机功能正常。 （2）归还巡检钥匙，并检查钥匙外观完整，功能正常	5	未按规范归还工器具及仪器仪表，每条扣3分，扣完为止； 未按要求检查工器具及仪器仪表完好，每条扣2分，扣完为止		
	合计		100			

Jc0002541037 换流站设备巡视类（空调系统巡视）。（100分）

考核知识点：基本运维工作

难易度：易

技能等级评价专业技能考核操作工作任务书

一、任务名称

换流站设备巡视类（空调系统巡视）。

二、适用工种

换流站值班员初级工。

三、具体任务

（1）进行站用空调系统巡视工作，并填写巡检记录。

（2）工作任务：空调系统巡视。

四、工作规范及要求

（1）巡视人着装应符合要求。

（2）巡检工器具的正确使用及安全措施。

（3）工作步骤要严格按照《国家电网有限公司直流换流站运维管理规定》要求进行。

（4）巡检结束后填写巡检记录。

五、考核及时间要求

（1）本考核操作时间为 20 分钟，时间到停止考评，包括巡视过程和报告整理时间，报告整理时间不超过 5 分钟。

（2）考评过程中如果由于巡视人员操作不规范、误入间隔等有可能引发不安全因素的，停止考评，该项考核项目不得分，但不影响其他项目。

（3）记录巡检结果，整理报告。

技能等级评价专业技能考核操作评分标准

工种		换流站值班员			评价等级		初级工
项目模块		基本运维工作		编号		Jc0002541037	
单位			准考证号			姓名	
考试时限	20 分钟		题型	单项操作		题分	100 分
成绩		考评员		考评组长		日期	
试题正文	换流站设备巡视类（空调系统巡视）						
需要说明的问题和要求	（1）要求单人巡视，着装符合安全要求。 （2）正确使用巡视所需工器具，巡视过程中应保证安全。 （3）合理规划巡视路线，巡视完成一个设备/间隔后不允许折返。 （4）巡视结束后，待考评员同意方可离开考场						

序号	项目名称	质量要求	满分	扣分标准	扣分原因	得分
1	安全事项					
1.1	安全措施的准备	着装： （1）穿全棉长袖工作服、绝缘鞋。 （2）正确佩戴安全帽，安全帽系带戴牢。 （3）检查安全帽外观正常。 （4）检查安全帽合格证完整，在检验有效期内。 （5）工作服穿着规范，无裸露、破损，衣扣系牢	5	着装不符合质量要求，每处扣 2 分，扣完为止		

续表

序号	项目名称	质量要求	满分	扣分标准	扣分原因	得分
1.2	巡视工器具选择及检查	工器具选择及检查： （1）携带对讲机，巡检前测试对讲机功能正常。 （2）携带巡检钥匙，检查钥匙外观完整，巡视区域授权正确，钥匙功能正常	10	未按规范携带、使用工器具及仪器仪表，每条扣3分； 未按要求检查工器具及仪器仪表完好，每条扣2分； 巡检钥匙授权错误，扣10分		
2	空调系统巡视	巡视要点				
2.1	巡视内容	监控系统无相关报警	3	巡视缺少此项扣3分，表述不完整的扣1分，扣完为止		
		空调控制面板无告警	3	巡视缺少此项扣3分，表述不完整的扣1分，扣完为止		
		电源屏柜指示灯、表计显示正常，把手位置正常，标识完整，封堵正常	2	巡视缺少此项扣2分，表述不完整的扣1分，扣完为止		
		空调室内、外机外观完好，无锈蚀、损伤；无结露或结霜；标识清晰	2	巡视缺少此项扣2分，表述不完整的扣1分，扣完为止		
		空调、除湿机运转平稳，无异常振动声响；冷凝水排放畅通	2	巡视缺少此项扣2分，表述不完整的扣1分，扣完为止		
		采暖器洁净完好，无破损，输暖管道完好，无堵塞、漏水现象	2	巡视缺少此项扣2分，表述不完整的扣1分，扣完为止		
		组合式空气处理机组运行正常，压缩机、送/回风机无异常声响	2	巡视缺少此项扣2分，表述不完整的扣1分，扣完为止		
		水泵运行正常，无渗漏现象，无异常声响	2	巡视缺少此项扣2分，表述不完整的扣1分，扣完为止		
		冷却水机组的冷却进出水温度正常	2	巡视缺少此项扣2分，表述不完整的扣1分，扣完为止		
3	巡检报告					
3.1	缺陷报告	记录巡检过程中发现的缺陷，记录要翔实，包含设备电压等级、设备双重名称及缺陷准确描述	30	巡检缺陷数量不全，缺少1条扣5分，扣完为止； 巡检缺陷描述不清楚，每条扣3分，扣完为止		
3.2	缺陷定性	对发现的缺陷逐条定性正确。	20	定性不正确，每条扣2分，扣完为止		
4	工作结束					
4.1	工作现场清理	清理工作现场： （1）合理规划巡视路线，巡视完成一个设备/间隔后不允许折返。 （2）巡视过程中打开的箱门、柜门及时上锁。 （3）巡检过程中保持地面整洁，不随意丢弃垃圾	10	巡视完成一个设备/间隔后出现折返情况，每次扣2分，扣完为止； 打开的箱门、柜门未及时恢复，每处扣1分，扣完为止； 巡检过程中地面出现异物，每处扣1分，扣完为止		
4.2	巡视工器具归置及检查	巡视工器具归置及检查： （1）归还对讲机，并测试对讲机功能正常。 （2）归还巡检钥匙，并检查钥匙外观完整，功能正常	5	未按规范归还工器具及仪器仪表，每条扣3分，扣完为止； 未按要求检查工器具及仪器仪表完好，每条扣2分，扣完为止		
	合计		100			

Jc0002541038 换流站设备巡视类〔消防系统（水消防）巡视〕。（100分）

考核知识点：基本运维工作

难易度：易

技能等级评价专业技能考核操作工作任务书

一、任务名称

换流站设备巡视类［消防系统（水消防）巡视］。

二、适用工种

换流站值班员初级工。

三、具体任务

（1）进行站用消防系统（水消防）巡视工作，并填写巡检记录。

（2）工作任务：消防系统（水消防）巡视。

四、工作规范及要求

（1）巡检人着装应符合要求。

（2）巡检工器具的正确使用及安全措施。

（3）工作步骤要严格按照《国家电网有限公司直流换流站运维管理规定》要求进行。

（4）巡检结束后填写巡检记录。

五、考核及时间要求

（1）本考核操作时间为 20 分钟，时间到停止考评，包括巡视过程和报告整理时间，报告整理时间不超过 5 分钟。

（2）考评过程中如果由于巡视人员操作不规范、误入间隔等有可能引发不安全因素的，停止考评，该项考核项目不得分，但不影响其他项目。

（3）记录巡检结果，整理报告。

技能等级评价专业技能考核操作评分标准

工种	换流站值班员			评价等级	初级工
项目模块	基本运维工作		编号		Jc0002541038
单位		准考证号		姓名	
考试时限	20 分钟	题型	单项操作	题分	100 分
成绩		考评员	考评组长		日期
试题正文	换流站设备巡视类［消防系统（水消防）巡视］				
需要说明的问题和要求	（1）要求单人巡视，着装符合安全要求。 （2）正确使用巡视所需工器具，巡视过程中应保证安全。 （3）合理规划巡视路线，巡视完成一个设备/间隔后不允许折返。 （4）巡视结束后，待考评员同意方可离开考场				

序号	项目名称	质量要求	满分	扣分标准	扣分原因	得分
1	安全事项					
1.1	安全措施的准备	着装： （1）穿全棉长袖工作服、绝缘鞋。 （2）正确佩戴安全帽，安全帽系带戴牢。 （3）检查安全帽外观正常。 （4）检查安全帽合格证完整，在检验有效期内。 （5）工作服穿着规范，无裸露、破损，衣扣系牢	5	着装不符合质量要求，每处扣 2 分，扣完为止		

续表

序号	项目名称	质量要求	满分	扣分标准	扣分原因	得分
1.2	巡视工器具选择及检查	工器具选择及检查： （1）携带对讲机，巡检前测试对讲机功能正常。 携带巡检钥匙，检查钥匙外观完整，巡视区域授权正确，钥匙功能正常	10	未按规范携带、使用工器具及仪器仪表，每条扣3分； 未按要求检查工器具及仪器仪表完好，每条扣2分； 巡检钥匙授权错误，扣10分		
2	消防系统（水消防）巡视	巡视要点				
2.1	巡视内容	控制柜各指示灯显示正常，无异常及告警信号，工作状态正常	3	巡视缺少此项扣3分，表述不完整的扣1分，扣完为止		
		双电源切换装置指示灯正常，常用、备用电源指示均在亮，自动切换装置无异常报警	3	巡视缺少此项扣3分，表述不完整的扣1分，扣完为止		
		稳压泵控制柜把手指示正常、电源灯指示正常	2	巡视缺少此项扣2分，表述不完整的扣1分，扣完为止		
		管网压力表计指示正常	2	巡视缺少此项扣2分，表述不完整的扣1分，扣完为止		
		设备编号、标识齐全、清晰、无损坏；感温电缆完好，无断线、损坏	2	巡视缺少此项扣2分，表述不完整的扣1分，扣完为止		
		管网及阀门无损伤、腐蚀、渗漏	2	巡视缺少此项扣2分，表述不完整的扣1分，扣完为止		
		各阀门标识清晰、位置正确，工作状态正确	2	巡视缺少此项扣2分，表述不完整的扣1分，扣完为止		
		各管路畅通，接口、排水管口无水流	2	巡视缺少此项扣2分，表述不完整的扣1分，扣完为止		
		消防水池水位正常	2	巡视缺少此项扣2分，表述不完整的扣1分，扣完为止		
3	巡检报告					
3.1	缺陷报告	记录巡检过程中发现的缺陷，记录要翔实，包含设备电压等级、设备双重名称及缺陷准确描述	30	巡检缺陷数量不全，缺少1条扣5分，扣完为止； 巡检缺陷描述不清楚，每条扣3分，扣完为止		
3.2	缺陷定性	对发现的缺陷逐条定性正确	20	定性不正确，每条扣2分，扣完为止		
4	工作结束					
4.1	工作现场清理	清理工作现场： （1）合理规划巡视路线，巡视完成一个设备/间隔后不允许折返。 （2）巡检过程中打开的箱门、柜门及时上锁。 （3）巡检过程中保持地面整洁，不随意丢弃垃圾	10	巡视完成一个设备/间隔后出现折返情况，每次扣2分，扣完为止； 打开的箱门、柜门未及时恢复，每处扣1分，扣完为止； 巡检过程中地面出现异物，每处扣1分，扣完为止		
4.2	巡视工器具归置及检查	巡视工器具归置及检查： （1）归还对讲机，并测试对讲机功能正常。 （2）归还巡检钥匙，并检查钥匙外观完整，功能正常	5	未按规范归还工器具及仪器仪表，每条扣3分，扣完为止； 未按要求检查工器具及仪器仪表完好，每条扣2分，扣完为止		
	合计		100			

Jc0002541039　换流站设备巡视类［消防系统（灭火器、消火栓、火灾控制主机等）巡视］。（100分）

考核知识点：基本运维工作

难易度：易

技能等级评价专业技能考核操作工作任务书

一、任务名称

换流站设备巡视类［消防系统（灭火器、消火栓、火灾控制主机等）巡视］。

二、适用工种

换流站值班员初级工。

三、具体任务

（1）进行站用消防系统（灭火器、消火栓、火灾控制主机等）巡视工作，并填写巡检记录。

（2）工作任务：消防系统（灭火器、消火栓、火灾控制主机等）巡视。

四、工作规范及要求

（1）巡检人着装应符合要求。

（2）巡检工器具的正确使用及安全措施。

（3）工作步骤要严格按照《国家电网有限公司直流换流站运维管理规定》要求进行。

（4）巡检结束后填写巡检记录。

五、考核及时间要求

（1）本考核操作时间为 20 分钟，时间到停止考评，包括巡视过程和报告整理时间，报告整理时间不超过 5 分钟。

（2）考评过程中如果由于巡视人员操作不规范、误入间隔等有可能引发不安全因素的，停止考评，该项考核项目不得分，但不影响其他项目。

（3）记录巡检结果，整理报告。

技能等级评价专业技能考核操作评分标准

工种	换流站值班员			评价等级	初级工
项目模块	基本运维工作		编号		Jc0002541039
单位		准考证号		姓名	
考试时限	20 分钟	题型	单项操作	题分	100 分
成绩		考评员	考评组长	日期	
试题正文	换流站设备巡视类［消防系统（灭火器、消火栓、火灾控制主机等）巡视］				
需要说明的问题和要求	（1）要求单人巡视，着装符合安全要求。 （2）正确使用巡视所需工器具，巡视过程中应保证安全。 （3）合理规划巡视路线，巡视完成一个设备/间隔后不允许折返。 （4）巡视结束后，待考评员同意方可离开考场				

序号	项目名称	质量要求	满分	扣分标准	扣分原因	得分
1	安全事项					
1.1	安全措施的准备	着装： （1）穿全棉长袖工作服、绝缘鞋。 （2）正确佩戴安全帽，安全帽系带戴牢。 （3）检查安全帽外观正常。 （4）检查安全帽合格证完整，在检验有效期内。 （5）工作服穿着规范，无裸露、破损，衣扣系牢	5	着装不符合质量要求，每处扣 2 分，扣完为止		

序号	项目名称	质量要求	满分	扣分标准	扣分原因	得分
1.2	巡视工器具选择及检查	工器具选择及检查： （1）携带对讲机，巡检前测试对讲机功能正常。 （2）携带巡检钥匙，检查钥匙外观完整，巡视区域授权正确，钥匙功能正常	10	未按规范携带、使用工器具及仪器仪表，每条扣3分； 未按要求检查工器具及仪器仪表完好，每条扣2分； 巡检钥匙授权错误，扣10分		
2	消防系统（灭火器、消火栓、火灾控制主机等）巡视	巡视要点				
2.1	巡视内容	防火重点部位禁止烟火的标志清晰、无破损、无脱落	3	巡视缺少此项扣3分，表述不完整的扣1分，扣完为止		
		安全疏散指示标志清晰、无破损、无脱落	3	巡视缺少此项扣3分，表述不完整的扣1分，扣完为止		
		安全疏散通道照明完好、充足	2	巡视缺少此项扣2分，表述不完整的扣1分，扣完为止		
		消防通道畅通，无阻挡；消防设施周围无遮挡，无杂物堆放	2	巡视缺少此项扣2分，表述不完整的扣1分，扣完为止		
		灭火器外观完好、清洁、罐体无损伤、变形，配件无破损、松动、变形	2	巡视缺少此项扣2分，表述不完整的扣1分，扣完为止		
		防箱、消防桶、消防铲、消防斧完好、清洁，无锈蚀、破损	2	巡视缺少此项扣2分，表述不完整的扣1分，扣完为止		
		消防砂池完好，无开裂、漏砂	2	巡视缺少此项扣2分，表述不完整的扣1分，扣完为止		
		室内、外消火栓完好，无渗漏水	2	巡视缺少此项扣2分，表述不完整的扣1分，扣完为止		
		火灾报警控制器各指示灯显示正常，无异常报警	2	巡视缺少此项扣2分，表述不完整的扣1分，扣完为止		
3	巡检记录					
3.1	缺陷报告	记录巡检过程中发现的缺陷，记录要翔实，包含设备电压等级、设备双重名称及缺陷准确描述	30	巡检缺陷数量不全，缺少1条扣5分，扣完为止； 巡检缺陷描述不清楚，每条扣3分，扣完为止		
3.2	缺陷定性	对发现的缺陷逐条定性正确	20	定性不正确，每条扣2分，扣完为止		
4	工作结束					
4.1	工作现场清理	清理工作现场： （1）合理规划巡视路线，巡视完成一个设备/间隔后不允许折返。 （2）巡检过程中打开的箱门、柜门及时上锁。 （3）巡检过程中保持地面整洁，不随意丢弃垃圾	10	巡视完成一个设备/间隔后出现折返情况，每次扣2分，扣完为止； 打开的箱门、柜门未及时恢复，每处扣2分，扣完为止； 巡检过程中地面出现异物，每处扣1分，扣完为止		
4.2	巡视工器具归置及检查	巡视工器具归置及检查： （1）归还对讲机，并测试对讲机功能正常。 （2）归还巡检钥匙，并检查钥匙外观完整，功能正常	5	未按规范归还工器具及仪器仪表，每条扣3分，扣完为止； 未按要求检查工器具及仪器仪表完好，每条扣2分，扣完为止		
	合计		100			

Jc0002541040　换流站设备巡视类（站用交流电源系统巡视）。（100分）

考核知识点：基本运维工作

难易度：易

技能等级评价专业技能考核操作工作任务书

一、任务名称

换流站设备巡视类（站用交流电源系统巡视）。

二、适用工种

换流站值班员初级工。

三、具体任务

（1）进行站用交流电源系统巡视工作，并填写巡检记录。

（2）工作任务：站用交流电源系统巡视。

四、工作规范及要求

（1）巡检人着装应符合要求。

（2）巡检工器具的正确使用及安全措施。

（3）工作步骤要严格按照《国家电网有限公司直流换流站运维管理规定》要求进行。

（4）巡检结束后填写巡检记录。

五、考核及时间要求

（1）本考核操作时间为 30 分钟，时间到停止考评，包括巡视过程和报告整理时间，报告整理时间不超过 5 分钟。

（2）考评过程中如果由于巡视人员操作不规范、误入间隔等有可能引发不安全因素的，停止考评，该项考核项目不得分，但不影响其他项目。

（3）记录巡检结果，整理报告。

技能等级评价专业技能考核操作评分标准

工种	换流站值班员				评价等级	初级工
项目模块	基本运维工作			编号	Jc0002541040	
单位			准考证号		姓名	
考试时限	30 分钟	题型		单项操作	题分	100 分
成绩		考评员		考评组长	日期	
试题正文	换流站设备巡视类（站用交流电源系统巡视）					
需要说明的问题和要求	（1）要求单人巡视，着装符合安全要求。 （2）正确使用巡视所需工器具，巡视过程中应保证安全。 （3）合理规划巡视路线，巡视完成一个设备/间隔后不允许折返。 （4）巡视结束后，待考评员同意方可离开考场					

序号	项目名称	质量要求	满分	扣分标准	扣分原因	得分
1	安全事项					
1.1	安全措施的准备	着装： （1）穿全棉长袖工作服、绝缘鞋。 （2）正确佩戴安全帽，安全帽系带戴牢。 （3）检查安全帽外观正常。 （4）检查安全帽合格证完整，在检验有效期内。 （5）工作服穿着规范，无裸露、破损，衣扣系牢	5	着装不符合质量要求，每处扣 2 分，扣完为止		

序号	项目名称	质量要求	满分	扣分标准	扣分原因	得分
1.2	巡视工器具选择及检查	工器具选择及检查： （1）携带对讲机，巡检前测试对讲机功能正常。 （2）携带巡检钥匙，检查钥匙外观完整，巡视区域授权正确，钥匙功能正常	10	未按规范携带、使用工器具及仪器仪表，每条扣3分； 未按要求检查工器具及仪器仪表完好，每条扣2分； 巡检钥匙授权错误，扣10分		
2	站用交流电源系统巡视	巡视要点				
2.1	巡视内容	设备运行编号、相序标识清晰可识别	3	巡视缺少此项扣3分，表述不完整的扣1分，扣完为止		
		设备外观完好、无损伤，柜体漆层完好无损，清洁。电源柜柜体的固定连接应牢固，接地可靠	3	巡视缺少此项扣3分，表述不完整的扣1分，扣完为止		
		断路器、隔离开关（接地开关）的分、合闸位置指示清晰正确，计数器清晰正常（如有），位置指示与运行人员工作站显示一致	2	巡视缺少此项扣2分，表述不完整的扣1分，扣完为止		
		站用电运行方式正确，三相负荷平衡，各段母线电压正常	2	巡视缺少此项扣2分，表述不完整的扣1分，扣完为止		
		站用交流电源柜内各断路器储能指示正常，操作把手位置正确	2	巡视缺少此项扣2分，表述不完整的扣1分，扣完为止		
		备自投控制装置运行正常，后台无闭锁、异常告警信号	2	巡视缺少此项扣2分，表述不完整的扣1分，扣完为止		
		配电室温度、湿度、通风正常	2	巡视缺少此项扣2分，表述不完整的扣1分，扣完为止		
		照明及消防设备完好，防小动物措施完善	2	巡视缺少此项扣2分，表述不完整的扣1分，扣完为止		
		门窗关闭严密，房屋无渗、漏水现象	2	巡视缺少此项扣2分，表述不完整的扣1分，扣完为止		
3	巡检记录					
3.1	缺陷报告	记录巡检过程中发现的缺陷，记录要翔实，包含设备电压等级、设备双重名称及缺陷准确描述	30	巡检缺陷数量不全，缺少1条扣5分，扣完为止； 巡检缺陷描述不清楚，每条扣3分，扣完为止		
3.2	缺陷定性	对发现的缺陷逐条定性正确	20	定性不正确，每条扣2分，扣完为止		
4	工作结束					
4.1	工作现场清理	清理工作现场： （1）合理规划巡视路线，巡视完成一个设备/间隔后不允许折返。 （2）巡检过程中打开的箱门、柜门及时上锁。 （3）巡检过程中保持地面整洁，不随意丢弃垃圾	10	巡视完成一个设备/间隔后出现折返情况，每次扣2分，扣完为止； 打开的箱门、柜门未时恢复，每处扣1分，扣完为止； 巡检过程中地面出现异物，每处扣1分，扣完为止		
4.2	巡视工器具归置及检查	巡视工器具归置及检查： （1）归还对讲机，并测试对讲机功能正常。 （2）归还巡检钥匙，并检查钥匙外观完整，功能正常	5	未按规范归还工器具及仪器仪表，每条扣3分，扣完为止； 未按要求检查工器具及仪器仪表完好，每条扣2分，扣完为止		
	合计		100			

Jc0002541041　阀内冷系统就地启动。（100分）

考核知识点： 运维基本操作

难易度： 易

技能等级评价专业技能考核操作工作任务书

一、任务名称

阀内冷系统就地启动。

二、适用工种

换流站值班员初级工。

三、具体任务

（1）工作状态为阀内冷系统停运，工作内容为阀内冷系统启动。

（2）工作任务：通过在阀冷系统 PLC 控制面板上操作，对阀内冷系统进行就地启动。

四、工作规范及要求

按要求进行阀内冷系统的就地启动。

五、考核及时间要求

本考核操作时间为 20 分钟，时间到停止考评，包括阀冷系统状态确认和报告整理时间。

技能等级评价专业技能考核操作评分标准

工种	换流站值班员			评价等级	初级工
项目模块	运维基本操作		编号		Jc0002541041
单位		准考证号		姓名	
考试时限	20 分钟	题型	单项操作	题分	100 分
成绩		考评员		考评组长		日期	
试题正文	阀内冷系统就地启动				
需要说明的问题和要求	（1）要求单人操作。 （2）操作应注意安全，按照标准化作业书的技术安全说明做好安全措施。 （3）在阀冷系统控制屏上完成操作				

序号	项目名称	质量要求	满分	扣分标准	扣分原因	得分
1	安全措施					
1.1	安全措施的准备	着装： （1）穿全棉长袖工作服、绝缘鞋。 （2）正确佩戴安全帽，安全帽系带戴牢。 （3）检查安全帽外观正常。 （4）检查安全帽合格证完整，在检验有效期内。 （5）工作服穿着规范，无裸露、破损，衣扣系牢	8	着装不符合质量要求，每处扣 2 分，扣完为止		
1.2	现场检查	（1）核对设备双重名称。 （2）确认阀冷设备现场无人员逗留	12	未核对设备双重名称，扣 5 分； 未确认阀冷设备现场无人员逗留，扣 7 分（可口述）		
2	阀冷系统检查					
2.1	阀冷系统关键点检查	能对阀冷系统进行启动前关键点检查，确认无异常后方可进行启动。 关键点：阀冷设备管道阀门状态、阀冷系统保护投入状态、阀冷系统控制界面告警、阀冷控制系统在自动状态	20	未检查阀冷设备管道阀门状态，扣 5 分； 未检查阀冷系统保护投入状态，扣 5 分； 未检查阀冷系统控制界面告警，扣 5 分； 未检查阀冷控制系统在自动状态，扣 5 分（可口述）		
3	阀冷系统启动					

续表

序号	项目名称	质量要求	满分	扣分标准	扣分原因	得分
3.1	阀冷系统就地启动	能正确进行阀冷系统就地启动： （1）单击控制屏"阀冷系统启动"按钮。 （2）在弹出窗口内输入账号、密码。 （3）弹出运行确定提示框后单击"确定"。 （4）检查阀冷系统启动正常。 （5）单击操作密码退出按钮。 （6）启动后检查阀冷系统冷却水流量、主泵出水压力、主泵回水压力、进阀压力、主过滤器压差、主回路电导率、进阀温度、主泵电机电流、膨胀罐压力、膨胀罐液位	30	启动成功但未检查阀冷系统启动正常，扣10分（可口述）； 未能单击操作密码退出按钮，扣10分； 未能启动，扣30分		
4	填写启动报告					
4.1	启动报告记录	正确填写启动结果。 记录应包括启动后阀冷系统冷却水流量、主泵出水压力、主泵回水压力、进阀压力、主过滤器压差、主回路电导率、进阀温度、主泵电机电流、膨胀罐压力、膨胀罐液位	30	每少填写一项扣3分，扣完为止		
	合计		100			

Jc0002541042　阀外水冷系统就地启动。（100分）

考核知识点： 运维基本操作

难易度： 易

技能等级评价专业技能考核操作工作任务书

一、任务名称

阀外水冷系统就地启动。

二、适用工种

换流站值班员初级工。

三、具体任务

（1）工作状态为阀外水冷系统停运，工作内容为阀外水冷系统启动。

（2）工作任务：通过在阀外水冷系统 PLC 控制面板上操作，对阀外水冷系统进行就地启动。

四、工作规范及要求

按要求进行阀外水冷系统的就地启动。

五、考核及时间要求

本考核操作时间为 20 分钟，时间到停止考评，包括阀外水冷系统状态确认和报告整理时间。

技能等级评价专业技能考核操作评分标准

工种	换流站值班员				评价等级	初级工
项目模块	运维基本操作			编号		Jc0002541042
单位			准考证号		姓名	
考试时限	20分钟		题型	单项操作		题分	100分
成绩		考评员		考评组长		日期	
试题正文	阀外水冷系统就地启动					

续表

	需要说明的 问题和要求	（1）要求单人操作。 （2）操作应注意安全，按照标准化作业书的技术安全说明做好安全措施。 （3）在阀外水冷系统控制屏 AP17 上完成操作。 （4）填写启动报告记录				

序号	项目名称	质量要求	满分	扣分标准	扣分 原因	得分
1	安全措施					
1.1	安全措施的准备	着装： （1）穿全棉长袖工作服、绝缘鞋。 （2）正确佩戴安全帽，安全帽系带戴牢。 （3）检查安全帽外观正常。 （4）检查安全帽合格证完整，在检验有效期内。 （5）工作服穿着规范，无裸露、破损，衣扣系牢	8	着装不符合质量要求，每处扣 2 分，扣完为止		
1.2	现场检查	（1）核对设备双重名称。 （2）确认阀冷设备现场无人员逗留	12	未核对设备双重名称，扣 5 分； 未确认阀冷设备现场无人员逗留，扣 7 分（可口述）		
2	阀冷系统检查					
2.1	阀外水冷系统关键点检查	能对阀外水冷系统进行启动前关键点检查，确认无异常后方可进行启动。 关键点：阀外水冷系统设备管道阀门状态、阀外水冷系统控制屏界面告警、各类水泵电机状态、工业水系统压力	20	未检查阀外水冷系统设备管道阀门状态，扣 5 分； 未检查阀外水冷系统控制屏界面告警，扣 5 分； 未检查阀外水冷系统各类水泵电机状态，扣 5 分； 未检查工业水系统压力，扣 5 分（可口述）		
3	阀冷系统启动					
3.1	阀外水冷系统就地启动	能正确进行阀外水冷系统就地启动： （1）单击控制屏"阀外水冷系统启动"按钮。 （2）在弹出窗口内输入账号、密码。 （3）弹出运行确定提示框后单击"确定"。 （4）检查阀外水冷系统启动正常。 （5）单击操作密码退出按钮。 （6）启动后检查平衡水池液位、补充水电导率、自循环水泵状态、加药泵状态、反渗透高压泵状态、反渗透装置压力	30	启动成功但未检查阀冷系统启动正常，扣 10 分； 未能单击操作密码退出按钮，扣 10 分； 未能启动，扣 30 分		
4	填写启动报告					
4.1	启动报告记录	正确填写操作结果。 记录应包括：启动后检查平衡水池液位、补充水电导率、自循环水泵状态、加药泵状态、反渗透高压泵状态、反渗透装置压力	30	每少填写一项扣 5 分，扣完为止		
	合计		100			

Jc0002541043　阀内冷系统自动模式下的冷却风机手动启停。（100 分）

考核知识点：运维基本操作

难易度：易

技能等级评价专业技能考核操作工作任务书

一、任务名称

阀内冷系统自动模式下的冷却风机手动启停。

二、适用工种

换流站值班员初级工。

三、具体任务

（1）工作状态为阀内冷系统处于自动模式，工作内容为冷却风机手动启停。

（2）工作任务：通过在阀冷系统 PLC 控制面板上操作，对冷却风机手动启停。

四、工作规范及要求

按要求在阀内冷系统自动模式下对冷却风机进行手动启停。

五、考核及时间要求

本考核操作时间为 20 分钟，时间到停止考评，包括阀冷系统状态确认和报告整理时间。

技能等级评价专业技能考核操作评分标准

工种	换流站值班员			评价等级	初级工
项目模块	运维基本操作		编号		Jc0002541043
单位		准考证号		姓名	
考试时限	20 分钟	题型	单项操作	题分	100 分
成绩		考评员		考评组长	日期
试题正文	阀内冷系统自动模式下的冷却风机手动启停				
需要说明的问题和要求	（1）要求单人操作。 （2）操作应注意安全，按照标准化作业书的技术安全说明做好安全措施。 （3）在阀冷系统控制屏上完成操作				

序号	项目名称	质量要求	满分	扣分标准	扣分原因	得分
1	安全措施					
1.1	安全措施的准备	着装： （1）穿全棉长袖工作服、绝缘鞋。 （2）正确佩戴安全帽，安全帽系带戴牢。 （3）检查安全帽外观正常。 （4）检查安全帽合格证完整，在检验有效期内。 （5）工作服穿着规范，无裸露、破损，衣扣系牢	8	着装不符合质量要求，每处扣 2 分，扣完为止		
1.2	现场检查	（1）核对设备双重名称。 （2）确认冷却风机设备现场无人员逗留	12	未核对设备双重名称，扣 5 分； 未确认阀冷设备现场无人员逗留，扣 7 分（可口述）		
2	阀冷系统检查					
2.1	阀冷系统关键点检查	能对阀内冷系统进行关键点检查，确认无异常后方可进行启动。 关键点：阀内冷系统是否处于自动状态、阀冷系统冷却风机 G07 安全空气开关是否合上、阀冷系统告警界面有无 G07 风机告警、G07 风机外观是否正常	20	未检查阀内冷系统是否处于自动状态，扣 5 分； 未检查阀冷系统冷却风机 G07 安全空气开关是否合上，扣 5 分； 未检查阀冷系统告警界面有无 G07 风机告警，扣 5 分； 未检查 G07 风机外观是否正常，扣 5 分（可口述）		
3	G07 风机启停					
3.1	阀冷系统 G07 风机启动	能正确进行阀冷系统 G07 风机启动： （1）单击控制屏"冷却器风机控制"按钮。 （2）在弹出窗口内输入账号、密码。 （3）选定自动模式下的 G07 风机维护按钮。 （4）确定 G07 风机已处于维护状态。 （5）选定维护状态的 G07 风机启动按钮。 （6）检查 G07 风机启动正常	25	启动成功但未检查 G07 风机启动正常，扣 5 分（可口述）； 未能启动，扣 25 分		

序号	项目名称	质量要求	满分	扣分标准	扣分原因	得分
3.2	阀冷系统 G07 风机停止	能正确进行阀冷系统 G07 风机停止： （1）单击维护状态的 G07 风机停止按钮。 （2）确定 G07 风机停止正常。 （3）选定 G07 风机投入按钮。 （4）确定 G07 风机已处于投入状态。 （5）检查阀冷系统运行状态正常，无相关告警。 （6）单击操作密码退出按钮。 （7）风机启动后应检查：阀冷系统有无异常告警、风机运行过程中有无异常振动及异响	25	停止成功但未检查 G07 风机停止正常，扣 5 分（可口述）； 未能切换回投入状态，扣 10 分； 未能单击操作密码退出按钮，扣 10 分		
4	填写操作报告					
4.1	操作报告记录	正确填写操作结果。 记录应包括风机启停前后状态、阀冷系统有无异常告警、风机运行过程中有无异常振动及异响	10	每少填写一项扣 3 分，扣完为止		
	合计		100			

Jc0002541044　阀内冷系统自动模式下的冷却风机手动启停（含故障）。（100 分）

考核知识点：运维基本操作

难易度：易

技能等级评价专业技能考核操作工作任务书

一、任务名称

阀内冷系统自动模式下的冷却风机手动启停（含故障）。

二、适用工种

换流站值班员初级工。

三、具体任务

（1）工作状态为阀内冷系统处于自动模式，工作内容为冷却风机手动启停。

（2）工作任务：

1）通过在阀冷系统 PLC 控制面板上操作，对冷却风机手动启停。

2）若风机无法正常启动，需对回路进行故障排查。

四、工作规范及要求

按要求在阀内冷系统自动模式下对冷却风机进行手动启停。

五、考核及时间要求

本考核操作时间为 60 分钟，时间到停止考评，包括阀冷系统状态确认和报告整理时间。

技能等级评价专业技能考核操作评分标准

工种	换流站值班员			评价等级	初级工
项目模块	运维基本操作		编号		Jc0002541044
单位		准考证号		姓名	
考试时限	60 分钟	题型	单项操作	题分	100 分
成绩		考评员	考评组长		日期	

试题正文	阀内冷系统自动模式下的冷却风机手动启停（含故障）
需要说明的问题和要求	（1）要求单人操作。 （2）操作应注意安全，按照标准化作业书的技术安全说明做好安全措施。 （3）在阀冷系统控制屏上完成操作

序号	项目名称	质量要求	满分	扣分标准	扣分原因	得分
1	安全措施					
1.1	安全措施的准备	着装： （1）穿全棉长袖工作服、绝缘鞋。 （2）正确佩戴安全帽，安全帽系带戴牢。 （3）检查安全帽外观正常。 （4）检查安全帽合格证完整，在检验有效期内。 （5）工作服穿着规范，无裸露、破损，衣扣系牢	8	着装不符合质量要求，每处扣 2 分，扣完为止		
1.2	现场检查	（1）核对设备双重名称。 （2）确认冷却风机设备现场无人员逗留	12	未核对设备双重名称，扣 5 分； 未确认阀冷设备现场无人员逗留，扣 7 分（可口述）		
2	阀冷系统检查					
2.1	阀冷系统关键点检查	能对阀内冷系统进行关键点检查，确认无异常后方可进行启动。 关键点：阀内冷系统是否处于自动状态、阀冷系统冷却风机 G07 安全空气开关是否合上、阀冷系统告警界面有无 G07 风机告警、G07 风机外观是否正常	20	未检查阀内冷系统是否处于自动状态，扣 5 分； 未检查阀冷系统冷却风机 G07 安全空气开关是否合上，扣 5 分； 未检查阀冷系统告警界面有无 G07 风机告警，扣 5 分； 未检查 G07 风机外观是否正常，扣 5 分（可口述）		
3	G07 风机启停					
3.1	阀冷系统 G07 风机启动	能正确进行阀冷系统 G07 风机启动： （1）单击控制屏"冷却器风机控制"按钮。 （2）在弹出窗口内输入账号、密码。 （3）选定自动模式下的 G07 风机维护按钮。 （4）确定 G07 风机已处于维护状态。 （5）选定维护状态的 G07 风机启动按钮。 （6）检查 G07 风机启动正常	15	启动成功但未检查 G07 风机启动正常，扣 5 分（可口述）； 未能启动，扣 15 分		
3.2	阀冷系统 G07 风机停止	能正确进行阀冷系统 G07 风机停止： （1）单击维护状态的 G07 风机停止按钮。 （2）确定 G07 风机停止正常。 （3）选定 G07 风机投入按钮。 （4）确定 G07 风机已处于投入状态。 （5）检查阀冷系统运行状态正常，无相关告警。 （6）单击操作密码退出按钮	15	停止成功但未检查 G07 风机停止正常，扣 5 分（可口述）； 未能切换回投入状态，扣 5 分； 未能单击操作密码退出按钮，扣 5 分		
4	故障排查					
4.1	故障查找	能正确进行故障查找。 故障 1：接触器绕组接线虚接； 故障 2：G07 风机安全空气开关未合	10	未查找出故障，每个扣 5 分		
4.2	故障排除	能正确进行故障排除	10	未正确排除故障，每个扣 5 分		
5	填写操作报告					
5.1	操作报告记录	正确填写操作结果。 记录应包括风机启停前后状态、阀冷系统有无异常告警、风机运行过程中有无异常振动及异响、启停过程中遇到的问题现象及处理措施	10	前三项每少填写一项，扣 1 分； 最后一项描述不正确，扣 7 分		
	合计		100			

Jc0002541045 阀内冷系统就地启动（含故障）。（100分）

考核知识点： 运维基本操作

难易度： 易

技能等级评价专业技能考核操作工作任务书

一、任务名称

阀内冷系统就地启动（含故障）。

二、适用工种

换流站值班员初级工。

三、具体任务

（1）工作状态为阀内冷系统停运，工作内容为阀内冷系统启动。

（2）工作任务：

1）通过在阀冷系统PLC控制面板上操作，对阀内冷系统进行就地启动。

2）若系统无法正常启动，需对回路进行故障排查。

四、工作规范及要求

按要求进行阀内冷系统的就地启动。

五、考核及时间要求

本考核操作时间为60分钟，时间到停止考评，包括阀冷系统状态确认和报告整理时间。

技能等级评价专业技能考核操作评分标准

工种	换流站值班员			评价等级	初级工
项目模块	运维基本操作		编号		Jc0002541045
单位		准考证号		姓名	
考试时限	60分钟	题型	单项操作	题分	100分
成绩		考评员	考评组长	日期	
试题正文	阀内冷系统就地启动（含故障）				
需要说明的问题和要求	（1）要求单人操作。 （2）操作应注意安全，按照标准化作业书的技术安全说明做好安全措施。 （3）在阀冷系统控制屏上完成操作				

序号	项目名称	质量要求	满分	扣分标准	扣分原因	得分
1	安全措施					
1.1	相关安全措施的准备	着装： （1）穿全棉长袖工作服、绝缘鞋。 （2）正确佩戴安全帽，安全帽系带戴牢。 （3）检查安全帽外观正常。 （4）检查安全帽合格证完整，在检验有效期内。 （5）工作服穿着规范，无裸露、破损，衣扣系牢	8	着装不符合质量要求，每处扣2分，扣完为止		
1.2	现场检查	（1）核对设备双重名称。 （2）确认阀冷系统设备现场无人员逗留	12	未核对设备双重名称，扣5分； 未确认阀冷设备现场无人员逗留，扣7分（可口述）		
2	阀冷系统检查					

续表

序号	项目名称	质量要求	满分	扣分标准	扣分原因	得分
2.1	阀冷系统关键点检查	能对阀冷系统进行启动前关键点检查，确认无异常后方可进行启动。关键点：阀冷设备管道阀门状态、阀冷系统保护投入状态、阀冷系统控制界面告警、阀冷控制系统在自动状态。	20	未检查阀冷设备管道阀门状态，扣5分；未检查阀冷系统保护投入状态，扣5分；未检查阀冷系统控制界面告警，扣5分；未检查阀冷控制系统在自动状态，扣5分（可口述）		
3	阀冷系统启动					
3.1	阀冷系统就地启动	能正确进行阀冷系统就地启动：（1）单击控制屏"阀冷系统启动"按钮。（2）在弹出窗口内输入账号、密码。（3）弹出运行确定提示框后单击"确定"。（4）检查阀冷系统启动正常。（5）单击操作密码退出按钮	20	启动成功但未检查阀冷系统启动正常，扣10分（可口述）；未能单击操作密码退出按钮，扣10分；未能启动，扣20分		
4	故障排查					
4.1	故障查找	能正确进行故障查找。故障1：主循环泵安全空气开关未合；故障2：主循环泵接触器信号线虚接	10	未查找出故障，每个扣5分		
4.2	故障排除	能正确进行故障排除	10	未正确排除故障，每个扣5分		
5	填写操作报告					
5.1	操作报告记录	正确填写启动结果。记录应包括启动后阀冷系统冷却水流量、主泵出水压力、主泵回水压力、进阀压力、主过滤器压差、主回路电导率、进阀温度、主泵电机电流、膨胀罐压力、膨胀罐液位、故障情况及处理措施	20	前三项每少填写一项，扣1分；最后一项描述不正确，扣10分		
	合计		100			

Jc0002541046　阀冷系统定值核对。（100分）

考核知识点： 运维基本操作

难易度： 易

技能等级评价专业技能考核操作工作任务书

一、任务名称

阀冷系统定值核对。

二、适用工种

换流站值班员初级工。

三、具体任务

（1）工作状态为阀内冷系统处于自动停止模式，工作内容为阀冷系统定值核对。

（2）工作任务：通过在阀冷系统PLC控制面板上操作，对阀冷系统定值进行核对。

四、工作规范及要求

按要求在阀内冷系统自动停止模式下对阀冷系统定值进行核对。

五、考核及时间要求

本考核操作时间为60分钟，时间到停止考评，包括阀冷系统状态确认和报告整理时间。

技能等级评价专业技能考核操作评分标准

工种	换流站值班员			评价等级	初级工
项目模块	运维基本操作		编号		Jc0002541046
单位		准考证号		姓名	
考试时限	60分钟	题型	单项操作	题分	100分
成绩		考评员	考评组长		日期
试题正文	阀冷系统定值核对				
需要说明的问题和要求	（1）要求单人操作。 （2）操作应注意安全，按照标准化作业书的技术安全说明做好安全措施。 （3）在阀冷系统控制屏上完成操作				

序号	项目名称	质量要求	满分	扣分标准	扣分原因	得分
1	安全措施					
1.1	安全措施的准备	着装： （1）穿全棉长袖工作服、绝缘鞋。 （2）正确佩戴安全帽，安全帽系带戴牢。 （3）检查安全帽外观正常。 （4）检查安全帽合格证完整，在检验有效期内。 （5）工作服穿着规范，无裸露、破损，衣扣系牢	8	着装不符合质量要求，每处扣2分，扣完为止		
1.2	现场检查	（1）核对设备双重名称。 （2）确认阀冷系统设备现场无人员逗留	12	未核对设备双重名称，扣5分； 未确认阀冷设备现场无人员逗留，扣7分（可口述）		
2	阀冷系统检查					
2.1	阀冷系统关键点检查	能对阀内冷系统进行关键点检查，确认无异常后可进行启动。 关键点：阀内冷系统是否处于自动状态、阀冷系统告警界面有无告警	20	未对阀内冷系统进行关键点检查，每项扣10分，扣完为止（可口述）		
3	定值核对					
3.1	阀冷系统定值核对	能正确进行阀冷系统定值核对： （1）确认定值单与阀冷系统对应。 （2）单击操作界面"定值设定"按钮。 （3）在弹出窗口内输入账号、密码。 （4）邀请考官对定值进行核对。 （5）核对完毕后单击操作密码退出按钮	30	定值单与阀冷系统不对应，扣10分； 未成功进入定值界面，扣10分； 核对定值后未单击操作密码退出按钮，扣10分		
4	填写操作报告					
4.1	操作报告记录	正确填写核对信息： ××年××月××日××时××分，检修人员××与运维人员（考官）共同进行阀冷系统定值核对，核对结果××××	30	根据核对信息酌情扣分		
	合计		100			

Jc0002541047　阀内冷系统氮气稳压系统氮气瓶更换。（100分）

考核知识点： 运维基本操作

难易度： 易

技能等级评价专业技能考核操作工作任务书

一、任务名称

阀内冷系统氮气稳压系统氮气瓶更换。

二、适用工种

换流站值班员初级工。

三、具体任务

（1）工作状态为阀内冷系统处于自动运行模式。

（2）工作任务：阀内冷系统氮气稳压系统氮气瓶更换。

四、工作规范及要求

按要求在阀内冷系统自动运行模式下对阀内冷系统氮气稳压系统氮气瓶进行更换。

五、考核及时间要求

本考核操作时间为 60 分钟，时间到停止考评，包括阀冷系统状态确认和报告整理时间。

技能等级评价专业技能考核操作评分标准

工种	换流站值班员			评价等级	初级工
项目模块	运维基本操作		编号		Jc0002541047
单位		准考证号		姓名	
考试时限	60 分钟	题型	单项操作	题分	100 分
成绩		考评员		考评组长		日期	
试题正文	阀内冷系统氮气稳压系统氮气瓶更换				
需要说明的问题和要求	（1）要求单人操作。 （2）操作应注意安全，按照标准化作业书的技术安全说明做好安全措施				

序号	项目名称	质量要求	满分	扣分标准	扣分原因	得分
1	安全措施					
1.1	安全措施的准备	着装： （1）穿全棉长袖工作服、绝缘鞋。 （2）正确佩戴安全帽，安全帽系带戴牢。 （3）检查安全帽外观正常。 （4）检查安全帽合格证完整，在检验有效期内。 （5）工作服穿着规范，无裸露、破损，衣扣系牢	8	着装不符合质量要求，每处扣 2 分，扣完为止		
1.2	现场检查	（1）核对设备双重名称。 （2）确认阀冷系统设备现场无人员逗留	12	未核对设备双重名称，扣 5 分； 未确认阀冷设备现场无人员逗留，扣 7 分（可口述）		
2	阀冷系统检查					
2.1	阀冷系统关键点检查	能对阀内冷系统进行关键点检查，确认无异常后方可进行更换操作。 关键点：阀内冷系统氮气稳压系统氮气瓶压力、阀冷系统告警界面告警信息	20	未对阀内冷系统进行关键点检查，每项扣 10 分，扣完为止（可口述）		
3	氮气瓶更换					
3.1	氮气瓶更换操作要点	能正确进行氮气瓶更换： （1）确认需要更换的压力低氮气瓶。 （2）关闭氮气瓶阀门。 （3）关闭氮气瓶对应针型阀。 （4）拆除压力低氮气瓶连接管。 （5）更换满气氮气瓶，重新安装连接管，并将空气瓶进行"空"标记。 （6）打开针型阀及氮气瓶阀门。 （7）确认氮气瓶压力表、减压阀表计数据正常。 （8）使用泡沫水检查连接管道气密性	40	未确认需要更换的压力低氮气瓶，扣 5 分； 未关闭氮气瓶阀门，扣 5 分； 未关闭氮气瓶对应针型阀，扣 5 分； 未拆除压力低氮气瓶连接管，扣 5 分； 未更换满气氮气瓶，重新安装连接管，未将空气瓶进行"空"标记，扣 5 分； 未打开针型阀及氮气瓶阀门，扣 5 分； 未确认氮气瓶压力表、减压阀表计数据正常，扣 5 分； 未使用泡沫水检查连接管道气密性，扣 5 分		

续表

序号	项目名称	质量要求	满分	扣分标准	扣分原因	得分
4	填写操作报告					
4.1	操作报告记录	正确填写更换报告：报告应包括更换氮气瓶前、后压力，膨胀罐压力、阀门状态、氮气瓶编号	20	根据核对信息酌情扣分		
	合计		100			

Jc0002541048　阀外冷系统排污泵启动。（100 分）

考核知识点：运维基本操作

难易度：易

技能等级评价专业技能考核操作工作任务书

一、任务名称

阀外冷系统排污泵启动。

二、适用工种

换流站值班员初级工。

三、具体任务

（1）工作状态为阀外冷系统处于手动模式。

（2）工作任务：阀外冷系统排污泵启动。

四、工作规范及要求

按要求在阀外冷系统手动模式下启动阀冷系统阀外冷系统排污泵。

五、考核及时间要求

本考核操作时间为 60 分钟，时间到停止考评，包括阀冷系统状态确认和报告整理时间。

技能等级评价专业技能考核操作评分标准

工种	换流站值班员			评价等级	初级工
项目模块	运维基本操作		编号		Jc0002541048
单位		准考证号		姓名	
考试时限	60 分钟	题型	单项操作	题分	100 分
成绩		考评员		考评组长	日期
试题正文	阀外冷系统排污泵启动。				
需要说明的问题和要求	（1）要求单人操作。（2）操作应注意安全，按照标准化作业书的技术安全说明做好安全措施				

序号	项目名称	质量要求	满分	扣分标准	扣分原因	得分
1	安全措施					
1.1	安全措施的准备	着装：（1）穿全棉长袖工作服、绝缘鞋。（2）正确佩戴安全帽，安全帽系带戴牢。（3）检查安全帽外观正常。（4）检查安全帽合格证完整，在检验有效期内。（5）工作服穿着规范，无裸露、破损，衣扣系牢	8	着装不符合质量要求，每处扣 2 分，扣完为止		

续表

序号	项目名称	质量要求	满分	扣分标准	扣分原因	得分
1.2	现场检查	（1）核对设备双重名称。 （2）确认阀冷系统设备现场无人员逗留	12	未核对设备双重名称，扣5分； 未确认阀冷设备现场无人员逗留，扣7分（可口述）		
2	阀冷系统检查					
2.1	阀冷系统关键点检查	能对阀外冷系统进行关键点检查，确认无异常后方可进行启动操作。 关键点：阀外冷系统在手动状态、阀外冷系统集污坑内积水液位、排污泵状态、阀外冷系统告警界面告警信息	20	未对阀外冷系统进行关键点检查，每项扣5分，扣完为止（可口述）		
3	阀外冷系统排污泵启动					
3.1	阀外冷系统排污泵启动操作要点	能正确进行阀外冷系统排污泵启动： （1）现场确认阀外冷系统集污坑内积水液位满足排污泵启动条件。 （2）在AP17阀外冷系统控制屏柜上确认有无相关告警信息。 （3）单击AP17阀外冷系统控制屏柜上"集水坑控制"按钮。 （4）在弹出界面输入账号、密码。 （5）单击P42或P43启动按钮。 （6）观察集污坑液位下降至目标液位后单击停止。 （7）现场确认集污坑液位降低。 （8）单击操作密码退出按钮，并再次确认系统有无异常告警	40	未现场确认阀外冷系统集污坑内积水液位满足排污泵启动条件，扣5分； 未在AP17阀外冷系统控制屏柜上确认有无相关告警信息，扣5分； 未单击AP17阀外冷系统控制屏柜上"集水坑控制"按钮，扣5分； 未在弹出界面输入账号、密码，扣5分； 未能正常启动排污泵，扣5分； 未观察集污坑液位下降至目标液位后单击停止，扣5分； 未现场确认集污坑液位降低，扣5分； 未单击操作密码退出按钮，并再次确认系统有无异常告警，扣5分		
4	填写操作报告					
4.1	操作报告记录	正确填写启动报告：报告应包括启动排污泵编号、集污坑液位、是否正常启动、有无告警信号产生等信息	20	根据核对信息酌情扣分		
	合计		100			

Jc0002541049 阀外冷系统排污泵启动（含故障）。（100分）

考核知识点： 运维基本操作

难易度： 易

技能等级评价专业技能考核操作工作任务书

一、任务名称

阀外冷系统排污泵启动（含故障）。

二、适用工种

换流站值班员初级工。

三、具体任务

（1）工作状态为阀外冷系统处于手动模式。

（2）工作任务：阀外冷系统排污泵启动（含故障）。

四、工作规范及要求

按要求在阀外冷系统手动模式下启动阀冷系统阀外冷系统排污泵（含故障）。

五、考核及时间要求

本考核操作时间为60分钟，时间到停止考评，包括阀冷系统状态确认和报告整理时间。

技能等级评价专业技能考核操作评分标准

工种	换流站值班员			评价等级	初级工
项目模块	运维基本操作		编号		Jc0002541049
单位		准考证号		姓名	
考试时限	60分钟	题型	单项操作	题分	100分
成绩		考评员	考评组长	日期	
试题正文	阀外冷系统排污泵启动（含故障）				
需要说明的问题和要求	(1) 要求单人操作。 (2) 操作应注意安全，按照标准化作业书的技术安全说明做好安全措施				

序号	项目名称	质量要求	满分	扣分标准	扣分原因	得分
1	安全措施					
1.1	相关安全措施的准备	着装： (1) 穿全棉长袖工作服、绝缘鞋。 (2) 正确佩戴安全帽，安全帽系带戴牢。 (3) 检查安全帽外观正常。 (4) 检查安全帽合格证完整，在检验有效期内。 (5) 工作服穿着规范，无裸露、破损，衣扣系牢	8	着装不符合质量要求，每处扣2分，扣完为止		
1.2	现场检查	(1) 核对设备双重名称。 (2) 确认阀冷系统设备现场无人员逗留	12	未核对设备双重名称，扣5分； 未确认阀冷设备现场无人员逗留，扣7分（可口述）		
2	阀冷系统检查					
2.1	阀冷系统关键点检查	能对阀外冷系统进行关键点检查，确认无异常后可进行启动操作。 关键点：阀外冷系统在手动状态、阀外冷系统集污坑内积水液位、排污泵状态、阀外冷系统告警界面告警信息	20	未对阀外冷系统进行关键点检查，每项扣5分，扣完为止（可口述）		
3	阀外冷系统排污泵启动					
3.1	阀外冷系统排污泵启动操作要点	能正确进行阀外冷系统排污泵启动： (1) 现场确认阀外冷系统集污坑内积水液位满足排污泵启动条件。 (2) 在AP17阀外冷系统控制屏柜上确认有无相关告警信息。 (3) 单击AP17阀外冷系统控制屏柜上"集水坑控制"按钮。 (4) 在弹出界面输入账号、密码。 (5) 单击P42启动按钮。 (6) 发现P42启动失败，进行故障排查。 (7) 排查完成启动成功后观察集污坑液位下降至目标液位后单击停止。 (8) 现场确认集污坑液位降低。 (9) 单击操作密码退出按钮，并再次确认系统有无异常告警	20	未现场确认阀外冷系统集污坑内积水液位满足排污泵启动条件，扣5分； 未在AP17阀外冷系统控制屏柜上确认有无相关告警信息，扣5分； 未单击AP17阀外冷系统控制屏柜上"集水坑控制"按钮，扣5分； 未在弹出界面输入账号、密码，扣5分； 未能正常启动排污泵，扣5分； 未观察集污坑液位下降至目标液位后单击停止，扣5分； 未现场确认集污坑液位降低，扣5分； 未单击操作密码退出按钮，并再次确认系统有无异常告警，扣5分		
4	故障排查					
4.1	故障查找	能正确进行故障查找。 故障1：接触器线圈接线虚接； 故障2：P42排污泵空气开关未合	10	未查找出故障，每个扣5分		
4.2	故障排除	能正确进行故障排除	10	未正确排除故障，每个扣5分		
5	填写操作报告					
5.1	操作报告记录	正确填写启动报告：报告应包括启动排污泵编号、集污坑液位、是否正常启动、存在故障及处理措施、操作后有无告警信号产生等信息	20	根据核对信息酌情扣分		
	合计		100			

Jc0002541050　阀外冷系统防冻棚卷帘门关闭操作。（100分）

考核知识点：运维基本操作

难易度：易

技能等级评价专业技能考核操作工作任务书

一、任务名称

阀外冷系统防冻棚卷帘门关闭操作。

二、适用工种

换流站值班员初级工。

三、具体任务

（1）工作状态为阀冷系统处于自动模式。

（2）工作任务：阀外冷系统防冻棚卷帘门关闭操作。

四、工作规范及要求

按要求在阀冷系统自动模式下对阀外冷系统防冻棚卷帘门进行关闭操作。

五、考核及时间要求

本考核操作时间为60分钟，时间到停止考评，包括阀冷系统状态确认和报告整理时间。

技能等级评价专业技能考核操作评分标准

工种	换流站值班员			评价等级		初级工
项目模块	运维基本操作		编号		Jc0002541050	
单位			准考证号		姓名	
考试时限	60分钟	题型		单项操作	题分	100分
成绩		考评员		考评组长	日期	
试题正文	阀外冷系统防冻棚卷帘门关闭操作					
需要说明的问题和要求	（1）要求单人操作。 （2）操作应注意安全，按照标准化作业书的技术安全说明做好安全措施					

序号	项目名称	质量要求	满分	扣分标准	扣分原因	得分
1	安全措施					
1.1	安全措施的准备	着装： （1）穿全棉长袖工作服、绝缘鞋。 （2）正确佩戴安全帽，安全帽系带戴牢。 （3）检查安全帽外观正常。 （4）检查安全帽合格证完整，在检验有效期内。 （5）工作服穿着规范，无裸露、破损，衣扣系牢	8	着装不符合质量要求，每处扣2分，扣完为止		
1.2	现场检查	（1）核对设备双重名称。 （2）确认阀冷系统设备现场无人员逗留	12	未核对设备双重名称，扣5分；未确认阀冷设备现场无人员逗留，扣7分（可口述）		
2	阀冷系统检查					
2.1	阀冷系统关键点检查	能对阀外冷系统进行关键点检查，确认无异常后方可进行启动操作。 关键点：阀冷系统在自动状态、防冻棚卷帘门空气开关在合位、进阀温度正常、阀冷系统告警界面告警信息	20	未对阀外冷系统进行关键点检查，每项扣5分，扣完为止（可口述）		

续表

序号	项目名称	质量要求	满分	扣分标准	扣分原因	得分
3	阀外冷系统防冻棚卷帘门关闭操作					
3.1	阀外冷系统防冻棚卷帘门关闭操作要点	能正确进行阀外冷系统防冻棚卷帘门关闭操作： （1）现场确认防冻棚卷帘门位置正常。 （2）在防冻棚操作开关盒处找到对应卷帘门操作开关。 （3）单击操作开关"下"按键。 （4）手放置于操作开关急停按钮上，若卷帘门发生异常情况及时进行停止。 （5）待关闭到指定位置时，对卷帘门进行进一步检查，确认状态正常。 （6）检查阀冷系统控制界面进阀温度有无变化	40	未现场确认防冻棚卷帘门位置正常，扣5分； 未在防冻棚操作开关盒处找到对应卷帘门操作开关，扣5分； 未单击操作开关"下"按键，扣5分； 未将手放置于操作开关急停按钮上，扣5分； 卷帘门发生异常情况未能及时进行停止，扣5分； 未待关闭到指定位置时，对卷帘门进行进一步检查，确认状态正常，扣5分； 未检查阀冷系统控制界面进阀温度有无变化，扣10分		
4	填写操作报告					
4.1	操作报告记录	正确填写启动报告：报告应包括关闭卷帘门位置、关闭前后进阀温度变化、是否正常关闭、有无告警信号产生等信息	20	根据核对信息酌情扣分		
	合计		100			

Jc0002541051　阀外冷系统防冻棚卷帘门关闭操作（含故障）。(100 分)

考核知识点： 运维基本操作

难易度： 易

技能等级评价专业技能考核操作工作任务书

一、任务名称

阀外冷系统防冻棚卷帘门关闭操作（含故障）。

二、适用工种

换流站值班员初级工。

三、具体任务

（1）工作状态为阀冷系统处于自动模式。

（2）工作任务：阀外冷系统防冻棚卷帘门关闭操作（含故障）。

四、工作规范及要求

按要求在阀冷系统自动模式下对阀外冷系统防冻棚卷帘门进行关闭操作（含故障）。

五、考核及时间要求

本考核操作时间为 60 分钟，时间到停止考评，包括阀冷系统状态确认和报告整理时间。

技能等级评价专业技能考核操作评分标准

工种		换流站值班员			评价等级		初级工
项目模块		运维基本操作		编号		Jc0002541051	
单位			准考证号			姓名	
考试时限	60 分钟		题型		单项操作	题分	100 分
成绩		考评员		考评组长		日期	
试题正文	阀外冷系统防冻棚卷帘门关闭操作（含故障）						

续表

需要说明的问题和要求	（1）要求单人操作。 （2）操作应注意安全，按照标准化作业书的技术安全说明做好安全措施					
序号	项目名称	质量要求	满分	扣分标准	扣分原因	得分
1	安全措施					
1.1	安全措施的准备	着装： （1）穿全棉长袖工作服、绝缘鞋。 （2）正确佩戴安全帽，安全帽系带戴牢。 （3）检查安全帽外观正常。 （4）检查安全帽合格证完整，在检验有效期内。 （5）工作服穿着规范，无裸露、破损，衣扣系牢	8	着装不符合质量要求，每处扣2分，扣完为止		
1.2	现场检查	（1）核对设备双重名称。 （2）确认阀冷系统设备现场无人员逗留	12	未核对设备双重名称，扣5分； 未确认阀冷设备现场无人员逗留，扣7分（可口述）		
2	阀冷系统检查					
2.1	阀冷系统关键点检查	能对阀外冷系统进行关键点检查，确认无异常后方可进行启动操作。 关键点：阀冷系统在自动状态、防冻棚卷帘门空气开关在合位、进阀温度正常、阀冷系统告警界面告警信息	20	未对阀外冷系统进行关键点检查，每项扣5分，扣完为止（可口述）		
3	阀外冷系统防冻棚卷帘门关闭操作					
3.1	阀外冷系统防冻棚卷帘门关闭操作要点	能正确进行阀外冷系统防冻棚卷帘门关闭操作： （1）现场确认防冻棚卷帘门位置正常。 （2）在防冻棚操作开关盒处找到对应卷帘门操作开关。 （3）单击操作开关"下"按键。 （4）手放置于操作开关急停按钮上，若卷帘门发生异常情况及时进行停止。 （5）待关闭到指定位置时，对卷帘门进一步检查，确认状态正常。 （6）检查阀冷系统控制界面进阀温度有无变化	20	未现场确认防冻棚卷帘门位置正常，扣5分； 未在防冻棚操作开关盒处找到对应卷帘门操作开关，扣5分； 未单击操作开关"下"按键，扣5分； 未将手放置于操作开关急停按钮上，扣5分； 卷帘门发生异常情况未能及时进行停止，扣5分； 未待关闭到指定位置时，对卷帘门进行进一步检查，确认状态正常，扣5分； 未检查阀冷系统控制界面进阀温度有无变化，扣10分； 以上扣分，扣完为止		
4	故障排查					
4.1	故障查找	能正确进行故障查找。 故障1：卷帘门上级电源未合； 故障2：电机电源线虚接	10	未查找出故障，每个扣5分		
4.2	故障排除	能正确进行故障排除	10	未正确排除故障每个扣5分		
5	填写操作报告					
5.1	操作报告记录	正确填写启动报告：报告应包括关闭卷帘门位置、关闭前后进阀温度变化、是否正常关闭、发现的故障及处理措施、有无告警信号产生等信息	20	根据核对信息酌情扣分		
	合计		100			

Jc0002541052 主变压器铁芯、夹件接地电流测试。（100分）

考核知识点：运维基本操作

难易度：易

技能等级评价专业技能考核操作工作任务书

一、任务名称

主变压器铁芯、夹件接地电流测试。

二、适用工种

换流站值班员初级工。

三、具体任务

（1）工作状态为主变压器正常运行状态。

（2）工作任务：主变压器铁芯、夹件接地电流测试。

四、工作规范及要求

按要求进行主变压器铁芯、夹件接地电流测试，正确记录测试结果。

五、考核及时间要求

本考核操作时间为 20 分钟，时间到停止考评，包括主变压器状态确认和报告整理时间。

技能等级评价专业技能考核操作评分标准

工种	换流站值班员			评价等级	初级工
项目模块	运维基本操作		编号		Jc0002541052
单位		准考证号		姓名	
考试时限	20 分钟	题型	单项操作	题分	100 分
成绩		考评员	考评组长	日期	
试题正文	主变压器铁芯、夹件接地电流测试				
需要说明的问题和要求	（1）要求单人操作。 （2）操作应注意安全，按照标准化作业书的技术安全说明做好安全措施				

序号	项目名称	质量要求	满分	扣分标准	扣分原因	得分
1	安全措施					
1.1	安全措施的准备	着装： （1）穿全棉长袖工作服、绝缘鞋。 （2）正确佩戴安全帽，安全帽系带戴牢。 （3）检查安全帽外观正常。 （4）检查安全帽合格证完整，在检验有效期内。 （5）工作服穿着规范，无裸露、破损，衣扣系牢	8	着装不符合质量要求，每处扣2分，扣完为止		
1.2	工器具使用	（1）钳形电流表检查：检查钳形电流表电量是否充足，绝缘性能是否良好，外壳应无破损。 （2）确认测量设备双重名称，且主变压器为带电设备	12	未检查钳形电流表电量、绝缘性能、外壳，扣6分； 未确认设备双重名称，扣4分； 安规规定：使用钳形电流表时，应注意钳形电流表的电压等级。测量时戴绝缘手套，站在绝缘垫上，不得触及其他设备，以防短路或接地。不满足要求扣2分		
2	现场测量					
2.1	本体例行检查	（1）开机，将开机键调至 ON 挡位。 （2）根据需要将量程开关拨至 AC（交流）的合适量程（0～1000mA）。 （3）按紧扳手，使钳口张开，将被测导线放入钳口中，然后松开扳手并使钳口闭合紧密，测量电流。 （4）记录测量数据，仪表挡位、量程复位	60	按照步骤开展，每错一步扣15分； 钳口闭合不紧密，扣10分； 仪表挡位量程未复位，扣10分； 表计未关机归零，酌情扣分； 以上扣分，扣完为止		

续表

序号	项目名称	质量要求	满分	扣分标准	扣分原因	得分
3	填写检查记录					
3.1	检查记录	按格式正确填写检查结果	10	每少填写一项，扣5分，扣完为止		
4	进行现场恢复					
4.1	现场恢复	恢复现场	10	未进行现场恢复，扣10。		
	合计		100			

Jc0002541053　换流变压器铁芯、夹件接地电流测试。（100分）

考核知识点： 运维基本操作

难易度： 易

技能等级评价专业技能考核操作工作任务书

一、任务名称

换流变压器铁芯、夹件接地电流测试。

二、适用工种

换流站值班员初级工。

三、具体任务

（1）工作状态为换流变压器正常运行状态。

（2）工作任务：换流变压器铁芯、夹件接地电流测试。

四、工作规范及要求

按要求进行换流变压器铁芯、夹件接地电流测试，正确记录测试结果。

五、考核及时间要求

本考核操作时间为20分钟，时间到停止考评，包括换流变压器状态确认和报告整理时间。

技能等级评价专业技能考核操作评分标准

工种	换流站值班员			评价等级	初级工
项目模块	运维基本操作		编号		Jc0002541053
单位		准考证号		姓名	
考试时限	20分钟	题型	单项操作	题分	100分
成绩		考评员	考评组长		日期
试题正文	换流变压器铁芯、夹件接地电流测试				
需要说明的问题和要求	（1）要求单人操作。 （2）操作应注意安全，按照标准化作业书的技术安全说明做好安全措施				

序号	项目名称	质量要求	满分	扣分标准	扣分原因	得分
1	安全措施					
1.1	相关安全措施的准备	着装： （1）穿全棉长袖工作服、绝缘鞋。 （2）正确佩戴安全帽，安全帽系带戴牢。 （3）检查安全帽外观正常。 （4）检查安全帽合格证完整，在检验有效期内。 （5）工作服穿着规范，无裸露、破损，衣扣系牢	8	着装不符合质量要求，每处扣2分，扣完为止		

续表

序号	项目名称	质量要求	满分	扣分标准	扣分原因	得分
1.2	工器具使用	（1）钳形电流表检查：检查钳形电流表电量是否充足，绝缘性能是否良好，外壳应无破损。 （2）确认测量设备双重名称，且换流变压器为带电设备	12	未检查钳形电流表电量、绝缘性能、外壳，扣6分； 未确认设备双重名称，扣4分； 安规规定：使用钳形电流表时，应注意钳形电流表的电压等级。测量时戴绝缘手套，站在绝缘垫上，不得触及其他设备，以防短路或接地。不满足要求扣2分		
2	现场测量					
2.1	本体例行检查	（1）开机，将开机键调至ON挡位。 （2）根据需要将量程开关拨至AC（交流）的合适量程（0～1000mA）。 （3）按紧扳手，使钳口张开，将被测导线放入钳口中，然后松开扳手并使钳口闭合紧密，测量电流。 （4）记录测量数据，仪表挡位、量程复位。	60	按照步骤开展，每错一步扣15分； 钳口闭合不紧密，扣10分； 仪表挡位量程未复位，扣10分； 表计未关机归零，酌情扣分； 以上扣分，扣完为止		
3	填写检查记录					
3.1	检查记录	按格式正确填写检查结果	10	每少填写一项，扣5分，扣完为止		
4	进行现场恢复					
4.1	现场恢复	恢复现场	10	未进行现场恢复，扣10分		
	合计		100			

Jc0002541054　高压电抗器铁芯、夹件接地电流测试。（100分）

考核知识点：运维基本操作

难易度：易

技能等级评价专业技能考核操作工作任务书

一、任务名称

高压电抗器铁芯、夹件接地电流测试。

二、适用工种

换流站值班员初级工。

三、具体任务

（1）工作状态为高压电抗器正常运行状态。

（2）工作任务：高抗铁芯、夹件接地电流测试。

四、工作规范及要求

按要求进行高压电抗器铁芯、夹件接地电流测试，正确记录测试结果。

五、考核及时间要求

本考核操作时间为20分钟，时间到停止考评，包括高压电抗器状态确认和报告整理时间。

技能等级评价专业技能考核操作评分标准

工种	换流站值班员				评价等级	初级工
项目模块	运维基本操作				编号	Jc0002541054
单位			准考证号		姓名	
考试时限	20分钟	题型		单项操作	题分	100分
成绩		考评员		考评组长		日期	

续表

试题正文	高压电抗器铁芯、夹件接地电流测试					
需要说明的问题和要求	（1）要求单人操作。 （2）操作应注意安全，按照标准化作业书的技术安全说明做好安全措施					
序号	项目名称	质量要求	满分	扣分标准	扣分原因	得分
1	安全措施					
1.1	相关安全措施的准备	着装： （1）穿全棉长袖工作服、绝缘鞋。 （2）正确佩戴安全帽，安全帽系带戴牢。 （3）检查安全帽外观正常。 （4）检查安全帽合格证完整，在检验有效期内。 （5）工作服穿着规范，无裸露、破损，衣扣系牢	8	着装不符合质量要求，每处扣2分，扣完为止		
1.2	工器具使用	（1）钳形电流表检查：检查钳形电流表电量是否充足，绝缘性能是否良好，外壳应无破损。 （2）确认测量设备双重名称，且变压器（高压电抗器）为带电设备	12	未检查钳形电流表电量、绝缘性能、外壳扣6分； 未确认设备双重名称扣4分； 安规规定：使用钳形电流表时，应注意钳形电流表的电压等级。测量时戴绝缘手套，站在绝缘垫上，不得触及其他设备，以防短路或接地。不满足要求扣2分		
2	现场测量					
2.1	本体例行检查	（1）开机，将开机键调至ON挡位。 （2）根据需要将量程开关拨至AC（交流）的合适量程（0~1000mA）。 （3）按紧扳手，使钳口张开，将被测导线放入钳口中，然后松开扳手并使钳口闭合紧密，测量电流。 （4）记录测量数据，仪表挡位、量程复位	60	按照步骤开展，每错一步扣15分； 钳口闭合不紧密，扣10分； 仪表挡位量程未复位，扣10分； 表计未关机归零，酌情扣分； 以上扣分，扣完为止		
3	填写检查记录					
3.1	检查记录	按格式正确填写检查结果	10	每少填写一项，扣5分，扣完为止		
4	进行现场恢复					
4.1	现场恢复	恢复现场	10	未进行现场恢复，扣10分		
	合计		100			

第二部分
中级工

第三章　换流站值班员中级工技能笔答

Jb0003432001　换流站设备缺陷的处理时限是什么？（5分）

考核知识点： 直流换流站运维管理规定

难易度： 中

标准答案：

（1）危急缺陷处理不超过24小时。

（2）严重缺陷处理不超过1周。

（3）需停电处理的一般缺陷不超过1个检修周期，可不停电处理的一般缺陷原则上不超过3个月。

Jb0003433002　晶闸管级状态监测一般包括哪些内容？（5分）

考核知识点： 直流换流站验收管理规定

难易度： 难

标准答案：

（1）晶闸管等元件损坏。

（2）过电压保护。

（3）dv/dt 保护。

（4）暂态恢复保护等保护动作信息。

（5）换流阀门极越限保护与晶闸管故障保护不应重叠配置。

Jb0003432003　阀内冷温度保护有哪些要求？（5分）

考核知识点： 直流换流站验收管理规定

难易度： 中

标准答案：

（1）阀进水温度保护应投报警和跳闸。

（2）阀内冷系统宜装设三个阀进水温度传感器，在每套水冷保护内，阀进水温度保护按"三取二"原则出口，动作后闭锁直流。

（3）当进出阀温度差值超过请求功率回降定值且出阀温度达到高报警时，保护动作后应执行功率回降请求或告警。

（4）阀出水温度保护动作后宜向极或阀组控制系统发功率回降命令，不宜发直流闭锁命令。

Jb0003432004　降压运行时，需要特别注意监视哪些内容？（5分）

考核知识点： 直流换流站验收管理规定

难易度： 中

标准答案：

（1）换流器冷却系统的温度是否过高。

（2）换流站消耗的无功功率是否太多，这将引起换流站交流母线电压的降低。

（3）换流站交流侧和直流侧的谐波分量是否超标。
（4）换流变压器和平波电抗器是否发热。

Jb0003433005　换流站验收管理应坚持什么原则？（5分）
考核知识点：直流换流站验收管理规定
难易度：难
标准答案：
（1）安全第一。
（2）分级负责。
（3）精益管理。
（4）标准作业。
（5）零缺投运。

Jb0003433006　换流站基建工程验收需要经过哪些环节？至少写出5条。(5分)
考核知识点：直流换流站验收管理规定
难易度：难
标准答案：
（1）可研初设审查。
（2）厂内验收。
（3）到货验收。
（4）隐蔽工程验收。
（5）中间验收。
（6）竣工（预）验收。
（7）启动验收。

Jb0003433007　换流站验收方法包括哪些内容？（4分）
考核知识点：直流换流站验收管理规定
难易度：难
标准答案：
（1）资料检查。
（2）旁站见证。
（3）现场检查。
（4）现场抽查。

Jb0003432008　直流断路器 SF$_6$ 气体湿度应符合哪些要求？（5分）
考核知识点：直流换流站验收管理规定
难易度：中
标准答案：
（1）SF$_6$ 气体湿度检测基准周期3年。
（2）充气时 SF$_6$ 气体湿度应不大于 150μL/L。
（3）运行时 SF$_6$ 气体湿度应不大于 300μL/L。

Jb0003432009　换流站通用规程包括哪些内容？（5分）

考核知识点： 直流换流站运维管理规定

难易度： 中

标准答案：

（1）规程的引用标准、适用范围、总的要求。

（2）系统运行的一般规定。

（3）一次设备倒闸操作、继电保护及安全自动装置投退操作等的一般原则与技术要求。

（4）换流站事故处理原则。

（5）一、二次设备及辅助设备等巡视与检查、运行注意事项、检修后验收、故障及异常处理。

Jb0003432010　运维人员开展红外普测的周期是什么？（5分）

考核知识点： 直流换流站运维管理规定

难易度： 中

标准答案：

（1）换流站红外测温每周不少于1次。

（2）迎峰度夏（冬）、大负荷、新设备投运、检修结束送电期间要增加检测频次。

（3）配置机器人的换流站可由智能巡检机器人完成红外检测，发现异常时由运维人员进行复测。

Jb0003432011　专题分析的主要内容包括哪些？（5分）

考核知识点： 直流换流站运维管理规定

难易度： 中

标准答案：

（1）设备出现的故障及多次出现的同一类异常情况。

（2）设备存在的家族性缺陷、隐患，采取的运行监督控制措施。

（3）其他异常及存在安全隐患的情况及其监督防范措施。

Jb0003433012　直流设备缺陷评价包括哪些内容？（5分）

考核知识点： 直流换流站评价管理规定

难易度： 难

标准答案：

（1）危急缺陷应立即开展动态评价工作，迅速制定检修决策措施，防止出现处理不及时而造成设备事故。

（2）严重缺陷应在24小时内完成动态评价并制定检修策略，避免出现设备进一步损害和造成事故。

（3）一般缺陷应在1周内完成动态评价并制定检修策略。

Jb0003433013　直流分压器光传输通道状况检查中，应包括哪些内容？（5分）

考核知识点： 直流换流站验收管理规定

难易度： 难

标准答案：

（1）通信通道指示正常。

（2）光纤回路衰耗值低于技术文件要求。

（3）光传输通道异常时，装置应具有自检及报警功能，对于双重化或三重化配置的保护应能够闭锁相关保护功能出口。

Jb0003433014　现场检查 SF₆ 断路器储能装置，应该检查哪些内容？（5分）

考核知识点：直流换流站验收管理规定

难易度：难

标准答案：

（1）液压机构油压正常，无渗漏油。

（2）操动机构储能指示正常。

（3）储能装置无变形、无锈蚀。

（4）储能电机外观正常。

Jb0003432015　变压器带电检测项目有哪些？至少写出5条。（5分）

考核知识点：直流换流站检测管理规定

难易度：中

标准答案：

（1）红外成像检测。

（2）变压器铁芯、夹件接地电流检测。

（3）油中溶解气体成分检测。

（4）变压器高频局部放电检测。

（5）变压器超声波局部放电检测。

（6）变压器噪声检测。

Jb0003432016　《国家电网有限公司直流换流站运维管理规定　第3分册　干式平波电抗器运维细则》规定，干式平波电抗器新投入后的巡视项目有哪些？（5分）

考核知识点：直流换流站运维管理规定

难易度：中

标准答案：

（1）声音应正常，如果发现响声特大、不均匀或者有放电声，应认真检查。

（2）表面无爬电，壳体无变形。

（3）表面绝缘涂层无变色，无明显异味。

（4）红外测温无异常发热。

Jb0003433017　《国家电网有限公司直流换流站运维管理规定　第11分册　交直流滤波器运维细则》规定，交直流滤波器故障跳闸后重点巡视项目包括哪些？（5分）

考核知识点：直流换流站运维管理规定

难易度：难

标准答案：

（1）检查各元件有无变色，有无位移、变形、松动或损坏现象。

（2）检查充油式电流互感器有无渗漏油现象。

（3）检查避雷器动作次数是否增加。

（4）检查支柱绝缘子有无破损、裂纹及放电闪络痕迹。

Jb0003431018　阀外水冷系统的启动条件有哪些？（5分）

考核知识点：直流换流站运维管理规定

难易度：易

标准答案：

（1）检查所有阀门状态正确。

（2）阀冷却控制保护系统已投入运行，无异常告警。

（3）相关负荷电源已投入。

（4）检查整个系统中管道、阀门、水泵无漏水。

Jb0003433019　《国家电网有限公司直流换流站运维管理规定　第4分册　换流阀验收细则》，换流阀可研初设审查验收规定，换流阀结构验收要求有哪些内容？（5分）

考核知识点：直流换流站验收管理规定

难易度：难

标准答案：

（1）换流阀应结构合理、运行可靠、维修方便。

（2）换流阀内各元件应采用有供货业绩以及成熟运行经验的产品。

（3）换流阀必须设计成故障容许型。

（4）应采用低噪声元件，以降低阀在运行时的噪声水平。

Jb0003432020　断路器（开关）遮断容量不满足电网要求时，应采取什么措施？（5分）

考核知识点：安全管理规定

难易度：中

标准答案：

如断路器（开关）遮断容量不够，应用墙或金属板将操动机构（操作机构）与该断路器（开关）隔开，应进行远方操作，重合闸装置应停用。

Jb0003432021　在带电的电流互感器二次回路上工作时，应采取哪些安全措施？（5分）

考核知识点：安全管理规定

难易度：中

标准答案：

（1）严禁将电流互感器二次侧开路。

（2）短路电流互感器二次绕组必须使用短路片或短路线，短路应妥善可靠，严禁用导线缠绕。

（3）严禁在电流互感器与短路端子之间的回路和导线上进行任何工作。

（4）工作必须认真、谨慎，不得将回路的永久接地点断开。

（5）工作时，必须有专人监护，使用绝缘工具，并站在绝缘垫上。

Jb0003432022　检修中遇有哪些情况应填用二次工作安全措施票？（5分）

考核知识点：安全管理规定

难易度：中

标准答案：

（1）在运行设备的二次回路上进行拆、接线工作。

（2）在对检修设备执行隔离措施时，需拆断、短接和恢复同运行设备有联系的二次回路工作。

Jb0003432023 继电保护装置、安全自动装置和自动化监控系统的二次回路变动时应注意哪些问题？（5分）

考核知识点：安全管理规定

难易度：中

标准答案：

继电保护装置、安全自动装置和自动化监控系统的二次回路变动时，应按经审批后的图纸进行，无用的接线应隔离清楚，防止误拆或产生寄生回路。

Jb0003432024 对哪些设备可以进行间接验电？如何进行间接验电。（5分）

考核知识点：安全管理规定

难易度：中

标准答案：

对无法进行直接验电的设备，可以进行间接验电；330kV及以上的电气设备可采用间接验电方法进行验电。

检查隔离开关的机械指示位置、电气指示、仪表及带电显示装置指示的变化，且应有两个及以上指示已同时发生对应变化。若进行遥控操作，则应同时检查隔离开关的状态指示、遥测信号、遥信信号及带电显示装置的指示进行间接验电。

Jb0003431025 简述直流输电系统调度操作指令有哪些（列出5项及以上）？（5分）

考核知识点：调度管理规定

难易度：易

标准答案：

调度操作指令：

（1）直流极系统、背靠背直流单元的启动、停运。

（2）直流接线方式的转换。

（3）除交流滤波器外的直流系统设备状态的转换。

（4）直流潮流方向的转换。

（5）直流电压方式的变更。

（6）执行国调继电保护定值单。

Jb0003431026 请填写表中母线的状态定义。（5分）

考核知识点：调度管理规定

难易度：易

标准答案：

表 Jb0003431026

状态	相连开关	母线接地开关	相应保护装置
运行	至少有一个相连开关为运行状态（有特殊要求的可为更低级状态，下令时须在术语中明确）	断开	投入
热备用	至少有一个相连开关为热备用状态（有特殊要求的可为更低级状态，下令时须在术语中明确）	断开	投入
冷备用	冷备用（有特殊要求的可为检修，下令时须在术语中明确）	断开	—
检修	冷备用（有特殊要求的可为检修，下令时须在术语中明确）	合上	—

Jb0003431027　请填写表中线路（不含线路隔离开关）的状态定义。（5分）

考核知识点：调度管理规定

难易度：易

标准答案：

表 Jb0003431027

状态	线路开关	线路接地开关	相应保护装置
运行	至少有一个线路开关为运行状态（有特殊要求的可为更低级状态，下令时须在术语中明确）	断开	投入
热备用	至少有一个线路开关为热备用状态（有特殊要求的可为更低级状态，下令时须在术语中明确）	断开	投入
冷备用	冷备用（有特殊要求的可为检修，下令时须在术语中明确）	断开	—
检修	冷备用（有特殊要求的可为检修，下令时须在术语中明确）	合上	—

Jb0003431028　请简述换流站无功控制滤波器投切优先级。（5分）

考核知识点：调度管理规定

难易度：易

标准答案：

（1）绝对最小滤波器。为了防止滤波设备过负荷所需要投入的最小滤波器组数，在任何情况下必须满足。

（2）最高/最低电压限制。监视交流母线的稳态电压，避免稳态过电压引起保护动作。

（3）最大无功交换限制。根据当前运行状况，限制投入滤波器组的数量，限制稳态过电压。

（4）最小滤波器容量要求。为满足滤除谐波的需要需投入的最小滤波器组。

（5）无功交换控制/电压控制。控制换流站与交流系统交换的无功量为设定参考值/控制换流站交流母线电压为设定参考值。

Jb0003432029　直流线路故障再启动功能的作用和过程是什么？（5分）

考核知识点：直流输电原理

难易度：中

标准答案：

直流系统设计自动再启动功能的作用在于直流输电架空线路发生瞬时故障后，能够快速地恢复送电。通常直流输电系统的自动再启动过程为当直流保护系统检测到直流线路瞬时故障后，整流器的触发角立即移相大于90°，使整流器转变为逆变器运行。当直流电流降到零后，再按照一定的速度减小整流器触发角，使其恢复整流运行，并快速调整直流电压和电流至故障前状态，相当于交流输电线路的重合闸功能。

Jb0003431030　高压直流输电的控制系统要完成的基本控制功能主要有哪些？（5分）

考核知识点：直流输电原理

难易度：易

标准答案：

（1）直流输电系统的启停控制。

（2）直流输送功率的大小和方向的控制。

（3）抑制换流器不正常运行及对所连交流系统的干扰。

（4）发生故障时，保护换流站设备。

（5）对换流站、直流输电线路的各种运行参数以及控制系统本身的信息进行监视。

（6）与交流变电所设备接口及与运行人员联系。

Jb0003433031　简述 X 闭锁、Y 闭锁、Z 闭锁的故障现象。（5分）

考核知识点：直流输电原理

难易度：难

标准答案：

（1）X 闭锁。

1）整流侧：立即增大换流器触发角，在闭锁的同时不投旁通对，跳开交流开关。

2）逆变侧：立即增大换流器触发角，并跳开交流开关。

（2）Y 闭锁。

1）整流侧：闭锁指令被延时，以保证电流在闭锁前熄灭。如果直流电流低于参考值，则闭锁的同时不投旁通对；否则闭锁的同时投旁通对。

2）逆变侧：换流器直接被闭锁，同时投旁通对。

（3）Z 闭锁。整流侧和逆变侧都是立即增大换流器触发角，在闭锁的同时投旁通对。

Jb0003432032　简述在直流功率升降时的注意事项。（5分）

考核知识点：倒闸操作

难易度：中

标准答案：

（1）进行降低直流功率操作时，直流功率设定值不得低于规程规定的最小功率。

（2）进行提高直流功率操作时，应预先确认交流滤波器组数满足直流功率提高后的运行要求。

（3）运行人员应严格执行调度计划曲线，不得任意提前或延迟。

（4）要认真计算功率变化率，操作结束时应准确达到调度计划曲线要求的时间和功率值。

Jb0003432033　哪些项目需填入操作票内？（5分）

考核知识点：倒闸操作

难易度：中

标准答案：

需填的项目包括：

（1）应拉合的设备［断路器（开关）、隔离开关（刀闸）、接地开关等］，验电，装拆接地线，安装或拆除控制回路或电压互感器回路的熔断器，切换保护回路和自动化装置及检验是否确无电压等。

（2）拉合设备［断路器（开关）、隔离开关（刀闸）、接地开关等］后检查设备的位置。

（3）进行停、送电操作时，在拉、合隔离开关（刀闸），手车式开关拉出、推入前，检查断路器（开关）确在分闸位置。

（4）在进行倒负荷或解、并列操作前，检查相关电源运行及负荷分配情况。

（5）设备检修后合闸送电前，检查送电范围内接地开关已拉开，接地线已拆除。

Jb0003432034　设备缺陷分为几类？并请说明分类定义及其处理要求。（5分）

考核知识点：缺陷管理

难易度：中

标准答案：

危急缺陷指主设备已出现异常，随时可能发生设备停运或设备损坏事故。

严重缺陷指影响主设备的安全运行，在短期内可能扩大导致主要设备停运或损坏。

一般缺陷指辅助设备和不直接影响主要设备的其他缺陷。

危急缺陷和严重缺陷在值长确认后立即通知检修负责人；危急缺陷检修人员在得到通知后应立即到现场进行分析、处理。严重缺陷检修人员应在 24 小时内处理；一般缺陷一周内处理。

Jb0003432035　直流输电系统故障紧急停运的过程是什么？（5 分）

考核知识点：直流输电原理

难易度：中

标准答案：

直流输电系统故障紧急停运的过程是将整流器触发角移相到 120°～150°，也称快速移相。快速移相后，直流线路两端换流器都处于逆变状态，将直流系统内所储存的能量迅速送回两端交流系统。当直流电流下降到零时，分别闭锁两侧换流器的触发脉冲，继而跳开两侧换流变压器的网侧断路器，达到紧急停运的目的。

Jb0003411036　一条直流线路，原来用的截面积（S_A）为 33mm² 的铝线，现因绝缘老化，决定更换绝缘铜线，要求导线传输能力不变，试求所需铜线的截面积 S_C（铜的电阻系数 ρ_C=0.017 5Ω·mm²/m。铝的电阻系数 ρ_A=0.028 3Ω·mm²/m）。（10 分）

考核知识点：电路原理

难易度：易

标准答案：

解：根据题意铜的电阻 R_C 等于铝的电阻 R_A

$$R_C = \rho_C L / S_C = R_A = \rho_A L / S_A$$

$$\rho_C / S_C = \rho_A / S_A$$

$$S_C = \rho_C S_A / \rho_A = 0.017\,5 \times 33 \div 0.028\,3 = 20.40 \ (\text{mm}^2)$$

答：线路所需铜线的截面积为 20.40mm²。

Jb0003412037　电阻 R_1=1000Ω，误差 ΔR_1=2Ω；电阻 R_2=1500Ω，误差 ΔR_2=−3Ω。当将二者串联使用时，求合成电阻的误差 ΔR 和电阻实际值 R。（10 分）

考核知识点：电路原理

难易度：中

标准答案：

解：根据题意

$$\Delta R = \Delta R_1 + \Delta R_2 = 2 - 3 = -1 \ (\Omega)$$

$$R = R_1 + R_2 + \Delta R = 1000 + 1500 - 1 = 2499 \ (\Omega)$$

答：合成电阻的误差为 −1Ω，电阻实际值为 2499Ω。

Jb0003413038　如图 Jb0003413038 所示电路中，已知 L=6H，R=10Ω，U=100V，试求该电路的时间常数 τ 和电路进入稳态后电阻上的电压 U_R。（10 分）

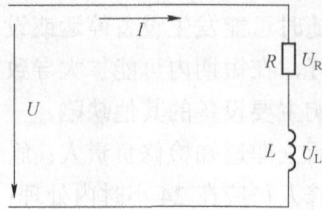

图 Jb0003413038

考核知识点： 电路原理

难易度： 难

标准答案：

解： 根据题意

$$\tau = L \div R = 6 \div 10 = 0.6 \ (\text{s})$$

$$U_R = U - U_L = U = 100 \ (\text{V})$$

答： 电路的时间为 0.6s，电路进入稳态后电阻上的电压为 100V。

Jb0003423039　如图 Jb0003423039 中两台站用变压器供电，说明 400V 侧电源自动切换过程。（10 分）

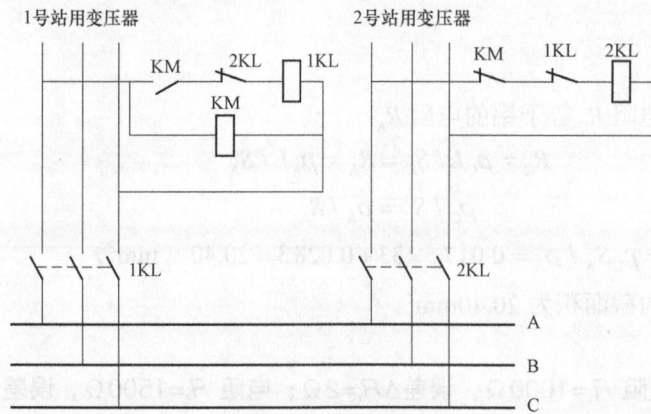

图 Jb0003423039

考核知识点： 备用电源自动投入装置原理

难易度： 难

标准答案：

（1）正常运行时两台站用变压器均带电运行，中间继电器 KM 启动，动合触点启动接触器 1KL，1KL 主触头闭合向 380V 母线供电，1KL 动断触点断开接触器 2KL 回路。

（2）当 1 号站用变压器失去电源时，中间继电器 KM 失磁，动合触点断开 1KL 绕组回路，动断触点接通 2KL 绕组回路，2KL 主触头闭合向 380V 母线供电，2KL 动断触点闭锁 1KL。

（3）当 1 号站用变压器恢复供电时，中间继电器 KM 励磁，动断触点断开 2KL 绕组回路，2KL 主触头断开 2 号站用变压器电源，同时 2KL 动断触点接通 1KL 绕组回路，1KL 主触头闭合向 380V 母线供电，1KL 动断触点闭锁 2KL。

Jb0003422040　图 Jb0003422040 为 6 脉动整流器的波形图，说明每层图所代表的含义。（10 分）

考核知识点：直流输电原理

难易度：中

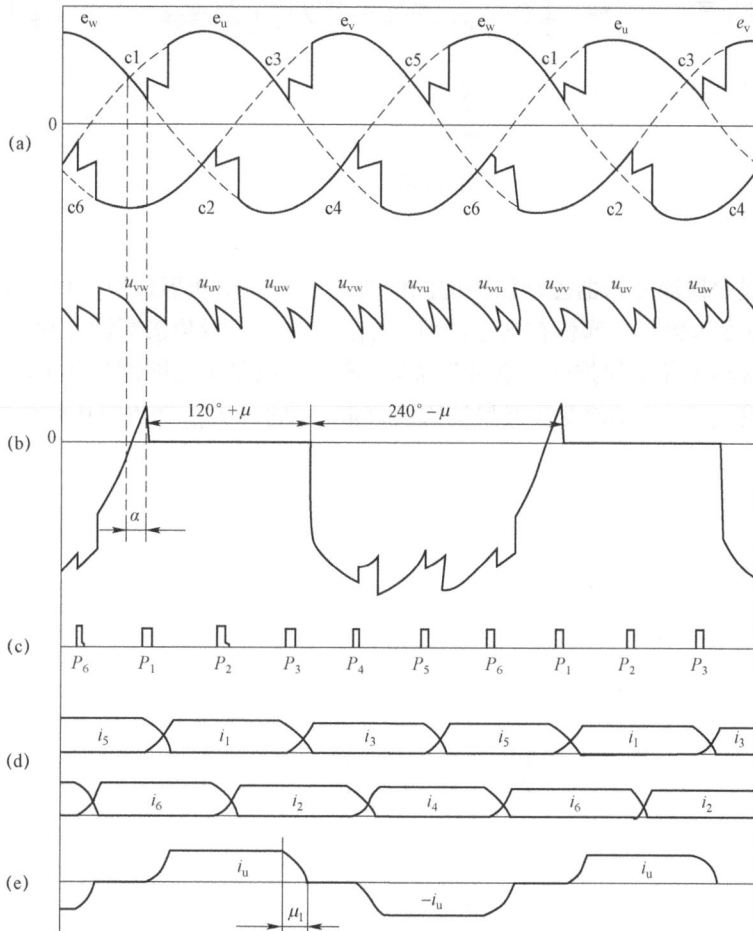

图 Jb0003422040

标准答案：

（1）交流电动势和直流侧 m 和 n 点对中性点的电压波形。

（2）直流电压和阀 1 上的电压波形。

（3）触发脉冲的顺序和相位。

（4）阀电流波形。

（5）交流侧 A 相电流波形。

Jb0003422041　根据图 Jb0003422041 简述换流变压器引线和换流变压器差动保护、星（角）形连接小差差动保护的测量值。（10 分）

考核知识点：直流输电原理

难易度：中

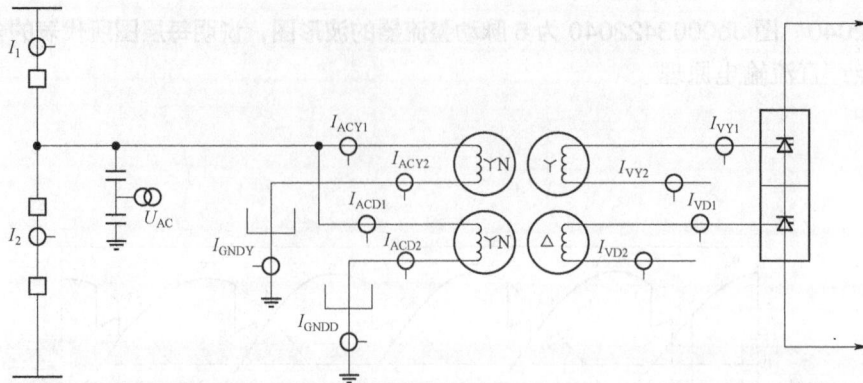

图 Jb0003422041

标准答案：

换流变压器引线和换流变压器差动保护的测量量为 I_1 换流变压器边电流值、I_2 换流变压器中断路器电流值、I_{VY1} 换流变压器星接阀侧首端电流值、I_{VD1} 换流变压器角接阀侧首端电流值。

星（角）形连接小差差动保护的测量量为 I_{ACY1} 换流变压器星接网侧首端电流值、I_{ACD1} 换流变压器角接网侧首端电流值、I_{VY1} 换流变压器星接阀侧首端电流值、I_{VD1} 换流变压器角接阀侧首端电流值。

第四章　换流站值班员中级工技能操作

Jc0004441001　换流站设备巡视类（直流分压器巡视）。（100分）

考核知识点： 基本运维工作

难易度： 易

技能等级评价专业技能考核操作工作任务书

一、任务名称

换流站设备巡视类（直流分压器巡视）。

二、适用工种

换流站值班员中级工。

三、具体任务

（1）进行直流分压器巡视工作，并填写巡检记录。

（2）工作任务：直流分压器巡视。

四、工作规范及要求

（1）巡检人着装应符合要求。

（2）巡检工器具的正确使用及安全措施。

（3）工作步骤要严格按照《国家电网有限公司直流换流站运维管理规定》要求进行。

（4）巡检结束后填写巡检记录。

五、考核及时间要求

（1）本考核操作时间为20分钟，时间到停止考评，包括巡视过程和报告整理时间，报告整理时间不超过5分钟。

（2）考评过程中如果由于巡视人员操作不规范、误入间隔等有可能引发不安全因素的，停止考评，该项考核项目不得分，但不影响其他项目。

（3）记录巡检结果，整理报告。

技能等级评价专业技能考核操作评分标准

工种	换流站值班员				评价等级	中级工
项目模块	基本运维工作			编号		Jc0004441001
单位			准考证号		姓名	
考试时限	20分钟	题型		单项操作	题分	100分
成绩		考评员		考评组长		日期	
试题正文	换流站设备巡视类（直流分压器巡视）					
需要说明的问题和要求	（1）要求单人巡视，着装符合安全要求。 （2）正确使用巡视所需工器具，巡视过程中应保证安全。 （3）合理规划巡视路线，巡视完成一个设备/间隔后不允许折返。 （4）巡视结束后，待考评员同意方可离开考场					

续表

序号	项目名称	质量要求	满分	扣分标准	扣分原因	得分
1	安全事项					
1.1	安全措施的准备	着装: (1) 穿全棉长袖工作服、绝缘鞋。 (2) 正确佩戴安全帽,安全帽系带戴牢。 (3) 检查安全帽外观正常。 (4) 检查安全帽合格证完整,在检验有效期内。 (5) 工作服穿着规范,无裸露、破损,衣扣系牢	5	着装不符合质量要求,每处扣2分,扣完为止		
1.2	巡视工器具选择及检查	工器具选择及检查: (1) 携带对讲机,巡检前测试对讲机功能正常。 (2) 携带巡检钥匙,检查钥匙外观完整,巡视区域授权正确,钥匙功能正常	10	未按规范携带、使用工器具及仪器仪表,每条扣3分; 未按要求检查工器具及仪器仪表完好,每条扣2分; 巡检钥匙授权错误,扣10分		
2	直流分压器巡视	巡视要点				
2.1	本体巡视	外绝缘表面完整,无粉蚀、无裂纹、无放电痕迹、无老化迹象,防污闪涂料完整无脱落	2	缺少1项扣2分,表述不完整的扣1分,扣完为止		
		各连接引线及接头无松动、变色迹象,引线无断股、散股	2	缺少1项扣2分,表述不完整的扣1分,扣完为止		
		金属部位无锈蚀;底座、支架、基础牢固,无倾斜变形	2	缺少1项扣2分,表述不完整的扣1分,扣完为止		
		无异常振动、异常声响及异味	2	缺少1项扣2分,表述不完整的扣1分,扣完为止		
		接地引下线无锈蚀、松动情况	2	缺少1项扣2分,表述不完整的扣1分,扣完为止		
		2次接线盒关闭紧密,电缆(或光纤)进出口密封良好;端子箱门关闭良好	3	缺少1项扣3分,表述不完整的扣1分,扣完为止		
		均压环完整、牢固,无异常可见电晕	2	缺少1项扣2分,表述不完整的扣1分,扣完为止		
		充气式直流分压器压力表指示在规定范围内,无漏气现象,密度继电器正常,防爆膜无破裂	3	缺少1项扣3分,表述不完整的扣1分,扣完为止		
		运行编号标识及接地标识齐全、清晰可识别	2	缺少1项扣2分,表述不完整的扣1分,扣完为止		
3	巡检记录					
3.1	缺陷报告	记录巡检过程中发现的缺陷,记录要翔实,包含设备电压等级、设备双重名称及缺陷准确描述	30	巡检缺陷数量不全,缺少1条扣5分,扣完为止; 巡检缺陷描述不清楚,每条扣3分,扣完为止		
3.2	缺陷定性	对发现的缺陷逐条定性正确	20	定性不正确,每条扣2分,扣完为止		
4	工作结束					
4.1	工作现场清理	清理工作现场: (1) 合理规划巡视路线,巡视完成一个设备/间隔后不允许折返。 (2) 巡检过程中打开的箱门、柜门及时上锁。 (3) 巡检过程中保持地面整洁,不随意丢弃垃圾	10	巡视完成一个设备/间隔后出现折返情况,每次扣2分,扣完为止; 打开的箱门、柜门未及时恢复,每处扣1分,扣完为止; 巡检过程中地面出现异物,每处扣1分,扣完为止		
4.2	巡视工器具归置及检查	巡视工器具归置及检查: (1) 归还对讲机,并测试对讲机功能正常。 (2) 归还巡检钥匙,并检查钥匙外观完整,功能正常	5	未按规范归还工器具及仪器仪表,每条扣3分,扣完为止; 未按要求检查工器具及仪器仪表是否完好,每条扣2分,扣完为止		
	合计		100			

Jc0004441002 换流站设备巡视类（光电流互感器巡视）。（100分）

考核知识点：基本运维工作

难易度：易

技能等级评价专业技能考核操作工作任务书

一、任务名称

换流站设备巡视类（光电流互感器巡视）。

二、适用工种

换流站值班员中级工。

三、具体任务

（1）进行光电流互感器巡视工作，并填写巡检记录。

（2）工作任务：光电流互感器巡视。

四、工作规范及要求

（1）巡检人着装应符合要求。

（2）巡检工器具的正确使用及安全措施。

（3）工作步骤要严格按照《国家电网有限公司直流换流站运维管理规定》要求进行。

（4）巡检结束后填写巡检记录。

五、考核及时间要求

（1）本考核操作时间为 20 分钟，时间到停止考评，包括巡视过程和报告整理时间，报告整理时间不超过 5 分钟。

（2）考评过程中如果由于巡视人员操作不规范、误入间隔等有可能引发不安全因素的，停止考评，该项考核项目不得分，但不影响其他项目。

（3）记录巡检结果，整理报告。

技能等级评价专业技能考核操作评分标准

工种	换流站值班员				评价等级	中级工
项目模块	基本运维工作			编号		Jc0004441002
单位			准考证号		姓名	
考试时限	20分钟	题型		单项操作	题分	100分
成绩		考评员		考评组长		日期	
试题正文	换流站设备巡视类（光电流互感器巡视）					
需要说明的问题和要求	（1）要求单人巡视，着装符合安全要求。 （2）正确使用巡视所需工器具，巡视过程中应保证安全。 （3）合理规划巡视路线，巡视完成一个设备/间隔后不允许折返。 （4）巡视结束后，待考评员同意方可离开考场					

序号	项目名称	质量要求	满分	扣分标准	扣分原因	得分
1	安全事项					
1.1	安全措施的准备	着装： （1）穿全棉长袖工作服、绝缘鞋。 （2）正确佩戴安全帽，安全帽系带戴牢。 （3）检查安全帽外观正常。 （4）检查安全帽合格证完整，在检验有效期内。 （5）工作服穿着规范，无裸露、破损，衣扣系牢	5	着装不符合质量要求，每处扣2分，扣完为止		

续表

序号	项目名称	质量要求	满分	扣分标准	扣分原因	得分
1.2	巡视工器具选择及检查	工器具选择及检查： （1）携带对讲机，巡检前测试对讲机功能正常。 （2）携带巡检钥匙，检查钥匙外观完整，巡视区域授权正确，钥匙功能正常	10	未按规范携带、使用工器具及仪器仪表，每条扣3分； 未按要求检查工器具及仪器仪表完好，每条扣2分； 巡检钥匙授权错误，扣10分		
2	光电流互感器巡视	巡视要点				
2.1	本体巡视	各连接引线及接头无发热、变色迹象，引线无断股、散股，各部位接地应牢固可靠	2	缺少1项扣2分，表述不完整的扣1分，扣完为止		
		测量电缆、光纤等外观无机械损伤	2	缺少1项扣2分，表述不完整的扣1分，扣完为止		
		整个设备无异常声响或放电声、无晃动和气味	2	缺少1项扣2分，表述不完整的扣1分，扣完为止		
		伞裙无任何破损，无影响设备运行的障碍物、附着物悬挂等	2	缺少1项扣2分，表述不完整的扣1分，扣完为止		
		外绝缘表面无粉蚀、开裂，无放电现象	2	缺少1项扣2分，表述不完整的扣1分，扣完为止		
		外观完整、无损坏，运行编号标识及接地标识齐全、清晰可识别	3	缺少1项扣3分，表述不完整的扣1分，扣完为止		
		器身外涂漆层清洁，无爆皮掉漆、锈蚀	2	缺少1项扣2分，表述不完整的扣1分，扣完为止		
		硅橡胶套管应固定牢靠，防止折弯或拉伸造成本身或内部光纤损坏	2	缺少1项扣2分，表述不完整的扣1分，扣完为止		
		接线盒密封良好，无受潮、凝露、积水、灰尘及杂物，防雨罩完好，无脱落	3	缺少1项扣3分，表述不完整的扣1分，扣完为止		
3	巡检记录					
3.1	缺陷报告	记录巡检过程中发现的缺陷，记录要翔实，包含设备电压等级、设备双重名称及缺陷准确描述	30	巡检缺陷数量不全，缺少1条扣5分，扣完为止； 巡检缺陷描述不清楚，每条扣3分，扣完为止		
3.2	缺陷定性	对发现的缺陷逐条定性正确	20	定性不正确，每条扣2分，扣完为止		
4	工作结束					
4.1	工作现场清理	清理工作现场： （1）合理规划巡视路线，巡视完成一个设备/间隔后不允许折返。 （2）巡检过程中打开的箱门、柜门及时上锁。 （3）巡检过程中保持地面整洁，不随意丢弃垃圾	10	巡视完成一个设备/间隔后出现折返情况，每次扣2分，扣完为止； 打开的箱门、柜门未及时恢复，每处扣1分，扣完为止； 巡检过程中地面出现异物，每处扣1分，扣完为止		
4.2	巡视工器具归置及检查	巡视工器具归置及检查： （1）归还对讲机，并测试对讲机功能正常。 （2）归还巡检钥匙，并检查钥匙外观完整，功能正常	5	未按规范归还工器具及仪器仪表，每条扣3分，扣完为止； 未按要求检查工器具及仪器仪表是否完好，每条扣2分，扣完为止		
	合计		100			

Jc0004441003 换流站设备巡视类（交流滤波器巡视）。（100分）

考核知识点：基本运维工作

难易度：易

技能等级评价专业技能考核操作工作任务书

一、任务名称

换流站设备巡视类（交流滤波器巡视）。

二、适用工种

换流站值班员中级工。

三、具体任务

（1）进行交流滤波器巡视工作，并填写巡检记录。

（2）工作任务：交流滤波器巡视。

四、工作规范及要求

（1）巡检人着装应符合要求。

（2）巡检工器具的正确使用及安全措施。

（3）工作步骤要严格按照《国家电网有限公司直流换流站运维管理规定》要求进行。

（4）巡检结束后填写巡检记录。

五、考核及时间要求

（1）本考核操作时间为 50 分钟，时间到停止考评，包括巡视过程和报告整理时间，报告整理时间不超过 5 分钟。

（2）考评过程中如果由于巡视人员操作不规范、误入间隔等有可能引发不安全因素的，停止考评，该项考核项目不得分，但不影响其他项目。

（3）记录巡检结果，整理报告。

技能等级评价专业技能考核操作评分标准

工种	换流站值班员			评价等级	中级工
项目模块	基本运维工作		编号	Jc0004441003	
单位		准考证号		姓名	
考试时限	50 分钟	题型	单项操作	题分	100 分
成绩		考评员	考评组长		日期
试题正文	换流站设备巡视类（交流滤波器巡视）				
需要说明的问题和要求	（1）要求单人巡视，着装符合安全要求。 （2）正确使用巡视所需工器具，巡视过程中应保证安全。 （3）合理规划巡视路线，巡视完成一个设备/间隔后不允许折返。 （4）巡视结束后，待考评员同意方可离开考场				

序号	项目名称	质量要求	满分	扣分标准	扣分原因	得分
1	安全事项					
1.1	安全措施的准备	着装： （1）穿全棉长袖工作服、绝缘鞋。 （2）正确佩戴安全帽，安全帽系带戴牢。 （3）检查安全帽外观正常。 （4）检查安全帽合格证完整，在检验有效期内。 （5）工作服穿着规范，无裸露、破损，衣扣系牢	5	着装不符合质量要求，每处扣 2 分，扣完为止		
1.2	巡视工器具选择及检查	工器具选择及检查： （1）携带对讲机，巡检前测试对讲机功能正常。 （2）携带巡检钥匙，检查钥匙外观完整，巡视区域授权正确，钥匙功能正常	10	未按规范携带、使用工器具及仪器仪表，每条扣 3 分； 未按要求检查工器具及仪器仪表完好，每条扣 2 分； 巡检钥匙授权错误，扣 10 分		

续表

序号	项目名称	质量要求	满分	扣分标准	扣分原因	得分
2	交流滤波器巡视	巡视要点				
2.1	本体巡视	设备区域内是否有渗漏油痕迹，设备是否有异常噪音、放电声响和振动	2	缺少1项扣2分，表述不完整的扣1分，扣完为止		
		电容器外壳是否明显鼓肚变形，本体、附件及各连接处是否渗漏油	3	缺少1项扣3分，表述不完整的扣1分，扣完为止		
		电抗器本体外观是否良好，有无变形、严重发热变色、无异常声响或振动等，表面涂层是否完整、有无脱落，防护罩是否完好	3	缺少1项扣3分，表述不完整的扣1分，扣完为止		
		电阻箱有无异味、变形现象、异常声响或振动等，防护罩是否完好	2	缺少1项扣2分，表述不完整的扣1分，扣完为止		
		光电流互感器光纤绝缘子是否完好，是否破损断裂	2	缺少1项扣2分，表述不完整的扣1分，扣完为止		
		支柱绝缘子是否清洁，有无裂纹、机械损伤、放电及烧伤痕迹	2	缺少1项扣2分，表述不完整的扣1分，扣完为止		
		检查交直流滤波器围栏门是否锁闭正常	2	缺少1项扣2分，表述不完整的扣1分，扣完为止		
		母线及引线是否过紧过松、散股、断股，是否有异物缠绕	2	缺少1项扣2分，表述不完整的扣1分，扣完为止		
		设备铭牌、运行编号标识是否齐全、清晰	2	缺少1项扣2分，表述不完整的扣1分，扣完为止		
3	巡检记录					
3.1	缺陷报告	记录巡检过程中发现的缺陷，记录要翔实，包含设备电压等级、设备双重名称及缺陷准确描述	30	巡检缺陷数量不全，缺少1条扣5分，扣完为止；巡检缺陷描述不清楚，每条扣3分，扣完为止		
3.2	缺陷定性	对发现的缺陷逐条定性正确	20	定性不正确，每条扣2分，扣完为止		
4	工作结束					
4.1	工作现场清理	清理工作现场： （1）合理规划巡视路线，巡视完成一个设备/间隔后不允许折返。 （2）巡检过程中打开的箱门、柜门及时上锁。 （3）巡检过程中保持地面整洁，不随意丢弃垃圾	10	巡视完成一个设备/间隔后出现折返情况，每次扣2分，扣完为止；打开的箱门、柜门未及时恢复，每处扣1分，扣完为止；巡检过程中地面出现异物，每处扣1分，扣完为止		
4.2	巡视工器具归置及检查	巡视工器具归置及检查： （1）归还对讲机，并测试对讲机功能正常。 （2）归还巡检钥匙，并检查钥匙外观完整，功能正常	5	未按规范归还工器具及仪器仪表，每条扣3分，扣完为止；未按要求检查工器具及仪器仪表是否完好，每条扣2分，扣完为止		
	合计		100			

Jc0004442004 主变压器铁芯、夹件接地电流测试。（100分）

考核知识点：运维基本操作

难易度：中

技能等级评价专业技能考核操作工作任务书

一、任务名称

主变压器铁芯、夹件接地电流测试。

二、适用工种

换流站值班员中级工。

三、具体任务

（1）工作设备状态：主变压器正常运行状态。

（2）工作任务：主变压器铁芯、夹件接地电流测试。

四、工作规范及要求

（1）巡检人着装应符合要求。

（2）巡检工器具的正确使用及安全措施。

（3）工作步骤要严格按照《国家电网有限公司直流换流站运维管理规定》要求进行。

（4）巡检结束后填写巡检记录。

五、考核及时间要求

本考核操作时间为 20 分钟，时间到停止考评，包括主变压器状态确认和报告整理时间。

技能等级评价专业技能考核操作评分标准

工种	换流站值班员			评价等级	中级工
项目模块	运维基本操作		编号		Jc0004442004
单位		准考证号		姓名	
考试时限	20 分钟	题型	单项操作	题分	100 分
成绩		考评员	考评组长		日期
试题正文	主变压器铁芯、夹件接地电流测试				
需要说明的问题和要求	（1）要求单人操作。 （2）操作应注意安全，按照标准化作业书的技术安全说明做好安全措施				

序号	项目名称	质量要求	满分	扣分标准	扣分原因	得分
1	安全措施					
1.1	安全措施的准备	着装： （1）穿全棉长袖工作服、绝缘鞋。 （2）正确佩戴安全帽，安全帽系带戴牢。 （3）检查安全帽外观正常。 （4）检查安全帽合格证完整，在检验有效期内。 （5）工作服穿着规范，无裸露、破损，衣扣系牢	8	着装不符合质量要求，每处扣 2 分，扣完为止		
1.2	工器具使用	（1）钳形电流表检查：检查钳形电流表电量是否充足，绝缘性能是否良好，外壳应无破损。 （2）确认测量设备双重名称，且主变压器为带电设备	12	未检查钳形电流表电量、绝缘性能、外壳扣 6 分； 未确认设备双重名称扣 4 分； 安规规定：使用钳形电流表时，应注意钳形电流表的电压等级。测量时戴绝缘手套，站在绝缘垫上，不得触及其他设备，以防短路或接地。不满足要求扣 2 分		
2	现场测量					
2.1	本体例行检查	（1）开机，将开机键调至 ON 挡位。 （2）根据需要将量程开关拨至 AC（交流）的合适量程（0~1000mA）。 （3）按紧扳手，使钳口张开，将被测导线放入钳口中，然后松开扳手并使钳口闭合紧密，测量电流。 （4）记录测量数据，仪表挡位、量程复位	60	按照步骤开展，每错一步扣 15 分； 钳口闭合不紧密，扣 10 分； 仪表挡位量程未复，扣 10 分； 表计未关机归位酌情扣分； 以上扣分，扣完为止		

续表

序号	项目名称	质量要求	满分	扣分标准	扣分原因	得分
3	填写检查记录					
3.1	检查记录	按格式正确填写检查结果	10	每少填写一项扣5分，扣完为止		
4	进行现场恢复					
4.1	现场恢复	恢复现场	10	未进行现场恢复扣10分		
	合计		100			

Jc0004442005 阀冷系统定值核对。（100分）

考核知识点：运维基本操作

难易度：中

技能等级评价专业技能考核操作工作任务书

一、任务名称

阀冷系统定值核对。

二、适用工种

换流站值班员中级工。

三、具体任务

（1）工作状态为阀内冷系统处于自动停止模式。

（2）工作任务：通过在阀冷系统PLC控制面板上操作，对阀冷系统定值进行核对。

四、工作规范及要求

（1）巡检人着装应符合要求。

（2）巡检工器具的正确使用及安全措施。

（3）工作步骤要严格按照《国家电网有限公司直流换流站运维管理规定》要求进行。

（4）巡检结束后填写巡检记录。

五、考核及时间要求

本考核操作时间为30分钟，时间到停止考评，包括阀冷系统状态确认和报告整理时间。

技能等级评价专业技能考核操作评分标准

工种	换流站值班员			评价等级	中级工	
项目模块	运维基本操作			编号	Jc0004442005	
单位		准考证号		姓名		
考试时限	30分钟	题型	单项操作	题分	100分	
成绩		考评员		考评组长	日期	
试题正文	阀冷系统定值核对					
需要说明的问题和要求	（1）要求单人操作。 （2）操作应注意安全，按照标准化作业书的技术安全说明做好安全措施。 （3）在阀冷系统控制屏上完成操作					

序号	项目名称	质量要求	满分	扣分标准	扣分原因	得分
1	安全措施					

续表

序号	项目名称	质量要求	满分	扣分标准	扣分原因	得分
1.1	安全措施的准备	着装： （1）穿全棉长袖工作服、绝缘鞋。 （2）正确佩戴安全帽，安全帽系带戴牢。 （3）检查安全帽外观正常。 （4）检查安全帽合格证完整，在检验有效期内。 （5）工作服穿着规范，无裸露、破损，衣扣系牢	8	着装不符合质量要求，每处扣2分，扣完为止		
1.2	现场检查	（1）核对设备双重名称。 （2）确认阀冷系统设备现场无人员逗留	12	未核对设备双重名称，扣5分；未确认阀冷设备现场无人员逗留，扣7分（可口述）		
2	阀冷系统状态检查					
2.1	阀冷系统关键点检查	能对阀内冷系统进行关键点检查，确认无异常后方可进行启动。 关键点：阀内冷系统是否处于自动状态、阀冷系统告警界面有无告警	20	未对阀内冷系统进行关键点检查，每项扣10分，扣完为止（可口述）		
3	定值核对					
3.1	阀冷系统定值核对	能正确进行阀冷系统定值核对： （1）确认定值单与阀冷系统对应。 （2）单击操作界面"定值设定"按钮。 （3）在弹出窗口内输入账号、密码。 （4）邀请考官对定值进行核对。 （5）核对完毕后点击操作密码退出按钮	30	定值单与阀冷系统不对应，扣10分；未成功进入定值界面，扣10分；核对定值后未点击操作密码退出按钮，扣10分		
4	填写操作报告					
4.1	操作报告记录	正确填写核对信息： ××××年××月××日××时××分，检修人员××与运维人员（考官）共同进行阀冷系统定值核对，核对结果××××	30	定值核对错误，每处扣10分，扣完为止		
	合计		100			

Jc0004442006　阀内冷系统氮气稳压系统氮气瓶更换。（100分）

考核知识点：运维基本操作

难易度：中

技能等级评价专业技能考核操作工作任务书

一、任务名称

阀内冷系统氮气稳压系统氮气瓶更换。

二、适用工种

换流站值班员中级工。

三、具体任务

（1）工作设备状态：阀内冷系统处于自动运行模式。

（2）工作任务：阀内冷系统氮气稳压系统氮气瓶更换。

四、工作规范及要求

（1）巡检人着装应符合要求。

（2）巡检工器具的正确使用及安全措施。

（3）工作步骤要严格按照《国家电网有限公司直流换流站运维管理规定》要求进行。

（4）巡检结束后填写巡检记录。

五、考核及时间要求

本考核操作时间为 20 分钟，时间到停止考评，包括阀冷系统状态确认和报告整理时间。

技能等级评价专业技能考核操作评分标准

工种	换流站值班员				评价等级	中级工	
项目模块	运维基本操作			编号		Jc0004442006	
单位			准考证号			姓名	
考试时限	20 分钟	题型		单项操作		题分	100 分
成绩		考评员		考评组长		日期	
试题正文	阀内冷系统氮气稳压系统氮气瓶更换						
需要说明的问题和要求	（1）要求单人操作。 （2）操作应注意安全，按照标准化作业书的技术安全说明做好安全措施						

序号	项目名称	质量要求	满分	扣分标准	扣分原因	得分
1	安全措施					
1.1	安全措施的准备	着装： （1）穿全棉长袖工作服、绝缘鞋。 （2）正确佩戴安全帽，安全帽系带戴牢。 （3）检查安全帽外观正常。 （4）检查安全帽合格证完整，在检验有效期内。 （5）工作服穿着规范，无裸露、破损，衣扣系牢	8	着装不符合质量要求，每处扣 2 分，扣完为止		
1.2	现场检查	（1）核对设备双重名称。 （2）确认阀冷系统设备现场无人员逗留	12	未核对设备双重名称，扣 5 分； 未确认阀冷设备现场无人员逗留，扣 7 分（可口述）		
2	阀冷系统检查					
2.1	阀冷系统关键点检查	能对阀内冷系统进行关键点检查，确认无异常后方可进行更换操作。 关键点：阀内冷系统氮气稳压系统氮气瓶压力、阀冷系统告警界面告警信息	20	未对阀内冷系统进行关键点检查，每项扣 10 分，扣完为止（可口述）		
3	氮气瓶更换					
3.1	氮气瓶更换操作要点	能正确进行氮气瓶更换： （1）确认需要更换的压力低氮气瓶。 （2）关闭氮气瓶阀门。 （3）关闭氮气瓶对应针型阀。 （4）拆除压力低氮气瓶连接管。 （5）更换满气氮气瓶，重新安装连接管，并将空气瓶进行"空"标记。 （6）打开针型阀及氮气瓶阀门。 （7）确认氮气瓶压力表、减压阀表计数据正常。 （8）使用泡沫水检查连接管道气密性	40	未确认需要更换的压力低氮气瓶，扣 5 分； 未关闭氮气瓶阀门，扣 5 分； 未关闭氮气瓶对应针型阀，扣 5 分； 未拆除压力低氮气瓶连接管，扣 5 分； 未更换满气氮气瓶，重新安装连接管，并将空气瓶进行"空"标记，扣 5 分； 未打开针型阀及氮气瓶阀门，扣 5 分； 未确认氮气瓶压力表、减压阀表计数据正常，扣 5 分； 未使用泡沫水检查连接管道气密性，扣 5 分		
4	填写操作报告					
4.1	操作报告记录	正确填写更换报告：报告应包括更换氮气瓶前、后压力，膨胀罐压力，阀门状态，氮气瓶编号	20	根据核对信息酌情扣分，扣完为止		
	合计		100			

Jc0005441007　换流阀精确红外测温。（100 分）

考核知识点： 运维技能

难易度： 易

技能等级评价专业技能考核操作工作任务书

一、任务名称

换流阀精确红外测温。

二、适用工种

换流站值班员中级工。

三、具体任务

（1）进行换流阀精确红外测温工作，并出具检测报告。

（2）工作任务：换流阀精确红外测温。

四、工作规范及要求

（1）操作人着装应符合要求。

（2）红外测温仪器的正确使用及安全措施。

（3）工作步骤要严格按照 DL/T 664—2016《带电设备红外诊断应用规范》要求进行。

（4）操作结束后填写检测报告。

五、考核及时间要求

（1）本考核操作时间为 20 分钟，时间到停止考评，包括测试过程和报告整理时间，报告整理时间不超过 5 分钟。

（2）考评过程中如果由于测试人员操作不规范，有可能引发不安全因素的，停止考评，该项考核项目不得分，但不影响其他项目。

（3）记录测试结果，整理报告。

技能等级评价专业技能考核操作评分标准

工种	换流站值班员				评价等级	中级工
项目模块	运维技能			编号		Jc0005441007
单位			准考证号		姓名	
考试时限	20 分钟	题型		单项操作	题分	100 分
成绩		考评员		考评组长	日期	
试题正文	换流阀精确红外测温					
需要说明的问题和要求	（1）要求单人操作，考评员监护。 （2）着装应符合安全要求。 （3）正确使用仪器仪表，测试过程中应保证安全。 （4）操作结束后，待考评员同意后方可离开考场					

序号	项目名称	质量要求	满分	扣分标准	扣分原因	得分
1	安全事项					
1.1	安全措施的准备	着装： （1）穿全棉长袖工作服、绝缘鞋。 （2）正确佩戴安全帽，安全帽系带戴牢。 （3）检查安全帽外观正常。 （4）检查安全帽合格证完整，在检验有效期内。 （5）工作服穿着规范，无裸露、破损，衣扣系牢	5	着装不符合质量要求，每处扣 2 分，扣完为止		

续表

序号	项目名称	质量要求	满分	扣分标准	扣分原因	得分
1.2	工器具选择及检查	工器具选择及检查： （1）携带红外测温仪，测试功能正常。 （2）携带对讲机，操作前测试对讲机功能正常	5	未按规范携带、使用工器具及仪器仪表，每条扣3分； 未按要求检查工器具及仪器仪表完好，每条扣2分		
2	换流阀精确红外测温					
2.1	仪器设定	测量环境温湿度，并对仪器进行设置	5	未进行设置，扣5分		
		检查仪器辐射率设置（可设置0.9）	4	未检查设置扣4分，低于0.8扣2分，高于0.96扣2分		
		设置仪器补偿参数目标距离	6	设置不当扣6分		
		换流阀检测应包括晶闸管、限流电抗器、均压电容器、光触发板、连接金具	30	每漏检1处扣6分，扣完为止		
		至少从2个角度进行检测	20	每个设备仅从1个角度检测扣10分，扣完为止		
3	试验报告					
3.1	数据记录	数据翔实	5	记录不全或未记录被测设备名称、仪器型号、检测单位、试验日期、环境温湿度，扣1分； 未记录负荷电流，扣2分； 未记录运行电压，扣2分		
3.2	图谱采集	图谱清晰，图片应能体现换流阀晶闸管、限流电抗器、均压电容器、光触发板、连接金具	10	每缺少1个部位扣4分； 红外图像对焦不准确、不清晰，每张扣4分； 红外图像画面布置不合理，扣2分； 红外图像中色标温度范围设置不合适，换流阀温宽超过±4K，每张扣2分； 被拍摄设备过亮或过暗，每张扣2分； 以上扣分，扣完为止		
3.3	分析结果	正确计算温升	5	结论不正确扣5分		
4	工作结束					
4.1	工器具归置及检查	工器具归置及检查： （1）归还红外测温仪，并检查外观正常。 （2）归还对讲机，并测试对讲机功能正常	5	未按规范归还工器具及仪器仪表，每条扣3分，扣完为止； 未按要求检查工器具及仪器仪表完好，每条扣2分，扣完为止		
	合计		100			

Jc0005441008　直流断路器精确红外测温。（100分）

考核知识点：运维技能

难易度：易

技能等级评价专业技能考核操作工作任务书

一、任务名称

直流断路器精确红外测温。

二、适用工种

换流站值班员中级工。

三、具体任务

（1）进行直流断路器精确红外测温工作，并出具检测报告。

（2）工作任务：直流断路器精确红外测温。

四、工作规范及要求

（1）操作人着装应符合要求。

（2）红外测温仪器的正确使用及安全措施。

（3）工作步骤要严格按照 DL/T 664—2016《带电设备红外诊断应用规范》要求进行。

（4）操作结束后填写检测报告。

五、考核及时间要求

（1）本考核操作时间为 20 分钟，时间到停止考评，包括测试过程和报告整理时间，报告整理时间不超过 5 分钟。

（2）考评过程中如果由于测试人员操作不规范，有可能引发不安全因素的，停止考评，该项考核项目不得分，但不影响其他项目。

（3）记录测试结果，整理报告。

技能等级评价专业技能考核操作评分标准

工种	换流站值班员			评价等级		中级工
项目模块	运维技能		编号		Jc0005441008	
单位		准考证号			姓名	
考试时限	20 分钟	题型		单项操作	题分	100 分
成绩		考评员		考评组长	日期	
试题正文	直流断路器精确红外测温					
需要说明的问题和要求	（1）要求单人操作，考评员监护。 （2）着装应符合安全要求。 （3）正确使用仪器仪表，测试过程中应保证安全。 （4）操作结束后，待考评员同意后方可离开考场					

序号	项目名称	质量要求	满分	扣分标准	扣分原因	得分
1	安全事项					
1.1	安全措施的准备	着装： （1）穿全棉长袖工作服、绝缘鞋。 （2）正确佩戴安全帽，安全帽系带戴牢。 （3）检查安全帽外观正常。 （4）检查安全帽合格证完整，在检验有效期内。 （5）工作服穿着规范，无裸露、破损，衣扣系牢	5	着装不符合质量要求，每处扣 2 分，扣完为止		
1.2	工器具选择及检查	工器具选择及检查： （1）携带红外测温仪，测试功能正常。 （2）携带对讲机，操作前测试对讲机功能正常	5	未按规范携带、使用工器具及仪器仪表，每条扣 3 分； 未按要求检查工器具及仪器仪表完好，每条扣 2 分		
2	直流断路器精确红外测温					
2.1	仪器设定	测量环境温湿度，并对仪器进行设置	5	未进行设置，扣 5 分		
		检查仪器辐射率设置（可设置 0.9）	4	未检查设置扣 4 分，低于 0.8 扣 2 分，高于 0.96 扣 2 分		
		设置仪器补偿参数目标距离	6	设置不当扣 6 分		
		直流断路检测应包括本体、连接金具	30	每漏检 1 处扣 10 分，扣完为止		
		至少从 2 个角度进行检测	20	每个设备仅从 1 个角度检测扣 10 分，扣完为止		

续表

序号	项目名称	质量要求	满分	扣分标准	扣分原因	得分
3	试验报告					
3.1	数据记录	数据翔实	5	记录不全或未记录被测设备名称、仪器型号、检测单位、试验日期、环境温湿度，扣1分； 未记录负荷电流，扣2分； 未记录运行电压，扣2分		
3.2	图谱采集	图谱清晰，图片应能体现直流断路器（三相）	10	每缺少1个部位扣4分； 红外图像对焦不准确、不清晰，每张扣4分； 红外图像画面布置不合理，扣2分； 红外图像中色标温度范围设置不合适，直流断路器温宽超过±4K，每张扣2分； 被拍摄设备过亮或过暗，每张扣2分； 以上扣分，扣完为止		
3.3	分析结果	正确计算温升	5	结论不正确扣5分		
4	工作结束					
4.1	工器具归置及检查	工器具归置及检查： （1）归还红外测温仪，并检查外观正常。 （2）归还对讲机，并测试对讲机功能正常	5	未按规范归还工器具及仪器仪表，每条扣3分，扣完为止； 未按要求检查工器具及仪器仪表完好，每条扣2分，扣完为止		
	合计		100			

Jc0005463009 灵绍直流极Ⅰ由单极大地回线方式运行转单极金属回线方式运行。（100分）

考核知识点：倒闸操作

难易度：难

技能等级评价专业技能考核操作工作任务书

一、任务名称

灵绍直流极Ⅰ由单极大地回线方式运行转单极金属回线方式运行。

二、适用工种

换流站值班员中级工。

三、具体任务

视为五防电脑钥匙已模拟上传完成，按照灵绍直流极Ⅰ由单极大地回线方式运行转单极金属回线方式运行填写倒闸操作票，并进行操作。

四、工作规范及要求

（1）现场操作票所涉及的设备，均以现场实际设备的双重名称和结构型式为准。

（2）倒闸操作票填写只考虑一次设备状态，不考虑保护等二次连接片的投退。

（3）倒闸操作考试在仿真平台上进行，不设置监护人，按照单人后台操作进行考试。

五、考核及时间要求

（1）本模块操作时间为45分钟，时间到停止考评，包括测试过程和报告整理时间，报告整理时间不超过5分钟。

（2）考评过程中如果由于测试人员操作不规范，有可能引发不安全因素的，停止考评，该项考核项目不得分，但不影响其他项目。

（3）记录测试结果，整理报告。

技能等级评价专业技能考核操作评分标准

工种	换流站值班员				评价等级	中级工
项目模块	倒闸操作			编号		Jc0005463009
单位			准考证号		姓名	
考试时限	45分钟	题型		单项操作	题分	100分
成绩		考评员		考评组长		日期	

试题正文	灵绍直流极Ⅰ由单极大地回线方式运行转单极金属回线方式运行
需要说明的问题和要求	（1）要求单人独立操作，在仿真平台上操作，不设置监护人。 （2）倒闸操作票填写只考虑一次设备状态，不考虑保护等二次连接片的投退

序号	项目名称	质量要求	满分	扣分标准	扣分原因	得分
1	操作					
1.1	操作准备	根据操作任务，分析操作顺序，并正确填写操作票	55	未进行模拟预演，扣5分； 未正确填写操作票发令人、受令人、下令时间、开始时间等项目，未盖以下空白章，扣2～5分； 操作票填写中，漏项、错项。每项扣3分，累计最高扣15分； 顺控操作中，未按照正确顺序填写，与程序逻辑不符，扣10分； 设备检修后合闸送电，未检查送电范围内接地开关（装置）已拉开，接地线已拆除，扣10分； 在进行倒负荷或解、并列操作前后，未检查相关电源运行及负荷分配情况，扣5分； 拉合设备［断路器（开关）、隔离开关（刀闸）、接地开关（装置）等］后，未检查设备的位置，扣2分； 在拉合隔离开关（刀闸），手车式开关拉出、推入前，未检查断路器（开关）确在分闸位置，扣3分		
1.2	倒闸操作	操作票执行	40	恶性误操作［误分、误合断路器；带负荷拉、合隔离开关或手车触头；带电挂（合）接地线（接地开关）；带接地线（接地开关）合断路器（隔离开关）］，扣40分； 误操作，但未影响其他运行设备（未区分中断路器、边断路器顺序，未区分负荷侧隔离开关、电源侧隔离开关顺序等），扣20分； 未正确执行操作票中内容，操作错误，扣10分； 操作过程中未按操作票顺序逐项操作，漏项、跳项，扣10分		
1.3	操作结束	操作结束后，归档	5	操作票执行完毕后，未正确填写操作结束时间，扣3分； 操作票执行完毕后，未在对应位置加盖"已执行"章，扣2分		
	合计		100			

Jc0005463010 极Ⅰ直流系统由金属回线方式转大地回线方式。（100分）

考核知识点：倒闸操作

难易度：难

技能等级评价专业技能考核操作工作任务书

一、任务名称

极 I 直流系统由金属回线方式转大地回线方式。

二、适用工种

换流站值班员中级工。

三、具体任务

视为五防电脑钥匙已模拟上传完成，按照极 I 直流系统由金属回线方式转大地回线方式填写倒闸操作票，并进行操作。

四、工作规范及要求

（1）现场操作票所涉及的设备，均以现场实际设备的双重名称和结构型式为准。

（2）倒闸操作票填写只考虑一次设备状态，不考虑保护等二次连接片的投退。

（3）倒闸操作考试在仿真平台上进行，不设置监护人，按照单人后台操作进行考试。

五、考核及时间要求

（1）本模块操作时间为 45 分钟，时间到停止考评，包括测试过程和报告整理时间，报告整理时间不超过 5 分钟。

（2）考评过程中如果由于测试人员操作不规范，有可能引发不安全因素的，停止考评，该项考核项目不得分，但不影响其他项目。

（3）记录测试结果，整理报告。

技能等级评价专业技能考核操作评分标准

工种	换流站值班员			评价等级	中级工
项目模块	倒闸操作			编号	Jc0005463010
单位			准考证号	姓名	
考试时限	45 分钟	题型	单项操作	题分	100 分
成绩		考评员	考评组长	日期	
试题正文	极 I 直流系统由金属回线方式转大地回线方式				
需要说明的问题和要求	（1）要求单人独立操作，在仿真平台上操作，不设置监护人。 （2）倒闸操作票填写只考虑一次设备状态，不考虑保护等二次连接片的投退				

序号	项目名称	质量要求	满分	扣分标准	扣分原因	得分
1	操作					
1.1	操作准备	根据操作任务，分析操作顺序，并正确填写操作票	55	未进行模拟预演。扣 5 分； 未正确填写操作票发令人、受令人、下令时间、开始时间等项目，未盖以下空白章，扣 2~5 分； 操作票填写中，漏项、错项。每项扣 3 分，累计最高扣 15 分； 顺控操作中，未按照正确顺序填写，与程序逻辑不符，扣 10 分； 设备检修后合闸送电前，未检查送电范围内接地开关（装置）已拉开，接地线已拆除，扣 10 分； 在进行倒负荷或解、并列操作前后，未检查相关电源运行及负荷分配情况，扣 5 分； 拉合设备［断路器（开关）、隔离开关（刀闸）、接地开关（装置）等］后，未检查设备的位置，扣 2 分； 在拉合隔离开关（刀闸），手车式开关拉出、推入前，未检查断路器（开关）确在分闸位置，扣 3 分		

续表

序号	项目名称	质量要求	满分	扣分标准	扣分原因	得分
1.2	倒闸操作	操作票执行	40	恶性误操作［误分、误合断路器；带负荷拉、合隔离开关或手车触头；带电挂（合）接地线（接地开关）；带接地线（接地开关）合断路器（隔离开关）］，扣40分； 误操作，但未影响其他运行设备（未区分中断路器、边断路器顺序，未区分负荷侧隔离开关、电源侧隔离开关顺序等），扣20分； 未正确执行操作票中内容，操作错误，扣10分； 操作过程中未按操作票顺序逐项操作，漏项、跳项，扣10分		
1.3	操作结束	操作结束后，归档	5	操作票执行完毕后，未正确填写操作结束时间，扣3分； 操作票执行完毕后，未在对应位置加盖"已执行"章，扣2分		
	合计		100			

Jc0005463011　极Ⅰ高端换流器转检修填写倒闸操作票（不包括降功率操作，极Ⅰ低端换流器运行）。（100分）

考核知识点：倒闸操作

难易度：难

技能等级评价专业技能考核操作工作任务书

一、任务名称

极Ⅰ高端换流器转检修填写倒闸操作票（不包括降功率操作，极Ⅰ低端换流器运行）。

二、适用工种

换流站值班员中级工。

三、具体任务

视为五防电脑钥匙已模拟上传完成，请按照极Ⅰ高端换流器转检修填写倒闸操作票（不包括降功率操作，极Ⅰ低端换流器运行），并进行操作。

四、工作规范及要求

（1）现场操作票所涉及的设备，均以现场实际设备的双重名称和结构型式为准。

（2）倒闸操作票填写只考虑一次设备状态，不考虑保护等二次连接片的投退。

（3）倒闸操作考试在仿真平台上进行，不设置监护人，按照单人后台操作进行考试。

五、考核及时间要求

（1）本模块操作时间为50分钟，时间到停止考评，包括测试过程和报告整理时间，报告整理时间不超过5分钟。

（2）考评过程中如果由于测试人员操作不规范，有可能引发不安全因素的，停止考评，该项考核项目不得分，但不影响其他项目。

（3）记录测试结果，整理报告。

技能等级评价专业技能考核操作评分标准

工种	换流站值班员			评价等级	中级工
项目模块	倒闸操作		编号		Jc0005463011
单位		准考证号		姓名	
考试时限	50分钟	题型	单项操作	题分	100分
成绩		考评员		考评组长	日期
试题正文	极Ⅰ高端换流器转检修填写倒闸操作票（不包括降功率操作，极Ⅰ低端换流器运行）				
需要说明的问题和要求	（1）要求单人独立操作，在仿真平台上操作，不设置监护人。 （2）倒闸操作票填写只考虑一次设备状态，不考虑保护等二次连接片的投退				

序号	项目名称	质量要求	满分	扣分标准	扣分原因	得分
1	操作					
1.1	操作准备	根据操作任务，分析操作顺序，并正确填写操作票	45	未进行模拟预演，扣5分； 未正确填写操作票票头（发令人、受令人、下令时间、操作开始时间等），未盖以下空白章，扣2~5分； 操作票填写中，漏项、错项；直流顺控操作中，未按照正确顺序填写，每项扣3分，累计最高15分； 断路器、隔离开关操作顺序错误，扣3分； 在进行倒负荷或解、并列操作前后，未检查相关电源运行及负荷分配情况，扣2分； 设备检修后合闸送电前，未检查送电范围内接地开关（装置）已拉开，接地线已拆除，扣5分； 拉合设备［断路器（开关）、隔离开关（刀闸）、接地开关（装置）等］后，未检查设备的位置，扣5分； 在拉合隔离开关（刀闸），手车式开关拉出、推入前，未检查断路器（开关）确在分闸位置，扣5分		
1.2	倒闸操作	操作票执行	50	未正确执行操作票中内容，操作错误，扣10分； 操作过程中未执行唱票复诵，扣10分； 操作过程中未按操作票顺序逐项操作、漏项、跳项，扣10分； 误操作，未造成后果，扣20分； 误操作，造成后果［① 误分、误合断路器；② 带负荷拉、合隔离开关或手车触头；③ 带电挂（合）接地线（接地开关）；④ 带接地线（接地开关）合断路器（隔离开关）］，扣50分		
1.3	操作结束	操作结束后，归档	5	操作票执行完毕后，未正确填写操作结束时间，扣3分； 操作票执行完毕后，未在对应位置加盖已执行章，扣2分		
	合计		100			

Jc0005463012 州川Ⅰ线7161线路由运行转检修。（100分）

考核知识点： 倒闸操作

难易度： 难

技能等级评价专业技能考核操作工作任务书

一、任务名称

州川Ⅰ线7161线路由运行转检修。

二、适用工种

换流站值班员中级工。

三、具体任务

视为五防电脑钥匙已模拟上传完成，按照州川Ⅰ线 7161 线路由运行转检修填写倒闸操作票，并进行操作。

四、工作规范及要求

（1）现场操作票所涉及的设备，均以现场实际设备的双重名称和结构型式为准。

（2）倒闸操作票填写只考虑一次设备状态，不考虑保护等二次连接片的投退。

（3）倒闸操作考试在仿真平台上进行，不设置监护人，按照单人后台操作进行考试。

五、考核及时间要求

（1）本模块操作时间为 45 分钟，时间到停止考评，包括测试过程和报告整理时间，报告整理时间不超过 5 分钟。

（2）考评过程中如果由于测试人员操作不规范，有可能引发不安全因素的，停止考评，该项考核项目不得分，但不影响其他项目。

（3）记录测试结果，整理报告。

技能等级评价专业技能考核操作评分标准

工种	换流站值班员			评价等级	中级工
项目模块	倒闸操作		编号		Jc0005463012
单位		准考证号		姓名	
考试时限	45 分钟	题型	单项操作	题分	100 分
成绩		考评员		考评组长	日期
试题正文	州川Ⅰ线 7161 线路由运行转检修				
需要说明的问题和要求	（1）要求单人独立操作，在仿真平台上操作，不设置监护人。 （2）倒闸操作票填写只考虑一次设备状态，不考虑保护等二次连接片的投退				

序号	项目名称	质量要求	满分	扣分标准	扣分原因	得分
1	操作					
1.1	操作准备	根据操作任务，分析操作顺序，并正确填写操作票	45	未进行模拟预演，扣 5 分； 未正确填写操作票票头（发令人、受令人、下令时间、操作开始时间等），未盖以下空白章，扣 2～5 分； 操作票填写中，漏项、错项；直流顺控操作中，未按照正确顺序填写，每项扣 3 分，累计最高扣 15 分； 断路器、隔离开关操作顺序错误，扣 3 分； 在进行倒负荷或解、并列操作前后，未检查相关电源运行及负荷分配情况，扣 2 分； 设备检修后合闸送电前，未检查送电范围内接地开关（装置）已拉开，接地线已拆除，扣 5 分； 拉合设备［断路器（开关）、隔离开关（刀闸）、接地开关（装置）等］后，未检查设备的位置，扣 5 分； 在拉合隔离开关（刀闸），手车式开关拉出、推入前，未检查断路器（开关）确在分闸位置，扣 5 分		

续表

序号	项目名称	质量要求	满分	扣分标准	扣分原因	得分
1.2	倒闸操作	操作票执行	50	未正确执行操作票中内容，操作错误，扣 10 分； 操作过程中未执行唱票复诵，扣 10 分； 操作过程中未按操作票顺序逐项操作，漏项、跳项，扣 10 分； 误操作，未造成后果，扣 20 分； 误操作，造成后果 [① 误分、误合断路器；② 带负荷拉、合隔离开关或手车触头；③ 带电挂（合）接地线（接地开关）；④ 带接地线（接地开关）合断路器（隔离开关）]，扣 50 分		
1.3	操作结束	操作结束后，归档	5	操作票执行完毕后，未正确填写操作结束时间，扣 3 分； 操作票执行完毕后，未在对应位置加盖已执行章，扣 2 分		
	合计		100			

Jc0005463013　州川 I 线由线路由检修转运行。（100 分）

考核知识点：倒闸操作

难易度：难

技能等级评价专业技能考核操作工作任务书

一、任务名称

州川 I 线由线路由检修转运行。

二、适用工种

换流站值班员中级工。

三、具体任务

视为五防电脑钥匙已模拟上传完成，按照州川 I 线线路由检修转运行填写倒闸操作票，并进行操作。

四、工作规范及要求

（1）现场操作票所涉及的设备，均以现场实际设备的双重名称和结构型式为准。

（2）倒闸操作票填写只考虑一次设备状态，不考虑保护等二次连接片的投退。

（3）倒闸操作考试在仿真平台上进行，不设置监护人，按照单人后台操作进行考试。

五、考核及时间要求

（1）本模块操作时间为 45 分钟，时间到停止考评，包括测试过程和报告整理时间，报告整理时间不超过 5 分钟。

（2）考评过程中如果由于测试人员操作不规范，有可能引发不安全因素的，停止考评，该项考核项目不得分，但不影响其他项目。

（3）记录测试结果，整理报告。

技能等级评价专业技能考核操作评分标准

工种	换流站值班员		评价等级	中级工
项目模块	倒闸操作		编号	Jc0005463013
单位		准考证号		姓名	

续表

考试时限	45分钟		题型		单项操作		题分		100分
成绩		考评员			考评组长			日期	
试题正文	州川I线由线路由检修转运行								
需要说明的问题和要求	(1) 要求单人独立操作，在仿真平台上操作，不设置监护人。 (2) 倒闸操作票填写只考虑一次设备状态，不考虑保护等二次连接片的投退								

序号	项目名称	质量要求	满分	扣分标准	扣分原因	得分
1	操作					
1.1	操作准备	根据操作任务，分析操作顺序，并正确填写操作票	45	未进行模拟预演，扣5分； 未正确填写操作票票头（发令人、受令人、下令时间、操作开始时间等），未盖以下空白章，扣2~5分； 操作票填写中，漏项、错项；直流顺控操作中，未按照正确顺序填写，每项扣3分，累计最高扣15分； 断路器、隔离开关操作顺序错误，扣3分； 在进行倒负荷或解、并列操作前后，未检查相关电源运行及负荷分配情况，扣2分； 设备检修后合闸送电前，未检查送电范围内接地开关（装置）已拉开，接地线已拆除，扣5分； 拉合设备［断路器（开关）、隔离开关（刀闸）、接地开关（装置）等］后，未检查设备的位置，扣5分； 在拉合隔离开关（刀闸），手车式开关拉出、推入前，未检查断路器（开关）确在分闸位置，扣5分		
1.2	倒闸操作	操作票执行	50	未正确执行操作票中内容，操作错误，扣10分； 操作过程中未执行唱票复诵，扣10分； 操作过程中未按操作票顺序逐项操作，漏项、跳项，扣10分； 误操作，未造成后果，扣20分； 误操作，造成后果［① 误分、误合断路器；② 带负荷拉、合隔离开关或手车触头；③ 带电挂（合）接地线（接地开关）；④ 带接地线（接地开关）合断路器（隔离开关）］，扣50分		
1.3	操作结束	操作结束后，归档	5	操作票执行完毕后，未正确填写操作结束时间，扣3分； 操作票执行完毕后，未在对应位置加盖已执行章，扣2分		
	合计		100			

Jc0005462014 灵州站灵绍直流极I高端换流器由充电转连接（极I低端阀组解锁状态）。（100分）

考核知识点：倒闸操作

难易度：中

技能等级评价专业技能考核操作工作任务书

一、任务名称

灵州站灵绍直流极I高端换流器由充电转连接（极I低端阀组解锁状态）。

二、适用工种

换流站值班员中级工。

三、具体任务

视为五防电脑钥匙已模拟上传完成，按照灵州站灵绍直流极Ⅰ高端换流器由充电转连接（极Ⅰ低端阀组解锁状态）填写倒闸操作票，并进行操作。

四、工作规范及要求

（1）现场操作票所涉及的设备，均以现场实际设备的双重名称和结构型式为准。

（2）倒闸操作票填写只考虑一次设备状态，不考虑保护等二次连接片的投退。

（3）倒闸操作考试在仿真平台上进行，不设置监护人，按照单人后台操作进行考试。

五、考核及时间要求

（1）本模块操作时间为40分钟，时间到停止考评，包括测试过程和报告整理时间，报告整理时间不超过5分钟。

（2）考评过程中如果由于测试人员操作不规范，有可能引发不安全因素的，停止考评，该项考核项目不得分，但不影响其他项目。

（3）记录测试结果，整理报告。

技能等级评价专业技能考核操作评分标准

工种	换流站值班员			评价等级	中级工
项目模块	倒闸操作		编号		Jc0005462014
单位		准考证号		姓名	
考试时限	40分钟	题型	单项操作	题分	100分
成绩		考评员		考评组长		日期	
试题正文	灵州站灵绍直流极Ⅰ高端换流器由充电转连接（极Ⅰ低端阀组解锁状态）				
需要说明的问题和要求	（1）要求单人独立操作，在仿真平台上操作，不设置监护人。（2）倒闸操作票填写只考虑一次设备状态，不考虑保护等二次连接片的投退				

序号	项目名称	质量要求	满分	扣分标准	扣分原因	得分
1	操作					
1.1	操作准备	根据操作任务，分析操作顺序，并正确填写操作票	55	未进行模拟预演，扣5分；未正确填写操作票发令人、受令人、下令时间、开始时间等项目，未盖以下空白章，扣2~5分；操作票填写中，漏项、错项，每项扣3分，累计最高扣15分；顺控操作中，未按照正确顺序填写，与程序逻辑不符，扣10分；设备检修后合闸送电前，未检查送电范围内接地开关（装置）已拉开，接地线已拆除，扣10分；在进行倒负荷或解、并列操作前后，未检查相关电源运行及负荷分配情况，扣5分；拉合设备［断路器（开关）、隔离开关（刀闸）、接地开关（装置）等］后，未检查设备的位置，扣2分；在拉隔离开关（刀闸），手车式开关拉出、推入前，未检查断路器（开关）确在分闸位置，扣3分		

续表

序号	项目名称	质量要求	满分	扣分标准	扣分原因	得分
1.2	倒闸操作	操作票执行	40	恶性误操作［误分、误合断路器；带负荷拉、合隔离开关或手车触头；带电挂（合）接地线（接地开关）；带接地线（接地开关）合断路器（隔离开关）］，扣40分； 误操作，但未影响其他运行设备（未区分中断路器、边断路器顺序，未区分负荷侧隔离开关、电源侧隔离开关顺序等），扣20分； 未正确执行操作票中内容，操作错误，扣10分； 操作过程中未按操作票顺序逐项操作，漏项、跳项，扣10分		
1.3	操作结束	操作结束后，归档	5	操作票执行完毕后，未正确填写操作结束时间，扣3分； 操作票执行完毕后，未在对应位置加盖"已执行"章，扣2分		
	合计		100			

Jc0005462015 银东直流系统双极功率400MW正常启动。（100分）

考核知识点： 倒闸操作

难易度： 中

技能等级评价专业技能考核操作工作任务书

一、任务名称

银东直流系统双极功率400MW正常启动。

二、适用工种

换流站值班员中级工。

三、具体任务

视为五防电脑钥匙已模拟上传完成，请按照银东直流系统双极功率400MW正常启动填写倒闸操作票，并进行操作。

四、工作规范及要求

（1）现场操作票所涉及的设备，均以现场实际设备的双重名称和结构型式为准。

（2）倒闸操作票填写只考虑一次设备状态，不考虑保护等二次连接片的投退。

（3）倒闸操作考试在仿真平台上进行，不设置监护人，按照单人后台操作进行考试。

五、考核及时间要求

（1）本模块操作时间为40分钟，时间到停止考评，包括测试过程和报告整理时间，报告整理时间不超过5分钟。

（2）考评过程中如果由于测试人员操作不规范，有可能引发不安全因素的，停止考评，该项考核项目不得分，但不影响其他项目。

（3）记录测试结果，整理报告。

技能等级评价专业技能考核操作评分标准

工种	换流站值班员			评价等级	中级工
项目模块	倒闸操作		编号	Jc0005462015	
单位		准考证号		姓名	

续表

考试时限	40分钟	题型		单项操作		题分		100分
成绩		考评员		考评组长			日期	

试题正文	银东直流系统双极功率400MW正常启动
需要说明的问题和要求	（1）要求单人独立操作，在仿真平台上操作，不设置监护人。 （2）倒闸操作票填写只考虑一次设备状态，不考虑保护等二次连接片的投退

序号	项目名称		质量要求	满分	扣分标准	扣分原因	得分
1	操作						
1.1		操作准备	根据操作任务，分析操作顺序，并正确填写操作票	55	未进行模拟预演，扣5分； 未正确填写操作票发令人、受令人、下令时间、开始时间等项目，未盖以下空白章，扣2~5分； 操作票填写中，漏项、错项，每项扣3分，累计最高扣15分； 顺控操作中，未按照正确顺序填写，与程序逻辑不符，扣10分； 设备检修后合闸送电前，未检查送电范围内接地开关（装置）已拉开，接地线已拆除，扣10分； 在进行倒负荷或解、并列操作前后，未检查相关电源运行及负荷分配情况，扣5分； 拉合设备［断路器（开关）、隔离开关（刀闸）、接地开关（装置）等］后，未检查设备的位置，扣2分； 在拉隔离开关（刀闸），手车式开关拉出、推入前，未检查断路器（开关）确在分闸位置，扣3分		
1.2		倒闸操作	操作票执行	40	恶性误操作［误分、误合断路器；带负荷拉、合隔离开关或手车触头；带电挂（合）接地线（接地开关）；带接地线（接地开关）合断路器（隔离开关）］，扣40分； 误操作，但未影响其他运行设备（未区分中断路器、边断路器顺序，未区分负荷侧隔离开关、电源侧隔离开关顺序等），扣20分； 未正确执行操作票中内容，操作错误，扣10分； 操作过程中未按操作票顺序逐项操作，漏项、跳项，扣10分		
1.3		操作结束	操作结束后，归档	5	操作票执行完毕后，未正确填写操作结束时间，扣3分； 操作票执行完毕后，未在对应位置加盖"已执行"章，扣2分		
	合计			100			

Jc0005441016 换流站设备巡视类（零磁通电流互感器巡视）。（100分）

考核知识点： 基本运维工作

难易度： 易

技能等级评价专业技能考核操作工作任务书

一、任务名称

换流站设备巡视类（零磁通电流互感器巡视）。

二、适用工种

换流站值班员中级工。

三、具体任务

（1）进行零磁通电流互感器巡视工作，并填写巡检记录。

（2）工作任务：零磁通电流互感器巡视。

四、工作规范及要求

（1）巡检人着装应符合要求。

（2）巡检工器具的正确使用及安全措施。

（3）工作步骤要严格按照《国家电网有限公司直流换流站运维管理规定》要求进行。

（4）巡检结束后填写巡检记录。

五、考核及时间要求

（1）本考核操作时间为 20 分钟，时间到停止考评，包括巡视过程和报告整理时间，报告整理时间不超过 5 分钟。

（2）考评过程中如果由于巡视人员操作不规范、误入间隔等有可能引发不安全因素的，停止考评，该项考核项目不得分，但不影响其他项目。

（3）记录巡检结果，整理报告。

技能等级评价专业技能考核操作评分标准

工种	换流站值班员			评价等级	中级工
项目模块	基本运维工作		编号	Jc0005441016	
单位		准考证号		姓名	
考试时限	20 分钟	题型	单项操作	题分	100 分
成绩		考评员		考评组长	日期
试题正文	换流站设备巡视类（零磁通电流互感器巡视）				
需要说明的问题和要求	（1）要求单人巡视，着装符合安全要求。 （2）正确使用巡视所需工器具，巡视过程中应保证安全。 （3）合理规划巡视路线，巡视完成一个设备/间隔后不允许折返。 （4）巡视结束后，待考评员同意方可离开考场				

序号	项目名称	质量要求	满分	扣分标准	扣分原因	得分
1	安全事项					
1.1	安全措施的准备	着装： （1）穿全棉长袖工作服、绝缘鞋。 （2）正确佩戴安全帽，安全帽系带戴牢。 （3）检查安全帽外观正常。 （4）检查安全帽合格证完整，在检验有效期内。 （5）工作服穿着规范，无裸露、破损，衣扣系牢	5	着装不符合质量要求，每处扣 2 分，扣完为止		
1.2	巡视工器具选择及检查	工器具选择及检查： （1）携带对讲机，巡检前测试对讲机功能正常。 （2）携带巡检钥匙，检查钥匙外观完整，巡视区域授权正确，钥匙功能正常	10	未按规范携带、使用工器具及仪器仪表，每条扣 3 分； 未按要求检查工器具及仪器仪表完好，每条扣 2 分； 巡检钥匙授权错误，扣 10 分		
2	零磁通电流互感器巡视	巡视要点				

序号	项目名称	质量要求	满分	扣分标准	扣分原因	得分
2.1	本体巡视	各连接引线及接头无变色迹象，引线无断股、散股	2	缺少1项扣2分，表述不完整的扣1分，扣完为止		
		外绝缘表面完整、无粉蚀、无裂纹、无放电痕迹、无老化迹象，防污闪涂料完整无脱落	3	缺少1项扣3分，表述不完整的扣1分，扣完为止		
		金属部位无锈蚀，底座、支架、基础无倾斜变形	2	缺少1项扣2分，表述不完整的扣1分，扣完为止		
		无异常振动、异常声响及异味	2	缺少1项扣2分，表述不完整的扣1分，扣完为止		
		底座接地可靠，无锈蚀、脱焊现象，整体无倾斜	2	缺少1项扣2分，表述不完整的扣1分，扣完为止		
		2次接线盒关闭紧密，电缆进出口密封良好	3	缺少1项扣3分，表述不完整的扣1分，扣完为止		
		接地标识、出厂铭牌、设备标识牌、清晰	2	缺少1项扣2分，表述不完整的扣1分，扣完为止		
		金属膨胀器无变形，膨胀位置指示正常	2	缺少1项扣2分，表述不完整的扣1分，扣完为止		
		功率放大器无报警信号，电源指示灯正常	2	缺少1项扣2分，表述不完整的扣1分，扣完为止		
3	巡检记录					
3.1	缺陷报告	记录巡检过程中发现的缺陷，记录要翔实，包含设备电压等级、设备双重名称及缺陷准确描述	30	巡检缺陷数量不全，缺少1条扣5分，扣完为止；巡检缺陷描述不清楚，每条扣3分，扣完为止		
3.2	缺陷定性	对发现的缺陷逐条定性正确	20	定性不正确，每条扣2分，扣完为止		
4	工作结束					
4.1	工作现场清理	清理工作现场： （1）合理规划巡视路线，巡视完成一个设备/间隔后不允许折返。 （2）巡检过程中打开的箱门、柜门及时上锁。 （3）巡检过程中保持地面整洁，不随意丢弃垃圾	10	巡视完成一个设备/间隔后出现折返情况，每次扣2分，扣完为止；打开的箱门、柜门未及时恢复，每处扣1分，扣完为止；巡检过程中地面出现异物，每处扣1分，扣完为止		
4.2	巡视工器具归置及检查	巡视工器具归置及检查： （1）归还对讲机，并测试对讲机功能正常。 （2）归还巡检钥匙，并检查钥匙外观完整，功能正常	5	未按规范归还工器具及仪器仪表，每条扣3分，扣完为止；未按要求检查工器具及仪器仪表完好，每条扣2分，扣完为止		
	合计		100			

Jc0005441017　换流站设备巡视类（阀外水冷系统巡视）。（100分）

考核知识点：基本运维工作

难易度：易

技能等级评价专业技能考核操作工作任务书

一、任务名称

换流站设备巡视类（阀外水冷系统巡视）。

二、适用工种

换流站值班员中级工。

三、具体任务

（1）进行阀外水冷系统巡视工作，并填写巡检记录。

（2）工作任务：阀外水冷系统巡视。

四、工作规范及要求

（1）巡检人着装应符合要求。

（2）巡检工器具的正确使用及安全措施。

（3）工作步骤要严格按照《国家电网有限公司直流换流站运维管理规定》要求进行。

（4）巡检结束后填写巡检记录。

五、考核及时间要求

（1）本考核操作时间为 40 分钟，时间到停止考评，包括巡视过程和报告整理时间，报告整理时间不超过 5 分钟。

（2）考评过程中如果由于巡视人员操作不规范、误入间隔等有可能引发不安全因素的，停止考评，该项考核项目不得分，但不影响其他项目。

（3）记录巡检结果，整理报告。

技能等级评价专业技能考核操作评分标准

工种	换流站值班员			评价等级	中级工
项目模块	基本运维工作		编号		Jc0005441017
单位		准考证号		姓名	
考试时限	40 分钟	题型	单项操作	题分	100 分
成绩		考评员		考评组长		日期	
试题正文	换流站设备巡视类（阀外水冷系统巡视）				
需要说明的问题和要求	（1）要求单人巡视，着装符合安全要求。 （2）正确使用巡视所需工器具，巡视过程中应保证安全。 （3）合理规划巡视路线，巡视完成一个设备/间隔后不允许折返。 （4）巡视结束后，待考评员同意方可离开考场				

序号	项目名称	质量要求	满分	扣分标准	扣分原因	得分
1	安全事项					
1.1	相关安全措施的准备	着装： （1）穿全棉长袖工作服、绝缘鞋。 （2）正确佩戴安全帽，安全帽系带戴牢。 （3）检查安全帽外观正常。 （4）检查安全帽合格证完整，在检验有效期内。 （5）工作服穿着规范，无裸露、破损，衣扣系牢	5	着装不符合质量要求，每处扣 2 分，扣完为止		
1.2	巡视工器具选择及检查	工器具选择及检查： （1）携带对讲机，巡检前测试对讲机功能正常。 （2）携带巡检钥匙，检查钥匙外观完整，巡视区域授权正确，钥匙功能正常	10	未按规范携带、使用工器具及仪器仪表，每条扣 3 分； 未按要求检查工器具及仪器仪表完好，每条扣 2 分； 巡检钥匙授权错误，扣 10 分		
2	阀外水冷系统巡视	巡视要点				

续表

序号	项目名称	质量要求	满分	扣分标准	扣分原因	得分
2.1	巡视内容	阀外水冷系统的运行数据处于正常范围内，冗余系统间读数相差不超过允许范围	3	缺少1项扣3分，表述不完整的扣1分，扣完为止		
		反洗泵、喷淋泵、软化罐、反渗透膜管、水管道、各电磁阀及阀门法兰连接处无渗漏	2	缺少1项扣2分，表述不完整的扣1分，扣完为止		
		各阀门位置指示正确	2	缺少1项扣2分，表述不完整的扣1分，扣完为止		
		旁滤循环泵、补水泵、喷淋泵、冷却塔风机、补水装置、水处理回路的运行正常，无漏水、异常振动、异味等异常现象	3	缺少1项扣3分，表述不完整的扣1分，扣完为止		
		管路上各有关压力计、流量计、电导率计等指示仪表的指示值在正常范围之内	2	缺少1项扣2分，表述不完整的扣1分，扣完为止		
		排水系统运行正常，泵坑无积水	2	缺少1项扣2分，表述不完整的扣1分，扣完为止		
		喷淋水池水位正常，盐池或者盐箱中盐量充足	2	缺少1项扣2分，表述不完整的扣1分，扣完为止		
		设备室内温度无异常，外冷动力及控制柜无异常声响，控制柜显示屏正常	2	缺少1项扣2分，表述不完整的扣1分，扣完为止		
		检查加药罐内药剂充足，加药泵运行正常，无异常振动和声响	2	缺少1项扣2分，表述不完整的扣1分，扣完为止		
3	巡检记录					
3.1	缺陷报告	记录巡检过程中发现的缺陷，记录要翔实，包含设备电压等级、设备双重名称及缺陷准确描述	30	巡检缺陷数量不全，缺少1条扣5分，扣完为止；巡检缺陷描述不清楚，每条扣3分，扣完为止		
3.2	缺陷定性	对发现的缺陷逐条定性正确	20	定性不正确，每条扣2分，扣完为止		
4	工作结束					
4.1	工作现场清理	清理工作现场： （1）合理规划巡视路线，巡视完成一个设备/间隔后不允许折返。 （2）巡检过程中打开的箱门、柜门及时上锁。 （3）巡检过程中保持地面整洁，不随意丢弃垃圾	10	巡视完成一个设备/间隔后出现折返情况，每次扣2分，扣完为止；打开的箱门、柜门未及时恢复，每处扣1分，扣完为止；巡检过程中地面出现异物，每处扣1分，扣完为止		
4.2	巡视工器具归置及检查	巡视工器具归置及检查： （1）归还对讲机，并测试对讲机功能正常。 （2）归还巡检钥匙，并检查钥匙外观完整，功能正常	5	未按规范归还工器具及仪器仪表，每条扣3分，扣完为止；未按要求检查工器具及仪器仪表完好，每条扣2分，扣完为止		
	合计		100			

Jc0005441018　换流站设备巡视类（阀外风冷系统巡视）。（100分）

考核知识点：基本运维工作

难易度：易

技能等级评价专业技能考核操作工作任务书

一、任务名称

换流站设备巡视类（阀外风冷系统巡视）。

二、适用工种

换流站值班员中级工。

三、具体任务

（1）进行阀外风冷系统巡视工作，并填写巡检记录。

（2）工作任务：阀外风冷系统巡视。

四、工作规范及要求

（1）巡检人着装应符合要求。

（2）巡检工器具的正确使用及安全措施。

（3）工作步骤要严格按照《国家电网有限公司直流换流站运维管理规定》要求进行。

（4）巡检结束后填写巡检记录。

五、考核及时间要求

（1）本考核操作时间为 30 分钟，时间到停止考评，包括巡视过程和报告整理时间，报告整理时间不超过 5 分钟。

（2）考评过程中如果由于巡视人员操作不规范、误入间隔等有可能引发不安全因素的，停止考评，该项考核项目不得分，但不影响其他项目。

（3）记录巡检结果，整理报告。

技能等级评价专业技能考核操作评分标准

工种	换流站值班员			评价等级	中级工
项目模块	基本运维工作		编号		Jc0005441018
单位		准考证号		姓名	
考试时限	30 分钟	题型	单项操作	题分	100 分
成绩		考评员		考评组长		日期	
试题正文	换流站设备巡视类（阀外风冷系统巡视）				
需要说明的问题和要求	（1）要求单人巡视，着装符合安全要求。 （2）正确使用巡视所需工器具，巡视过程中应保证安全。 （3）合理规划巡视路线，巡视完成一个设备/间隔后不允许折返。 （4）巡视结束后，待考评员同意方可离开考场				

序号	项目名称	质量要求	满分	扣分标准	扣分原因	得分
1	安全事项					
1.1	相关安全措施的准备	着装： （1）穿全棉长袖工作服、绝缘鞋。 （2）正确佩戴安全帽，安全帽系带戴牢。 （3）检查安全帽外观正常。 （4）检查安全帽合格证完整，在检验有效期内。 （5）工作服穿着规范，无裸露、破损，衣扣系牢	5	着装不符合质量要求，每处扣 2 分，扣完为止		
1.2	巡视工器具选择及检查	工器具选择及检查： （1）携带对讲机，巡检前测试对讲机功能正常。 （2）携带巡检钥匙，检查钥匙外观完整，巡视区域授权正确，钥匙功能正常	10	未按规范携带、使用工器具及仪器仪表，每条扣 3 分； 未按要求检查工器具及仪器仪表完好，每条扣 2 分； 巡检钥匙授权错误，扣 10 分		
2	阀外风冷系统巡视	巡视要点				

续表

序号	项目名称	质量要求	满分	扣分标准	扣分原因	得分
2.1	巡视内容	检查各阀门位置正确	2	缺少1项扣2分，表述不完整的扣1分，扣完为止		
		检查各管道、阀门、法兰及接口处连接紧固、无渗漏、异常振动、异声等异常现象	2	缺少1项扣2分，表述不完整的扣1分，扣完为止		
		检查构架、风机、电动机各处固定螺栓及螺丝是否有松动迹象，有无异常振动，异常声音	3	缺少1项扣3分，表述不完整的扣1分，扣完为止		
		检查风机隔离网、管束上下无杂物	2	缺少1项扣2分，表述不完整的扣1分，扣完为止		
		检查百叶窗或卷帘门开度正确	2	缺少1项扣2分，表述不完整的扣1分，扣完为止		
		检查风机启动、转动正常	2	缺少1项扣2分，表述不完整的扣1分，扣完为止		
		各柜所有开关位置正确，所用风机控制把手在自动位置	2	缺少1项扣2分，表述不完整的扣1分，扣完为止		
		柜内各器件无异常声响，无松动脱落迹象，各模块线路无烧损、放电迹象	3	缺少1项扣3分，表述不完整的扣1分，扣完为止		
		屏柜散热风扇运转正常	2	缺少1项扣2分，表述不完整的扣1分，扣完为止		
3	巡检记录					
3.1	缺陷报告	记录巡检过程中发现的缺陷，记录要翔实，包含设备电压等级、设备双重名称及缺陷准确描述	30	巡检缺陷数量不全，缺少1条扣5分，扣完为止；巡检缺陷描述不清楚，每条扣3分，扣完为止		
3.2	缺陷定性	对发现的缺陷逐条定性正确	20	定性不正确，每条扣2分，扣完为止		
4	工作结束					
4.1	工作现场清理	清理工作现场： （1）合理规划巡视路线，巡视完成一个设备/间隔后不允许折返。 （2）巡检过程中打开的箱门、柜门及时上锁。 （3）巡检过程中保持地面整洁，不随意丢弃垃圾	10	巡视完成一个设备/间隔后出现折返情况，每次扣2分，扣完为止；打开的箱门、柜门未及时恢复，每处扣1分，扣完为止；巡检过程中地面出现异物，每处扣1分，扣完为止		
4.2	巡视工器具归置及检查	巡视工器具归置及检查： （1）归还对讲机，并测试对讲机功能正常。 （2）归还巡检钥匙，并检查钥匙外观完整，功能正常	5	未按规范归还工器具及仪器仪表，每条扣3分，扣完为止；未按要求检查工器具及仪器仪表完好，每条扣2分，扣完为止		
	合计		100			

第三部分
高级工

第五章　换流站值班员高级工技能笔答

Jb0005333001　控制主机单系统异常后，该如何处置？（5分）

考核知识点： 直流换流站运维管理规定

难易度： 难

标准答案：

（1）汇报国调、生产调度和相关领导。

（2）在后台观察该主机是否存在故障，若故障已复归，确认该主机正常且无跳闸出口，经领导批准将主机打至备用状态。

（3）若存在故障，检查主机及相关总线有无故障。

（4）若为主机故障，向国调申请后通知检修人员到场进行一次重启。

（5）重启不成功或板卡以及总线故障，经领导批准将故障系统由服务状态切换至试验状态，通知检修人员处理。

Jb0005331002　直流控制系统有哪几种工作状态？（5分）

考核知识点： 直流换流站验收管理规定

难易度： 易

标准答案：

（1）控制系统至少应设置三种工作状态，即运行、备用和试验。

（2）"运行"表示当前为有效状态。

（3）"备用"表示当前为热备用状态。

（4）"试验"表示当前处于检修测试状态。

Jb0005333003　直流控制系统有哪几种故障等级，分别是如何定义的？（5分）

考核知识点： 直流换流站验收管理规定

难易度： 难

标准答案：

（1）控制系统应设置三种故障等级，即轻微、严重和紧急。

（2）轻微故障指设备外围部件有轻微异常，对正常执行控制功能无任何影响的故障，但需加强监测并及时处理。

（3）严重故障指设备本身有较大缺陷，但仍可继续执行相关控制功能，需要尽快处理。

（4）紧急故障指设备关键部件发生了重大问题，已不能继续承担相关控制功能，需立即退出运行进行处理。

Jb0005333004　阀内冷液位保护有哪些要求？（5分）

考核知识点： 直流换流站验收管理规定

难易度： 难

标准答案：

（1）膨胀罐或高位水箱液位保护应投报警和跳闸。

（2）应在膨胀罐或高位水箱装设三个电容式液位传感器和一个直读液位计，用于液位保护和泄漏保护。

（3）三台膨胀罐或高位水箱液位传感器按"三取二"原则；膨胀罐液位测量值低于膨胀罐液位低报警定值时液位保护应延时报警，低于膨胀罐液位超低报警定值时液位保护应延时跳闸。

（4）膨胀罐液位变化定值和延时设置应有足够裕度，能躲过最大温度及传输功率变化引起的液位波动，防止液位正常变化导致保护误动。

Jb0005333005　直流分压器 SF_6 气体分解物应符合哪些要求？（5分）

考核知识点： 直流换流站验收管理规定

难易度： 难

标准答案：

（1）直流分压器 SF_6 气体分解物中 SO_2 气体含量不大于 1μL/L。

（2）直流分压器 SF_6 气体分解物中 H_2S 气体含量不大于 1μL/L。

Jb0005333006　换流站动态评价的类别有哪些？（5分）

考核知识点： 直流换流站评价管理规定

难易度： 难

标准答案：

（1）新设备首次评价。

（2）缺陷评价。

（3）经历不良工况后评价。

（4）带电检测异常评价。

（5）检修后评价。

Jb0005332007　设计成很多气隔有哪些好处？至少写出5条。（5分）

考核知识点： 直流换流站验收管理规定

难易度： 中

标准答案：

（1）可以将不同 SF_6 气体压力的各电气元件分隔开。

（2）特殊要求的元件可以单独设立一个气隔。

（3）在检修时可以减少停电范围。

（4）可以减少检修时 SF_6 气体的回收和充气工作量。

（5）有利于安装和扩建工作。

Jb0005332008　《国家电网有限公司直流换流站运维管理规定　第2分册　油浸式平波电抗器运维细则》规定，油浸式平波电抗器在检修后送电前，本体必须具备哪些条件？（5分）

考核知识点： 直流换流站运维管理规定

难易度： 中

标准答案：

（1）所有阀门位置正确，无渗漏油情况。

（2）油枕和套管等油面指示位置合适，套管 SF_6 压力指示正常。

（3）铁芯和夹件的接地可靠。

（4）冷却器状态正常。

（5）相关非电量保护投入正常，无报警信号。

Jb0005333009　直流避雷器遇雷雨天气及系统发生过电压后重点巡视项目包括哪些？（5分）

考核知识点：直流换流站运维管理规定

难易度：难

标准答案：

（1）检查外部是否完好，有无放电痕迹。

（2）检查监测装置外壳完好，无进水。

（3）与直流避雷器连接的导线及接地引下线有无烧伤痕迹或断股现象，监测装置底座有无烧伤痕迹。

（4）记录放电计数器的放电次数，判断直流避雷器是否动作。

（5）记录泄漏电流的指示值，检查直流避雷器泄漏电流变化情况。

Jb0005332010　换流变压器故障跳闸后重点巡视项目包括哪些？至少写出3条。（5分）

考核知识点：直流换流站运维管理规定

难易度：中

标准答案：

（1）检查现场一次设备有无着火、爆炸、喷油、放电痕迹、短路或接地、小动物爬入、导线断线等情况。

（2）检查油位和油温变化，接头是否过热，冷却器运行情况。

（3）检查保护及自动装置（包括气体继电器和压力释放阀等）的动作情况。

（4）检查网侧断路器运行状态。

Jb0005331011《国家电网有限公司直流换流站运维管理规定　第19分册　站用直流电源系统运维细则》规定，直流系统出现哪些异常现象处理后，应巡视检查各直流回路元件有无过热、损坏和明显故障现象？（5分）

考核知识点：直流换流站运维管理规定

难易度：易

标准答案：

（1）交、直流失压。

（2）直流接地。

（3）熔断器熔断。

（4）空气断路器脱扣。

Jb0005331012《国家电网有限公司直流换流站运维管理规定　第23分册　接地极运维细则》规定，单极大地回线或双极不平衡方式下的接地极巡视内容有哪些？（5分）

考核知识点：直流换流站运维管理规定

难易度：易

标准答案：

（1）对接地极开展设备红外测温及入地电流、渗水井水位、水温监测。

（2）接地极设备无异常声响。

（3）绝缘子无破损、裂缝及放电闪络痕迹。

（4）设备各部件无位移、变形、松动或损坏。

Jb0005332013 《国家电网有限公司直流换流站验收管理规定　第11分册　交直流滤波器验收细则》规定，交直流滤波器启动验收内容包括哪些内容？（5分）

考核知识点：直流换流站验收管理规定

难易度：中

标准答案：

（1）交直流滤波器外观检查。

（2）红外测温。

（3）紫外成像。

（4）交直流滤波器声音。

（5）振动检查。

Jb0005332014　零磁通电流互感器竣工（预）验收，互感器各侧出线应具备哪些条件？（5分）

考核知识点：直流换流站验收管理规定

难易度：中

标准答案：

（1）引线应无散股、扭曲、断股现象。

（2）固定牢固可靠，应有螺栓防松措施。

（3）压接金具应不大于同样长度导线的电阻。

（4）非压接金具应不大于同样长度导线电阻的1.1倍。

Jb0005332015　国调直调系统发生故障时，相关厂站、运行维护单位应汇报的内容是什么？（5分）

考核知识点：调度管理规定

难易度：中

标准答案：

国调直调系统发生故障时，相关厂站、运行维护单位应立即向国调汇报故障发生时间，故障后厂站内一次设备状态变化情况，厂站内有无设备运行状态越限、有无需进行紧急控制的设备，周边天气及其他可直接观测现象。

5min内，汇报保护、安控动作情况，确认主保护、安控装置是否全部正确动作，汇报线路故障类型、断路器跳闸及断路器重合闸动作情况，依据相关规程采取相关处理措施。15min内，汇报相关一、二次设备检查基本情况，确认是否具备试送条件。30min内，汇报站内全部保护动作情况，线路故障测距情况，按国调要求传送事件记录、故障录波图、故障情况报告、现场照片等材料。

Jb0005332016　根据国调中心调控运行规定，简述特高压直流极隔离与极连接的运行状态定义。（5分）

考核知识点：调度管理规定

难易度：中

标准答案：

直流场极隔离：中性母线断路器、金属回线隔离开关、大地回线隔离开关、极母线隔离开关在拉开位置（葛洲坝、南桥站中性母线断路器、中性母线隔离开关、极母线隔离开关在拉开位置）。

直流场极连接：相关保护投入，中性母线开关、金属回线隔离开关、大地回线隔离开关、极母线隔离开关在合上位置。

Jb0005332017 什么情况下换流站应及时汇报国调，并按规定采取措施？（5分）

考核知识点：调度管理规定

难易度：中

标准答案：

（1）换流站按照调度指令进行操作过程中，若操作设备出现异常，应在检查处理的同时向国调汇报。

（2）换流站站用电系统仅剩一路电源时，应立即向国调汇报，同时采取措施保障设备可靠运行，尽快恢复其他站用电源。

（3）换流站值班员应熟记换流站内直调线路允许载流量限额，密切监视线路电流。当电流达到限额值的80%时，应立即向国调汇报；当电流超过限额值时，电厂应迅速降低全厂出力，换流站降低直流功率，使相应线路电流降至限额以下，同时向国调汇报。

（4）直流控制保护系统发生异常情况时，换流站应立即向国调汇报，同时联系相关人员尽快处理，保障冗余控制保护系统可靠运行。若处理过程可能对运行系统造成影响，应汇报国调。

Jb0005331018 简述极开路试验条件。（5分）

考核知识点：调度管理规定

难易度：易

标准答案：

（1）换流变压器已充电，换流阀处于闭锁状态，直流场接线满足极开路试验要求。

（2）试验极为独立控制方式。

（3）对侧换流站不在极开路试验模式。

（4）本侧换流站直流极母线电压不大于设定值。

（5）站间通信正常。

Jb0005331019 进行调度业务联系时，有何规范要求？（5分）

考核知识点：调度管理规定

难易度：易

标准答案：

（1）进行调度业务联系时，必须使用普通话及调度术语，互报单位、姓名。

（2）严格执行下令、复诵、录音、记录和汇报制度，受令单位在接受调度指令时，受令人应主动复诵调度指令并与发令人核对无误，待下达下令时间后才能执行。

（3）指令执行完毕后应立即向发令人汇报执行情况，并以汇报完成时间确认指令已执行完毕。

Jb0005332020 根据国调直调规程，适用于冷备用操作管理规定的设备主要有哪些？（5分）

考核知识点：调度管理规定

难易度：中

标准答案：

国调直调厂站内国调直调的交流开关（灵宝站3301、2201断路器除外）、母线、交流滤波器母线、机组、变压器（含电厂升压变压器、不含换流变压器）、调相机变压器组（包含调相机本体和升压变压器）、交流滤波器（含并联电容器、并联电抗器）、母线高压电抗器、110kV 及以下低压无功补偿装置、330kV 灵灵线停送电时，上述设备对应的接地开关以及国调直调的短引线接地开关由厂站按照国调停电工作票或紧急抢修申请单的批复内容自行操作，国调调度员不下达调度指令。

Jb0005332021　阀短路故障的特征是什么？（5分）

考核知识点： 直流输电原理

难易度： 中

标准答案：

（1）交流侧交替地发生两相短路和三相短路。

（2）通过故障阀的电流反向，并剧烈增大。

（3）交流侧电流激增，使换流阀和换流变压器承受比正常运行时大得多的电流。

（4）换流桥直流母线电压下降。

（5）换流桥直流侧电流下降。

Jb0005332022　直流系统保护一般分为哪几个区域？（5分）

考核知识点： 直流输电原理

难易度： 中

标准答案：

（1）阀组保护区域。

（2）极保护区域。

（3）双极中性母线保护区域。

（4）换流变压器引线和换流变压器保护区域。

（5）交流滤波器及其母线保护区域。

Jb0005333023　阀短路保护的目的和原理是什么？（5分）

考核知识点： 直流输电原理

难易度： 难

标准答案：

目的是保护晶闸管换流器免受故障造成的过应力。

其工作原理是利用阀短路、换流器交流测相间短路或阀厅直流端出线间短路时换流器交流测电流大于直流测电流的故障现象作为保护的判据。在正常运行时，这些电流是平衡的；当发生阀短路时，故障阀和正在换相的正常阀流过高幅值电流，一般为直流额定电流的数倍。

Jb0005333024　控制系统为什么要设置最小电流限制？（5分）

考核知识点： 直流输电原理

难易度： 难

标准答案：

为使直流输电系统不致运行在过低的直流电流水平上，以避免直流电流发生断续而引发过电压之类的问题，应对最低运行电流值予以限制。直流输电系统正常运行所允许的最小直流电流应当大于所谓"断续电流"，并考虑留有一定裕度，一般选为断续电流的 2 倍。通常取最小电流限制值为 10%额定直流电流。

Jb0005333025 巡检过程中发现交流滤波器电容器漏油，应如何采取应急措施？（5分）

考核知识点：事故处理

难易度：难

标准答案：

（1）现场确认电容器漏油情况。

（2）汇报国调及管理处相关领导。

（3）漏油情况严重时，在有备用交流滤波器的情况下申请国调进行滤波器替换，然后将漏油的滤波器转检修，通知检修处理；在无备用滤波器的情况下则申请国调以降低直流输送功率的方式退出故障交流滤波器，退出后立即转检修，并通知检修处理。

（4）漏油情况轻微，且不影响运行时，运行人员应加强对其巡检力度，如漏油情况恶化，则申请转检修处理。

Jb0005332026 在降压运行方式时，需要特别注意监视的有哪些？（5分）

考核知识点：监盘巡视

难易度：中

标准答案：

（1）换流器冷却系统的温度是否过高。

（2）换流站消耗的无功功率是否太多，这将引起换流站交流母线电压的降低。

（3）换流站交流测和直流测的谐波分量是否超标。

（4）换流变压器和平波电抗器是否发热。

Jb0005332027 3/2断路器接线中，线路送电为何先合边断路器，后合中断路器？（5分）

考核知识点：倒闸操作

难易度：中

标准答案：

3/2断路器接线中，线路送电时，若线路存在永久性故障，先合边断路器，边断路器存在故障，无法跳开时，启动失灵保护，导致边断路器所在母线上所有断路器跳闸，一条母线失电，线路或变压器可通过中间断路器供电，不影响其继续运行，不对外停电。但若先合中断路器，中断路器存在故障，无法跳开时，启动失灵保护，导致中断路器两边的边断路器跳闸，将造成运行中的线路或主变压器停电的事故，扩大了事故。

Jb0005331028 事故调查的四不放过是什么？（5分）

考核知识点：应知应会

难易度：易

标准答案：

（1）事故原因不清不放过。

（2）事故责任者和应受教育者没有受到教育不放过。

（3）没有采取防范措施不放过。

（4）事故责任者没有受到处罚不放过。

Jb0005313029 某±800kV直流输电系统（额定电流为5000A，额定降压标幺定值0.8），极Ⅰ为800kV运行，极Ⅱ为降压-640kV运行，双极均为双极功率控制，运行过程中极Ⅰ直流线路发生故

障，经多次再启动后，降压启动成功，问最终双极直流系统最大运行功率为多少？（10分）

考核知识点：直流输电原理

难易度：难

标准答案：

解：（1）按直流再启动逻辑，控制系统自动降压为80%额定电压，即640kV。

（2）双极采用双极功率控制的目的是让电流平衡，最终双极电流一致。

（3）降压极不存在过负荷能力。

最终双极直流系统最大运行功率 P=640kV×5000A+640kV×5000A=6400MW。

答：最终双极直流系统最大运行功率为6400MW。

Jb0005311030　一单极直流输电系统，输送功率为 1500MW，送端直流电压为 −500kV，整个回路阻抗 Z=10+2j，求受端功率为多少？（10分）

考核知识点：直流输电原理

难易度：易

标准答案：

解：根据题意

（1）I_d=1500MW/500kV=3000A。

（2）由于感性负载不会导致直流功率损耗，功率损耗 Q=I^2R=3000²×10=90MW。

（3）受端功率为1500−90=1410（MW）。

答：受端功率为1410MW。

Jb0005312031　若使用 4～20mA 传感器测量温度，假设4mA 对应 −10℃，20mA 对应60℃，问 10mA 对应多少摄氏度？（10分）

考核知识点：变电运维

难易度：中

标准答案：

解：根据题意

（1）温度与电流函数关系的斜率 K=（60+10）/（20−4）=70/16=4.375

则 T=4.375I+B

（2）将 4mA 对应 −10℃代入上式，可得 B=−27.5

即 T=4.375I−27.5

（3）当电流为 10mA 时，T=4.375I−27.5=4.375×10−27.5=16.25（℃）

答：10mA 对应 16.25℃。

Jb0005312032　某对称三相电路的负载作星形连接时线电压 U=380V，负载阻抗电阻 R=10Ω，电抗 X=20Ω，求负载的相电流 I_{ph}。（10分）

考核知识点：电路原理

难易度：中

标准答案：

解：根据题意

$$I_{ph} = (U / \sqrt{3}) / \sqrt{R^2 + X^2} = (380 / \sqrt{3}) / \sqrt{10^2 + 20^2} = 9.812（A）$$

答：负载的相电流为9.812A。

Jb0005322033 根据图 Jb0005322033 简述胶囊泄漏报警的工作原理。（10 分）

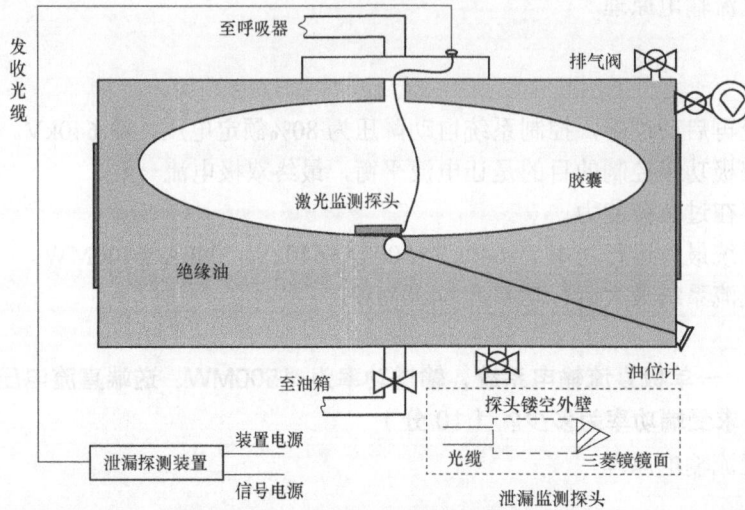

图 Jb0005322033

考核知识点： 变压器

难易度： 中

标准答案：

油枕气囊破裂初期，少量的换流变压器绝缘油进入油枕气囊，绝缘油通过探头镂空外壁进入探头内部。泄漏探测装置持续发出的激光信号在探头内会经过油面折射，激光信号无法通过全反射棱镜镜面发生反射，泄漏探测装置检测不到回馈的激光信号，发出换流变压器油枕气囊破裂报警。

Jb0005322034 以图 Jb0005322034 为例，说明换流站极Ⅰ阀厅直流穿墙套管发生接地故障后直流场断路器、隔离开关的操作顺序和逻辑。（10 分）

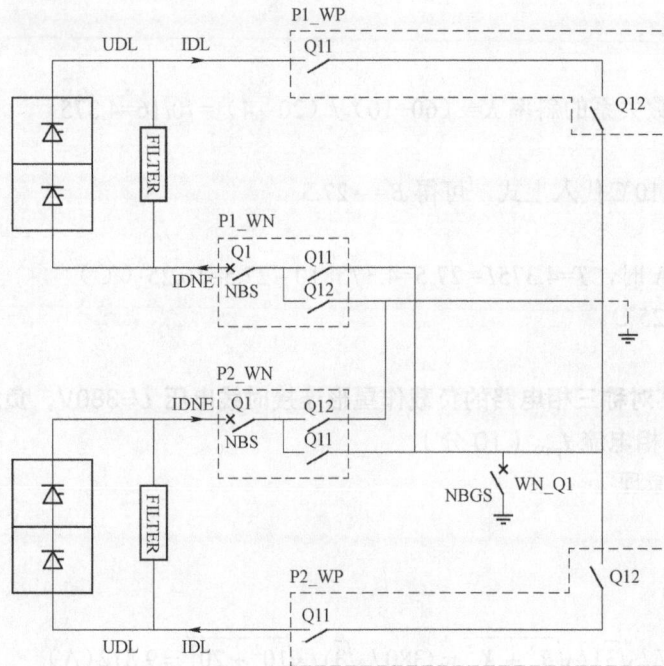

图 Jb0005322034

考核知识点：直流输电原理

难易度：中

标准答案：

（1）正常极隔离时，需拉开极中性母线断路器 NBS（Q1）、中性线隔离开关 P1－WN－Q11、P1－WN－Q12 和极母线隔离开关 P1－WP－Q11。

（2）极隔离过程中，当中性母线断路器保护动作重合 NBS 并锁定，启动 NBSF 逻辑发出合 NBGS 开关指令，当 NBGS 开关合上后，再进行分中性线隔离开关 Q11、Q12 指令。

Jb0005323035　根据图 Jb0005323035 简述泡沫灭火系统的组成和工作原理。（10 分）

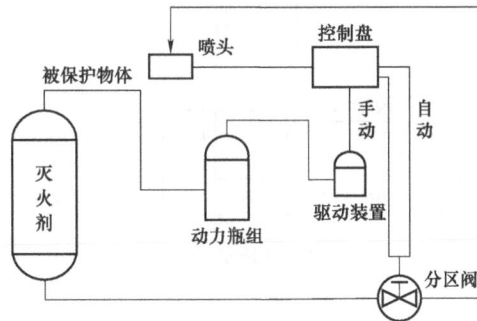

图 Jb0005323035

考核知识点：变压器

难易度：难

标准答案：

（1）泡沫喷雾灭火装置主要由储液罐、合成泡沫灭火剂、分区阀、控制阀、安全阀、驱动装置、动力瓶组、减压阀、单向阀、控制盘、水雾喷头及管网等组成。

（2）装置工作原理：控制盘接收到被保护物火警信号后，打开驱动装置启动动力瓶组，动力瓶组内的高压氮气经减压阀减压后，通过集流管进入储液罐；当储液罐内压力达到一定值后，控制盘打开分区阀，灭火剂在气体推动下，通过灭火剂流通管路，最后从喷头喷向被保护物。

Jb0005323036　根据 Jb0005323036，简述冷却塔的作用和工作原理。（10 分）

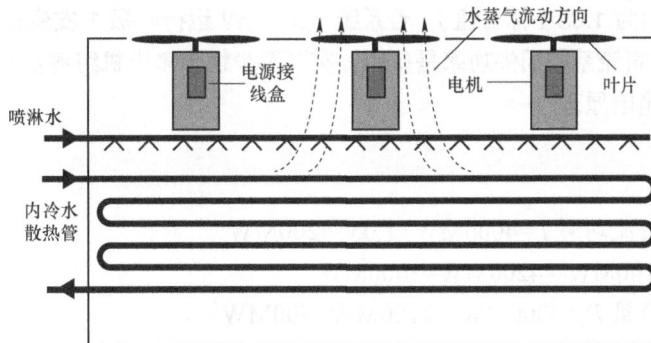

图 Jb0005323036

考核知识点：换流阀冷却

难易度：难

标准答案：

冷却塔的作用是通过喷淋水和风扇来对内冷水散热管进行冷却。冷却塔上部为风扇，中间为喷淋管和喷嘴，下部为内冷水系统散热管。冷却塔的工作原理为：通过喷淋管和喷嘴将水喷洒在散热管上进行冷却，同时通过风扇加快空气对流，提高对内冷水系统散热管的降温效果。

Jb0005322037　请填写图 Jb0005322037 的真值表。（10 分）

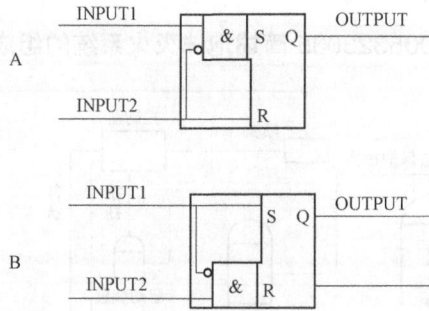

图 Jb0005322037

考核知识点： 直流输电原理

难易度： 中

标准答案：

A 类为 RESET 优先，B 类为 SET 优先。

表 Jb0005322037

INPUT1	INPUT2	OUTPUT（A）	OUTPUT（B）
0	0	—	—
0	1	0	0
1	0	1	1
1	1	0	1

Jb0005322038　已知某 ±800kV 直流输电工程额定输送容量 8000MW，安稳系统动作门槛值为 2100MW，2h 过负荷能力为 1.05（标幺值），若系统 7200MW 运行时极 1 发生极闭锁，极 2 故障时直流电压为 795kV，问故障后直流系统损失功率是多少？需要至少切除多少机组容量？（10 分）

考核知识点： 直流输电原理

难易度： 中

标准答案：

解：（1）故障后的直流功率 P=4000MW×1.05=4200MW

（2）损失功率 ΔP=7200MW − 4200MW=3000MW

（3）最少切除机组容量 P_1=3000MW − 2100MW=900MW

答：故障后直流系统损失功率为 3000MW，需要至少切除 900MW 机组容量。

Jb0005322039　图 Jb0005322039 为换流变阀侧套管末屏电压测量装置电气原理图，说明其原理及具体安装位置。（10 分）

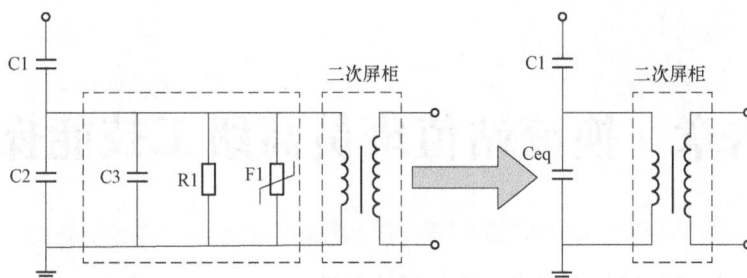

图 Jb0005322039

考核知识点： 电路原理

难易度： 中

标准答案：

（1）换流变压器阀侧套管末屏电压测量装置用来测量换流变压器阀侧相电压，用于换流变压器中性点偏移保护；换流变压器阀侧末屏分压器采用电容分压原理，末屏分压器由电容、电阻和避雷器并列组成。套管自身的电容 C1 和末屏电容 C2 与末屏分压器电容 C3 进行匹配，得到二次控制保护系统所需的保护电压。

（2）阀侧套管末屏电压测量装置，一般安装在换流变阀侧套管法兰处。

Jb0005323040　简述换流变压器冷却器电源切换的工作原理。（10 分）

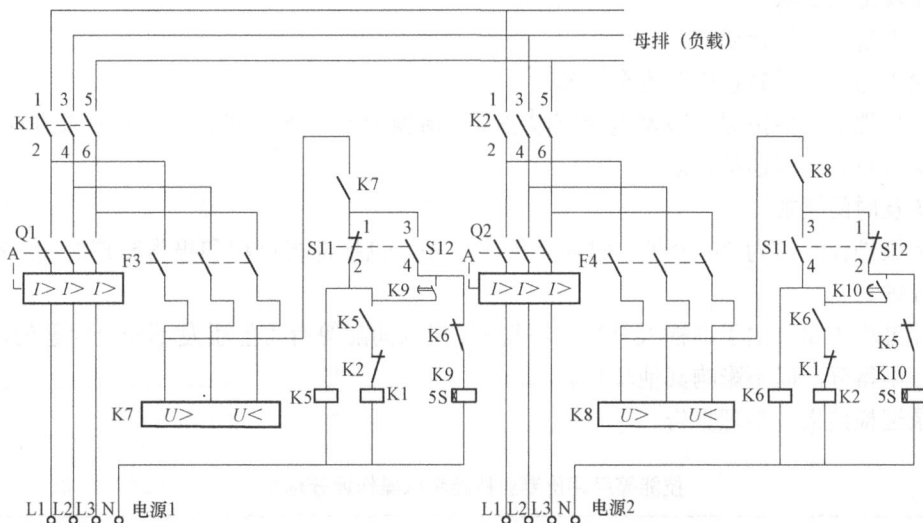

图 Jb0005323040

考核知识点： 电路原理

难易度： 难

标准答案：

当第一路电源失电，进线开关 Q1 脱口，K7 线圈失电导致该条回路上的 K5 线圈也失电。

K5（13，14）节点打开，K1 线圈失电，K1 继电器不吸合。

K5（21，22）常闭节点吸合，K10 线圈得电，K10（15，18）延时 5s 后吸合，K6 线圈得电，K6（13，14）节点闭合。

K1 线圈失电，K1（21，22）节点闭合，K2 线圈得电，K2 继电器吸合，由第二路电源进行供电。

第六章　换流站值班员高级工技能操作

Jc0006341001　换流站设备巡视类（阀外风冷系统巡视）。（100分）
考核知识点： 基本运维工作
难易度： 易

技能等级评价专业技能考核操作工作任务书

一、任务名称
换流站设备巡视类（阀外风冷系统巡视）。

二、适用工种
换流站值班员高级工。

三、具体任务
（1）进行阀外风冷系统巡视工作，并填写巡检记录。
（2）工作任务：阀外风冷系统巡视。

四、工作规范及要求
（1）巡检人着装应符合要求。
（2）巡检工器具的正确使用及安全措施。
（3）工作步骤要严格按照《国家电网有限公司直流换流站运维管理规定》的要求进行。
（4）巡检结束后填写巡检记录。

五、考核及时间要求
（1）本考核操作时间为30分钟，时间到停止考评，包括巡视过程和报告整理时间，报告整理时间不超过5分钟。
（2）考评过程中如果由于巡视人员操作不规范、误入间隔等有可能引发不安全因素的，停止考评，该项考核项目不得分，但不影响其他项目。
（3）记录巡检结果，整理报告。

技能等级评价专业技能考核操作评分标准

工种	换流站值班员			评价等级	高级工
项目模块	基本运维工作		编号		Jc0006341001
单位		准考证号		姓名	
考试时限	30分钟	题型	单项操作	题分	100分
成绩		考评员	考评组长		日期
试题正文	换流站设备巡视类（阀外风冷系统巡视）				
需要说明的问题和要求	（1）要求单人巡视，着装符合安全要求。 （2）正确使用巡视所需工器具，巡视过程中应保证安全。 （3）合理规划巡视路线，巡视完成一个设备/间隔后不允许折返。 （4）巡视结束后，待考评员同意方可离开考场				

续表

序号	项目名称	质量要求	满分	扣分标准	扣分原因	得分
1	安全事项					
1.1	安全措施的准备	着装： （1）穿全棉长袖工作服、绝缘鞋。 （2）正确佩戴安全帽，安全帽系带戴牢。 （3）检查安全帽外观正常。 （4）检查安全帽合格证完整，在检验有效期内。 （5）工作服穿着规范，无裸露、破损，衣扣系牢	5	着装不符合质量要求，每处扣2分，扣完为止		
1.2	巡视工器具选择及检查	工器具选择及检查： （1）携带对讲机，巡检前测试对讲机功能正常。 （2）携带巡检钥匙，检查钥匙外观完整，巡视区域授权正确，钥匙功能正常	10	未按规范携带、使用工器具及仪器仪表，每项扣3分； 未按要求检查工器具及仪器仪表完好，每项扣2分； 以上扣分，扣完为止； 巡检钥匙授权错误，扣10分		
2	阀外风冷系统巡视	巡视要点				
2.1	巡视内容	检查各阀门位置正确	2	缺少1项扣2分，表述不完整的扣1分，扣完为止		
		检查各管道、阀门、法兰及接口处连接紧固、无渗漏、异常振动、异声等异常现象	3	缺少1项扣3分，表述不完整的扣1分，扣完为止		
		检查构架、风机、电动机各处固定螺栓及螺钉是否有松动迹象，有无异常振动，异常声音	2	缺少1项扣2分，表述不完整的扣1分，扣完为止		
		检查风机隔离网、管束上下无杂物	2	缺少1项扣2分，表述不完整的扣1分，扣完为止		
		检查百叶窗或卷帘门开度正确	2	缺少1项扣2分，表述不完整的扣1分，扣完为止		
		检查风机启动、转动正常	3	缺少1项扣3分，表述不完整的扣1分，扣完为止		
		各柜所有开关位置正确，所用风机控制把手在自动位置	2	缺少1项扣2分，表述不完整的扣1分，扣完为止		
		柜内各器件无异常声响，无松动脱落迹象，各模块线路无烧损、放电迹象	2	缺少1项扣2分，表述不完整的扣1分，扣完为止		
		屏柜散热风扇运转正常	2	缺少1项扣2分，表述不完整的扣1分，扣完为止		
3	巡检记录					
3.1	缺陷报告	记录巡检过程中发现的缺陷，记录要翔实，包含设备电压等级、设备双重名称及缺陷准确描述	30	巡检缺陷数量不全，缺少1项扣5分，扣完为止； 巡检缺陷描述不清楚，每项扣3分，扣完为止		
3.2	缺陷定性	对发现的缺陷逐条定性正确	20	定性不正确，每条扣2分，扣完为止		
4	工作结束					
4.1	工作现场清理	清理工作现场： （1）合理规划巡视路线，巡视完成一个设备/间隔后不允许折返。 （2）巡检过程中打开的箱门、柜门及时上锁。 （3）巡检过程中保持地面整洁，不随意丢弃垃圾	10	巡视完成一个设备/间隔后出现折返情况，每次扣2分，扣完为止； 打开的箱门、柜门未及时恢复，每处扣1分，扣完为止； 巡检过程中地面出现异物，每处扣1分，扣完为止		
4.2	巡视工器具归置及检查	巡视工器具归置及检查： （1）归还对讲机，并测试对讲机功能正常。 （2）归还巡检钥匙，并检查钥匙外观完整，功能正常	5	未按规范归还工器具及仪器仪表，每项扣3分，扣完为止； 未按要求检查工器具及仪器仪表完好，每项扣2分，扣完为止		
	合计		100			

Jc0006341002 换流站设备巡视类（阀内水冷系统巡视）。（100分）

考核知识点：基本运维工作

难易度：易

技能等级评价专业技能考核操作工作任务书

一、任务名称

换流站设备巡视类（阀内水冷系统巡视）。

二、适用工种

换流站值班员高级工。

三、具体任务

（1）进行阀内水冷系统巡视工作，并填写巡检记录。

（2）工作任务：阀内水冷系统巡视。

四、工作规范及要求

（1）巡检人着装应符合要求。

（2）巡检工器具的正确使用及安全措施。

（3）工作步骤要严格按照《国家电网有限公司直流换流站运维管理规定》的要求进行。

（4）巡检结束后填写巡检记录。

五、考核及时间要求

（1）本考核操作时间为50分钟，时间到停止考评，包括巡视过程和报告整理时间，报告整理时间不超过5分钟。

（2）考评过程中如果由于巡视人员操作不规范、误入间隔等有可能引发不安全因素的，停止考评，该项考核项目不得分，但不影响其他项目。

（3）记录巡检结果，整理报告。

技能等级评价专业技能考核操作评分标准

工种	换流站值班员				评价等级	高级工
项目模块	基本运维工作			编号		Jc0006341002
单位			准考证号		姓名	
考试时限	50分钟	题型		单项操作	题分	100分
成绩		考评员		考评组长	日期	
试题正文	换流站设备巡视类（阀内水冷系统巡视）					
需要说明的问题和要求	（1）要求单人巡视，着装符合安全要求。 （2）正确使用巡视所需工器具，巡视过程中应保证安全。 （3）合理规划巡视路线，巡视完成一个设备/间隔后不允许折返。 （4）巡视结束后，待考评员同意方可离开考场					

序号	项目名称	质量要求	满分	扣分标准	扣分原因	得分
1	安全事项					
1.1	安全措施的准备	着装： （1）穿全棉长袖工作服、绝缘鞋。 （2）正确佩戴安全帽，安全帽系带戴牢。 （3）检查安全帽外观正常。 （4）检查安全帽合格证完整，在检验有效期内。 （5）工作服穿着规范，无裸露、破损，衣扣系牢	5	着装不符合质量要求，每处扣2分，扣完为止		

续表

序号	项目名称	质量要求	满分	扣分标准	扣分原因	得分
1.2	巡视工器具选择及检查	工器具选择及检查： （1）携带对讲机，巡检前测试对讲机功能正常。 （2）携带巡检钥匙，检查钥匙外观完整，巡视区域授权正确，钥匙功能正常	10	未按规范携带、使用工器具及仪器仪表，每条扣3分； 未按要求检查工器具及仪器仪表完好，每条扣2分； 以上扣完，扣完为止； 巡检钥匙授权错误，扣10分		
2	阀内水冷系统巡视	巡视要点				
2.1	巡视内容	内水冷系统的流量、水温、液位、压力及电导率等运行数据处于正常范围内	2	缺少1项扣2分，表述不完整的扣1分，扣完为止		
		内水冷设备室内温度正常	3	缺少1项扣3分，表述不完整的扣1分，扣完为止		
		主循环泵无异常声响、无焦煳味，无渗漏油、水等情况	2	缺少1项扣2分，表述不完整的扣1分，扣完为止		
		主水回路管道及法兰连接处、仪表及传感器安装处、管道阀门及主水过滤器无渗漏	2	缺少1项扣2分，表述不完整的扣1分，扣完为止		
		主泵压差表指示正常	2	缺少1项扣2分，表述不完整的扣1分，扣完为止		
		内冷动力及控制柜无异常声响，显示屏显示正常，无报警，无焦煳味	3	缺少1项扣3分，表述不完整的扣1分，扣完为止		
		管道阀门位置正确，指示清晰	2	缺少1项扣2分，表述不完整的扣1分，扣完为止		
		控制柜控制电源合上位置正常，控制把手位置正常。控制柜压板投退正确	2	缺少1项扣2分，表述不完整的扣1分，扣完为止		
		柜门密封良好，关闭正常，柜内状态指示正确，与设备实际状态一致	2	缺少1项扣2分，表述不完整的扣1分，扣完为止		
3	巡检记录					
3.1	缺陷报告	记录巡检过程中发现的缺陷，记录要翔实，包含设备电压等级、设备双重名称及缺陷准确描述	30	巡检缺陷数量不全，缺少1项扣5分，扣完为止； 巡检缺陷描述不清楚，每项扣3分，扣完为止		
3.2	缺陷定性	对发现的缺陷逐条定性正确	20	定性不正确，每条扣2分，扣完为止		
4	工作结束					
4.1	工作现场清理	清理工作现场： （1）合理规划巡视路线，巡视完成一个设备/间隔后不允许折返。 （2）巡检过程中打开的箱门、柜门及时上锁。 （3）巡检过程中保持地面整洁，不随意丢弃垃圾	10	巡视完成一个设备/间隔后出现折返情况，每次扣2分，扣完为止； 打开的箱门、柜门未及时恢复，每处扣1分，扣完为止； 巡检过程中地面出现异物，每处扣1分，扣完为止		
4.2	巡视工器具归置及检查	巡视工器具归置及检查： （1）归还对讲机，并测试对讲机功能正常。 （2）归还巡检钥匙，并检查钥匙外观完整，功能正常	5	未按规范归还工器具及仪器仪表，每条扣3分； 未按要求检查工器具及仪器仪表完好，每条扣2分，扣完为止		
	合计		100			

Jc0006342003　阀冷系统自动模式下的冷却风机手动启停（含故障）。（100分）

考核知识点：运维基本操作

难易度：中

技能等级评价专业技能考核操作工作任务书

一、任务名称

阀冷系统自动模式下的冷却风机手动启停（含故障）。

二、适用工种

换流站值班员高级工。

三、具体任务

（1）工作设备状态为阀内冷系统处于自动模式。

（2）工作任务：通过在阀冷系统 PLC 控制面板上操作，对 G07 冷却风机手动启停，若风机无法正常启动，需对回路进行故障排查。

四、工作规范及要求

（1）巡检人着装应符合要求。

（2）巡检工器具的正确使用及安全措施。

（3）工作步骤要严格按照《国家电网有限公司直流换流站运维管理规定》的要求进行。

（4）巡检结束后填写巡检记录。

五、考核及时间要求

本考核操作时间为 60 分钟，时间到停止考评，包括阀冷系统状态确认和报告整理时间。

技能等级评价专业技能考核操作评分标准

工种	换流站值班员				评价等级		高级工
项目模块	运维基本操作				编号		Jc0006342003
单位			准考证号			姓名	
考试时限	60 分钟	题型		单项操作		题分	100 分
成绩		考评员		考评组长		日期	
试题正文	阀冷系统自动模式下的冷却风机手动启停（含故障）						
需要说明的问题和要求	（1）要求单人操作。 （2）操作应注意安全，按照标准化作业书的技术安全说明做好安全措施。 （3）在阀冷系统控制屏上完成操作						

序号	项目名称	质量要求	满分	扣分标准	扣分原因	得分
1	安全措施					
1.1	安全措施的准备	着装： （1）穿全棉长袖工作服、绝缘鞋。 （2）正确佩戴安全帽，安全帽系带戴牢。 （3）检查安全帽外观正常。 （4）检查安全帽合格证完整，在检验有效期内。 （5）工作服穿着规范，无裸露、破损，衣扣系牢	8	着装不符合质量要求，每处扣 2 分，扣完为止		
1.2	现场检查	（1）核对设备双重名称。 （2）确认冷却风机设备现场无人员逗留	12	未核对设备双重名称，扣 5 分； 未确认阀冷设备现场无人员逗留，扣 7 分（可口述）		
2	阀冷系统检查					
2.1	阀冷系统关键点检查	能对阀内冷系统进行关键点检查，确认无异常后方可进行启动，关键点：阀内冷系统是否处于自动状态、阀冷系统冷却风机 G07 安全空气开关是否合上、阀冷系统告警界面有无 G07 风机告警、G07 风机外观是否正常	20	未检查阀内冷系统是否处于自动状态，扣 5 分； 未检查阀冷系统冷却风机 G07 安全空气开关是否合上，扣 5 分； 未检查阀冷系统告警界面有无 G07 风机告警，扣 5 分； 未检查 G07 风机外观是否正常，扣 5 分（可口述）		

续表

序号	项目名称	质量要求	满分	扣分标准	扣分原因	得分
3	G07 风机启停					
3.1	阀冷系统 G07 风机启动	能正确进行阀冷系统 G07 风机启动： （1）单击控制屏"冷却器风机控制"按钮。 （2）在弹出窗口内输入账号、密码。 （3）选定自动模式下的 G07 风机维护按钮。 （4）确定 G07 风机已处于维护状态。 （5）选定维护状态的 G07 风机启动按钮。 （6）检查 G07 风机启动正常	15	未能单击控制屏"冷却器风机控制"按钮，并在弹出窗口输入操作密码，扣 5 分；未能切换到维护状态，扣 5 分；启动成功但未检查 G07 风机启动正常，扣 5 分		
3.2	阀冷系统 G07 风机停止	能正确进行阀冷系统 G07 风机停止： （1）单击维护状态的 G07 风机停止按钮。 （2）确定 G07 风机停止正常。 （3）选定 G07 风机投入按钮。 （4）确定 G07 风机已处于投入状态。 （5）检查阀冷系统运行状态正常，无相关告警。 （6）单击操作密码退出按钮	15	停止成功但未检查 G07 风机停止正常，扣 5 分；（可口述）未能切换回投入状态，扣 5 分；未能单击操作密码退出按钮，扣 5 分		
4	故障排查					
4.1	故障查找	能正确进行故障查找。 参考故障 1：接触器线圈接线虚接。 参考故障 2：G07 风机安全空开未合	10	未查找出故障，每个扣 5 分，扣完为止		
4.2	故障排除	能正确进行故障排除	10	未正确排除故障，每个扣 5 分，扣完为止		
5	填写操作报告					
5.1	操作报告记录	正确填写操作结果。 记录应包括风机启停前后状态、阀冷系统有无异常告警、风机运行过程中有无异常振动及异响、启停过程中遇到的问题现象及处理措施	10	前三项每少填写一项扣 1 分；最后一项描述不正确扣 7 分		
	合计		100			

Jc0006342004　主变压器铁芯、夹件接地电流测试。（100 分）

考核知识点：运维基本操作

难易度：中

技能等级评价专业技能考核操作工作任务书

一、任务名称

主变压器铁芯、夹件接地电流测试。

二、适用工种

换流站值班员高级工。

三、具体任务

（1）工作设备状态：主变压器正常运行状态。

（2）工作任务：主变压器铁芯、夹件接地电流测试。

四、工作规范及要求

（1）巡检人着装应符合要求。

（2）巡检工器具的正确使用及安全措施。

（3）工作步骤要严格按照《国家电网有限公司直流换流站运维管理规定》的要求进行。

（4）巡检结束后填写巡检记录。

五、考核及时间要求

本考核操作时间为 20 分钟，时间到停止考评，包括主变压器状态确认和报告整理时间。

技能等级评价专业技能考核操作评分标准

工种	换流站值班员				评价等级	高级工
项目模块	运维基本操作			编号		Jc0006342004
单位			准考证号		姓名	
考试时限	20 分钟	题型		单项操作	题分	100 分
成绩		考评员		考评组长	日期	
试题正文	主变压器铁芯、夹件接地电流测试					
需要说明的问题和要求	（1）要求单人操作。 （2）操作应注意安全，按照标准化作业书的技术安全说明做好安全措施					

序号	项目名称	质量要求	满分	扣分标准	扣分原因	得分
1	安全措施					
1.1	安全措施的准备	着装： （1）穿全棉长袖工作服、绝缘鞋。 （2）正确佩戴安全帽，安全系带戴牢。 （3）检查安全帽外观正常。 （4）检查安全帽合格证完整，在检验有效期内。 （5）工作服穿着规范，无裸露、破损，衣扣系牢	8	着装不符合质量要求，每处扣 2 分，扣完为止		
1.2	工器具使用	（1）钳形电流表检查。检查钳形电流表电量是否充足，绝缘性能是否良好，外壳应无破损。 （2）确认测量设备双重名称，且主变压器为带电设备	12	未检查钳形电流表电量、绝缘性能、外壳扣 6 分； 未确认设备双重名称扣 6 分（安规规定：使用钳形电流表时，应注意钳形电流表的电流等级。测量时戴绝缘手套，站在绝缘垫上，不得触及其他设备，以防短路或接地。不满足要求酌情扣分）		
2	现场测量					
2.1	本体例行检查	（1）开机，将开机键调至 ON 挡位。 （2）根据需要将量程开关拨至 AC（交流）的合适量程（0～1000mA）。 （3）按紧扳手，使钳口张开，将被测导线放入钳口中，然后松开扳手并使钳口闭合紧密，测量电流。 （4）记录测量数据，仪表挡位、量程复位	60	按照步骤开展，每错一步扣 15 分； 钳口闭合不紧密，扣 10 分； 仪表挡位量程未复位，扣 10 分； 表计未关机归零酌情扣分，扣完为止		
3	填写检查记录					
3.1	检查记录	按格式正确填写检查结果	10	每少填写一项扣 5 分，扣完为止		
4	进行现场恢复					
4.1	现场恢复	恢复现场	10	未进行现场恢复扣 10 分		
	合计		100			

Jc0006342005　阀外水冷系统就地启动。（100 分）

考核知识点：运维基本操作

难易度：中

技能等级评价专业技能考核操作工作任务书

一、任务名称

阀外水冷系统就地启动。

二、适用工种

换流站值班员高级工。

三、具体任务

（1）工作设备状态：阀外水冷系统停运。

（2）工作任务：通过在阀外水冷系统 PLC 控制面板上操作，对阀外水冷系统进行就地启动。

四、工作规范及要求

（1）巡检人着装应符合要求。

（2）巡检工器具的正确使用及安全措施。

（3）工作步骤要严格按照《国家电网有限公司直流换流站运维管理规定》的要求进行。

（4）巡检结束后填写巡检记录。

五、考核及时间要求

本考核操作时间为 20 分钟，时间到停止考评，包括阀外水冷系统状态确认和报告整理时间。

技能等级评价专业技能考核操作评分标准

工种	换流站值班员			评价等级	高级工
项目模块	运维基本操作		编号		Jc0006342005
单位		准考证号		姓名	
考试时限	20 分钟	题型	单项操作	题分	100 分
成绩		考评员	考评组长	日期	
试题正文	阀外水冷系统就地启动				
需要说明的问题和要求	（1）要求单人操作。 （2）操作应注意安全，按照标准化作业书的技术安全说明做好安全措施。 （3）在阀外水冷系统控制屏 AP17 上完成操作。 （4）填写启动报告记录				

序号	项目名称	质量要求	满分	扣分标准	扣分原因	得分
1	安全措施					
1.1	安全措施的准备	着装： （1）穿全棉长袖工作服、绝缘鞋。 （2）正确佩戴安全帽，安全帽系带戴牢。 （3）检查安全帽外观正常。 （4）检查安全帽合格证完整，在检验有效期内。 （5）工作服穿着规范，无裸露、破损，衣扣系牢	8	着装不符合质量要求，每处扣 2 分，扣完为止		
1.2	现场检查	（1）核对设备双重名称。 （2）确认阀冷设备现场无人员逗留	12	未核对设备双重名称扣 5 分； 未确认阀冷设备现场无人员逗留扣 7 分（可口述）		
2	阀冷系统检查					

续表

序号	项目名称	质量要求	满分	扣分标准	扣分原因	得分
2.1	阀外水冷系统关键点检查	能对阀外水冷系统进行启动前关键点检查，确认无异常后方可进行启动。 关键点：阀外水冷系统设备管道阀门状态、阀外水冷系统控制屏界面告警、各类水泵电机状态、工业水系统压力	20	未检查阀外水冷系统设备管道阀门状态，扣5分； 未检查阀外水冷系统控制屏界面告警，扣5分； 未检查阀外水冷系统各类水泵电机状态，扣5分； 未检查工业水系统压力扣5分（可口述）		2.1
3	阀冷系统启动					
3.1	阀外水冷系统就地启动	能正确进行阀外水冷系统就地启动： （1）单击控制屏"阀外水冷系统启动"按钮。 （2）在弹出窗口内输入账号、密码。 （3）弹出运行确定提示框后单击"确定"。 （4）检查阀外水冷系统启动正常。 （5）单击操作密码退出按钮。 （6）启动后检查平衡水池液位、补充水电导率、自循环水泵状态、加药泵状态、反渗透高压泵状态、反渗透装置压力	30	未能单击控制屏"阀外水冷系统启动"按钮，并在弹出窗口输入操作密码，扣10分； 启动成功但未检查阀冷系统启动正常，扣10分；（可口述） 未能单击操作密码退出按钮，扣10分； 未能启动，扣30分		
4	填写启动报告					
4.1	填写阀外水冷系统就地启动报告	正确填写操作结果。 记录应包括阀外水冷启停前后状态、阀外水冷系统有无异常告警、运行过程中有无异常振动及异响、启停过程中遇到的问题现象及处理措施。 报告需填写启动后检查平衡水池液位、补充水电导率、自循环水泵状态、加药泵状态、反渗透高压泵状态及反渗透装置压力	30	第一部分记录每少写一处扣4分，共计16分，扣完为止； 第二部分未填写启动后检查项目，每少写一处扣3分，共计扣14分，扣完为止		
	合计		100			

Jc0006342006　换流站设备验收类（阀内水冷系统例行检修后验收）。（100分）

考核知识点：基本运维工作

难易度：中

技能等级评价专业技能考核操作工作任务书

一、任务名称

换流站设备验收类（阀内水冷系统例行检修后验收）。

二、适用工种

换流站值班员高级工。

三、具体任务

（1）进行阀内水冷系统例行检修后验收工作，并出具验收报告。

（2）工作任务：阀内水冷系统例行检修后验收。

四、工作规范及要求

（1）操作人着装应符合要求。

（2）工器具、仪器仪表的正确使用及安全措施。

（3）工作步骤要严格按照《国家电网有限公司直流换流站验收管理规定》的要求进行。

（4）出具验收报告。

五、考核及时间要求

（1）本考核操作时间为 30 分钟，时间到停止考评，包括验收过程和报告整理时间，报告整理时间不超过 5 分钟。

（2）考评过程中如果由于验收人员操作不规范、误入间隔等有可能引发不安全因素的，停止考评，该项考核项目不得分，但不影响其他项目。

（3）记录验收结果，整理报告。

技能等级评价专业技能考核操作评分标准

工种	换流站值班员			评价等级	高级工
项目模块	基本运维工作		编号		Jc0006342006
单位		准考证号		姓名	
考试时限	30 分钟	题型	单项操作	题分	100 分
成绩		考评员	考评组长		日期

试题正文	换流站设备验收类（阀内水冷系统例行检修后验收）
需要说明的问题和要求	（1）要求单人操作，考评员监护。 （2）着装应符合安全要求。 （3）正确使用仪器仪表，验收过程中应保证安全。 （4）操作结束后，待考评员同意后方可离开考场

序号	项目名称	质量要求	满分	扣分标准	扣分原因	得分
1	安全事项					
1.1	安全措施的准备	着装： （1）穿全棉长袖工作服、绝缘鞋。 （2）正确佩戴安全帽，安全帽系带戴牢。 （3）检查安全帽外观正常。 （4）检查安全帽合格证完整，在检验有效期内。 （5）工作服穿着规范，无裸露、破损，衣扣系牢	5	着装不符合质量要求，每处扣 2 分，扣完为止		
1.2	仪器仪表、材料、工器具	正确检查和使用各种工器具及仪器、仪表	5	使用不正确扣 5 分		
2	阀内水冷系统例行检修后验收					
2.1	验收内容	主循环泵震动在正常范围	5	验收记录不完善，扣 2 分； 未验收到该项内容，扣 5 分		
		主循环泵机械密封无渗漏	5	验收记录不完善，扣 2 分； 未验收到该项内容，扣 5 分		
		补水泵、原水泵连接部位及轴封处检查无渗漏	5	验收记录不完善，扣 2 分； 未验收到该项内容，扣 5 分		
		补水泵、原水泵启动检查声音正常平稳，可正常补水	5	验收记录不完善，扣 2 分； 未验收到该项内容，扣 5 分		
		主回路过滤器清洁、无杂物	5	验收记录不完善，扣 2 分； 未验收到该项内容，扣 5 分		
		水处理回路过滤器清洁、无杂物	5	验收记录不完善，扣 2 分； 未验收到该项内容，扣 5 分		

续表

序号	项目名称	质量要求	满分	扣分标准	扣分原因	得分
2.1	验收内容	离子交换器树脂清洁、无杂物，满足运行要求	5	验收记录不完善，扣2分；未验收到该项内容，扣5分		
		氮气瓶压力正常	5	验收记录不完善，扣2分；未验收到该项内容，扣5分		
		膨胀罐水位正常	5	验收记录不完善，扣2分；未验收到该项内容，扣5分		
		信号检测和指示装置功能检查均正常	5	验收记录不完善，扣2分；未验收到该项内容，扣5分		
3	验收报告					
3.1	验收记录	记录验收过程中发现的缺陷，记录要翔实	15	记录不全或未记录被验收设备双重名称、验收人员姓名、验收日期、环境温度，每条扣1分，扣完为止；未记录验收设备运行状况或负荷，每条扣2分，扣完为止		
3.2	缺陷定性	对发现的缺陷逐条定性正确	20	定性不正确，每条扣5分，扣完为止		
4	工作结束					
4.1	工作现场清理	清理工作现场，整理工器具	5	不符合要求扣5分		
	合计		100			

Jc0006342007　换流站设备验收类（阀外风冷系统例行检修后验收）。（100分）

考核知识点：基本运维工作

难易度：中

技能等级评价专业技能考核操作工作任务书

一、任务名称

换流站设备验收类（阀外风冷系统例行检修后验收）。

二、适用工种

换流站值班员高级工。

三、具体任务

（1）进行阀外风冷系统例行检修后验收工作，并出具验收报告。

（2）工作任务：阀外风冷系统例行检修后验收。

四、工作规范及要求

（1）操作人着装应符合要求。

（2）工器具、仪器仪表的正确使用及安全措施。

（3）工作步骤要严格按照《国家电网有限公司直流换流站验收管理规定》的要求进行。

（4）出具验收报告。

五、考核及时间要求

（1）本考核操作时间为30分钟，时间到停止考评，包括验收过程和报告整理时间，报告整理时间不超过5分钟。

（2）考评过程中如果由于验收人员操作不规范、误入间隔等有可能引发不安全因素的，停止考评，该项考核项目不得分，但不影响其他项目。

（3）记录验收结果，整理报告。

技能等级评价专业技能考核操作评分标准

工种		换流站值班员			评价等级		高级工	
项目模块		基本运维工作		编号		Jc0006342007		
单位			准考证号			姓名		
考试时限	30分钟		题型	单项操作		题分		100分
成绩		考评员		考评组长			日期	
试题正文		换流站设备验收类（阀外风冷系统例行检修后验收）						
需要说明的问题和要求		（1）要求单人操作，考评员监护。 （2）着装应符合安全要求。 （3）正确使用仪器仪表，验收过程中应保证安全。 （4）操作结束后，待考评员同意后方可离开考场						

序号	项目名称	质量要求	满分	扣分标准	扣分原因	得分
1	安全事项					
1.1	安全措施的准备	着装： （1）穿全棉长袖工作服、绝缘鞋。 （2）正确佩戴安全帽，安全帽系带戴牢。 （3）检查安全帽外观正常。 （4）检查安全帽合格证完整，在检验有效期内。 （5）工作服穿着规范，无裸露、破损，衣扣系牢	5	着装不符合质量要求，每处扣2分，扣完为止		
1.2	仪器仪表、材料、工器具	正确检查和使用各种工器具及仪器、仪表	5	使用不正确扣5分		
2	阀外风冷系统例行检修后验收					
2.1	验收内容	阀空气冷却器构架螺栓及螺母无锈蚀现象	5	验收记录不完善，扣2分； 未验收到该项内容，扣5分		
		风机叶片平衡度、角度符合相关规定或厂家技术要求，无变形现象	5	验收记录不完善，扣2分； 未验收到该项内容，扣5分		
		风机叶片干净，无尘土聚集现象	5	验收记录不完善，扣2分； 未验收到该项内容，扣5分		
		风机皮带无裂纹，转动无异常声音，皮带与轴承高度基本一致	5	验收记录不完善，扣2分； 未验收到该项内容，扣5分		
		风机轴承外观无倾斜、无生锈、无裂纹，润滑良好	5	验收记录不完善，扣2分； 未验收到该项内容，扣5分		
		电机运转良好，无异常震动声音	5	验收记录不完善，扣2分； 未验收到该项内容，扣5分		
		阀门无渗水、无生锈现象	5	验收记录不完善，扣2分； 未验收到该项内容，扣5分		
		管道外表面无锈蚀现象，管道支架固定良好	5	验收记录不完善，扣2分； 未验收到该项内容，扣5分		
		管道法兰接口螺栓紧固	5	验收记录不完善，扣2分； 未验收到该项内容，扣5分		
		法兰垫片无渗水现象，投运后每次年度检修对其进行更换	5	验收记录不完善，扣2分； 未验收到该项内容，扣5分		
3	验收报告					
3.1	验收记录	记录验收过程中发现的缺陷，记录要翔实	15	记录不全或未记录被验收设备双重名称、验收人员姓名、验收日期、环境温度，每条扣1分，扣完为止； 未记录验收设备运行状况或负荷，每条扣2分，扣完为止		

序号	项目名称	质量要求	满分	扣分标准	扣分原因	得分
3.2	缺陷定性	对发现的缺陷逐条定性正确	20	定性不正确，每条扣5分，扣完为止		
4	工作结束					
4.1	工作现场清理	清理工作现场，整理工器具	5	不符合要求扣5分		
	合计		100			

Jc0006342008 换流站设备验收类（断路器保护例行检修后验收）。（100分）

考核知识点： 基本运维工作

难易度： 中

技能等级评价专业技能考核操作工作任务书

一、任务名称

换流站设备验收类（断路器保护例行检修后验收）。

二、适用工种

换流站值班员高级工。

三、具体任务

（1）进行断路器保护例行检修后验收工作，并出具验收报告。

（2）工作任务：断路器保护例行检修后验收。

四、工作规范及要求

（1）操作人着装应符合要求。

（2）工器具、仪器仪表的正确使用及安全措施。

（3）工作步骤要严格按照《国家电网有限公司直流换流站验收管理规定》的要求进行。

（4）出具验收报告。

五、考核及时间要求

（1）本考核操作时间为30分钟，时间到停止考评，包括验收过程和报告整理时间，报告整理时间不超过5分钟。

（2）考评过程中如果由于验收人员操作不规范、误入间隔等有可能引发不安全因素的，停止考评，该项考核项目不得分，但不影响其他项目。

（3）记录验收结果，整理报告。

技能等级评价专业技能考核操作评分标准

工种	换流站值班员			评价等级	高级工
项目模块	基本运维工作		编号		Jc0006342008
单位		准考证号		姓名	
考试时限	30分钟	题型	单项操作	题分	100分
成绩		考评员	考评组长	日期	
试题正文	换流站设备验收类（断路器保护例行检修后验收）				
需要说明的问题和要求	（1）要求单人操作，考评员监护。 （2）着装应符合安全要求。 （3）正确使用仪器仪表，验收过程中应保证安全。 （4）操作结束后，待考评员同意后方可离开考场				

续表

序号	项目名称	质量要求	满分	扣分标准	扣分原因	得分
1	安全事项					
1.1	安全措施的准备	着装： （1）穿全棉长袖工作服、绝缘鞋。 （2）正确佩戴安全帽，安全帽系带戴牢。 （3）检查安全帽外观正常。 （4）检查安全帽合格证完整，在检验有效期内。 （5）工作服穿着规范，无裸露、破损，衣扣系牢	5	着装不符合质量要求，每处扣2分，扣完为止		
1.2	仪器仪表、材料、工器具	正确检查和使用各种工器具及仪器、仪表	5	使用不正确扣5分		
2	断路器保护例行检修后验收					
2.1	验收内容	屏柜内端子及接线检查，接线整齐美观，端子压接紧固可靠，线端标号和电缆标牌完整清晰	5	验收记录不完善，扣2分；未验收到该项内容，扣5分		
		屏柜内标识检查，核对保护屏配置的端子号、回路标注等完整清晰，把手按钮及元器件标识齐全且正确	5	验收记录不完善，扣2分；未验收到该项内容，扣5分		
		转换开关、按钮及指示灯检查，转换开关按钮转换按压灵活，无卡滞现象，指示灯指示正确	5	验收记录不完善，扣2分；未验收到该项内容，扣5分		
		保护装置的各部件固定良好，无松动现象，装置外形完好，无明显损坏及变形现象	5	验收记录不完善，扣2分；未验收到该项内容，扣5分		
		屏内外清洁、无杂物，防火封堵完好，内部无凝水	5	验收记录不完善，扣2分；未验收到该项内容，扣5分		
		装置版本和校验码核对，应与定值单或原有记录保持一致	5	验收记录不完善，扣2分；未验收到该项内容，扣5分		
		定值核对、定值区切换检查，能正确输入和修改定值，定值区切换正常	5	验收记录不完善，扣2分；未验收到该项内容，扣5分		
		装置键盘面板操作检查，操作键应灵活、无卡涩情况	5	验收记录不完善，扣2分；未验收到该项内容，扣5分		
		装置断电重启检查，系统程序能正常启动，检查各板卡均运行正常，现场总线通信正常，系统无异常告警，屏柜告警灯不亮	5	验收记录不完善，扣2分；未验收到该项内容，扣5分		
		端子箱、汇控柜内二次回路检查，端子紧固，各部触点及端子板应完好、无缺损	5	验收记录不完善，扣2分；未验收到该项内容，扣5分		
3	验收报告					
3.1	验收记录	记录验收过程中发现的缺陷，记录要翔实	15	记录不全或未记录被验收设备双重名称、验收人员姓名、验收日期、环境温度，每条扣1分，扣完为止；未记录验收设备运行状况或负荷，每条扣2分，扣完为止		
3.2	缺陷定性	对发现的缺陷逐条定性正确	20	定性不正确，每条扣5分，扣完为止		
4	工作结束					
4.1	工作现场清理	清理工作现场，整理工器具	5	不符合要求扣5分		
	合计		100			

Jc0006341009 直流滤波器电容器精确红外测温。（100分）

考核知识点： 运维技能

难易度： 易

技能等级评价专业技能考核操作工作任务书

一、任务名称

直流滤波器电容器精确红外测温。

二、适用工种

换流站值班员高级工。

三、具体任务

（1）进行直流滤波器电容器精确红外测温工作，并出具检测报告。

（2）工作任务：直流滤波器电容器精确红外测温。

四、工作规范及要求

（1）操作人着装应符合要求。

（2）红外测温仪器的正确使用及安全措施。

（3）工作步骤要严格按照 DL/T 664—2016《带电设备红外诊断应用规范》的要求进行。

（4）操作结束后填写检测报告。

五、考核及时间要求

（1）本考核操作时间为 20 分钟，时间到停止考评，包括测试过程和报告整理时间，报告整理时间不超过 5 分钟。

（2）考评过程中如果由于测试人员操作不规范，有可能引发不安全因素的，停止考评，该项考核项目不得分，但不影响其他项目。

（3）记录测试结果，整理报告。

技能等级评价专业技能考核操作评分标准

工种	换流站值班员			评价等级	高级工
项目模块	运维技能		编号		Jc0006341009
单位		准考证号		姓名	
考试时限	20分钟	题型	单项操作	题分	100分
成绩		考评员	考评组长		日期
试题正文	直流滤波器电容器精确红外测温				
需要说明的问题和要求	（1）要求单人操作，考评员监护。 （2）着装应符合安全要求。 （3）正确使用仪器仪表，测试过程中应保证安全。 （4）操作结束后，待考评员同意后方可离开考场				

序号	项目名称	质量要求	满分	扣分标准	扣分原因	得分
1	安全事项					
1.1	安全措施的准备	着装： （1）穿全棉长袖工作服、绝缘鞋。 （2）正确佩戴安全帽，安全帽系带戴牢。 （3）检查安全帽外观正常。 （4）检查安全帽合格证完整，在检验有效期内。 （5）工作服穿着规范，无裸露、破损，衣扣系牢	5	着装不符合质量要求，每处扣2分，扣完为止		
1.2	工器具选择及检查	工器具选择及检查： （1）携带红外测温仪，测试功能正常。 （2）携带对讲机，操作前测试对讲机功能正常	5	未按规范携带、使用工器具及仪器仪表，每条扣3分； 未按要求检查工器具及仪器仪表完好，每条扣2分		

续表

序号	项目名称	质量要求	满分	扣分标准	扣分原因	得分
2	直流滤波器电容器精确红外测温					
2.1	仪器设定	测量环境温湿度，并对仪器进行设置	5	未进行设置扣5分		
		检查仪器辐射率设置（可设置0.9）	4	未检查设置扣4分，低于0.8扣2分，高于0.96扣2分		
		设置仪器补偿参数目标距离	6	设置不当扣6分		
		交流滤波器电容器检测应包括本体、连接金具	30	每漏检一处扣10分，扣完为止		
		至少从两个角度进行检测	20	每个设备仅从一个角度检测扣10分，扣完为止		
3	试验报告					
3.1	数据记录	数据翔实	5	记录不全或未记录被测设备名称、仪器型号、检测单位、试验日期、环境温湿度扣1分；未记录负荷电流扣2分；未记录运行电压扣2分		
3.2	图谱采集	图谱清晰，图片应能体现交流滤波器电容器本体	10	每缺少1个部位，扣4分；红外图像对焦不准确、不清晰，每张扣4分；红外图像画面布置不合理，扣2分；红外图像中色标温度范围设置合适，直流滤波器电容器温宽超过±4K，每张扣2分；被拍摄设备过亮或过暗，每张扣2分；以上扣分，扣完为止		
3.3	分析结果	正确计算温升	5	结论不正确扣5分		
4	工作结束					
4.1	工器具归置及检查	工器具归置及检查：（1）归还红外测温仪，并检查外观正常。（2）归还对讲机，并测试对讲机功能正常	5	未按规范归还工器具及仪器仪表，每条扣3分，扣完为止；未按要求检查工器具及仪器仪表完好，每条扣2分，扣完为止		
	合计		100			

附件 红外测温报告模板

一、基本信息

设备名称		相别	
设备类别		位置备注	
辐射系数		测试距离	
环境湿度		风速	
环境温度 T_0		热点温度	
负荷电流		运行电压	

二、检测分析

名称	图谱
异常情况红外	
异常情况可见光	
正常相红外	

三、诊断分析和缺陷性质

	测温结果	
红外诊断分析	故障相区域最高温 T_1	
	正常相区域最高温 T_2	
相对温差 $\delta = (T_1 - T_2) / (T_1 - T_0) \times 100\%$		
报告日期	报告人	

Jc0006362010　特高压换流站由非主控站转主控站。（100 分）

考核知识点：倒闸操作

难易度：中

技能等级评价专业技能考核操作工作任务书

一、任务名称

特高压换流站由非主控站转主控站。

二、适用工种

换流站值班员高级工。

三、具体任务

视为五防电脑钥匙已模拟上传完成，按照特高压换流站由非主控站转主控站填写倒闸操作票，并进行操作。

四、工作规范及要求

（1）现场操作票所涉及的设备，均以现场实际设备的双重名称和结构型式为准。

（2）倒闸操作票填写只考虑一次设备状态，不考虑保护等二次连接片的投退。

（3）倒闸操作考试在仿真平台上进行，不设置监护人，按照单人后台操作进行考试。

五、考核及时间要求

（1）本考核操作时间为 40 分钟，时间到停止考评，包括测试过程和报告整理时间，报告整理时间不超过 5 分钟。

（2）考评过程中如果由于测试人员操作不规范，有可能引发不安全因素的，停止考评，该项考核项目不得分，但不影响其他项目。

（3）记录测试结果，整理报告。

技能等级评价专业技能考核操作评分标准

工种	换流站值班员				评价等级	高级工
项目模块	倒闸操作			编号		Jc0006362010
单位			准考证号		姓名	
考试时限	40 分钟	题型		单项操作	题分	100 分
成绩		考评员		考评组长	日期	
试题正文	特高压换流站由非主控站转主控站					
需要说明的问题和要求	（1）要求单人独立操作，在仿真平台上操作，不设置监护人。 （2）倒闸操作票填写只考虑一次设备状态，不考虑保护等二次连接片的投退					

续表

序号	项目名称	质量要求	满分	扣分标准	扣分原因	得分
1	操作					
1.1	操作准备	根据操作任务，分析操作顺序，并正确填写操作票	55	未进行模拟预演，扣5分； 未正确填写操作票发令人、受令人、下令时间、开始时间等项目，未盖"以下空白"章，扣2~5分； 操作票填写中，漏项、错项，每项扣3分，累计最高扣15分； 顺控操作中，未按照正确顺序填写，与程序逻辑不符，扣10分； 设备检修后合闸送电前，未检查送电范围内接地开关（装置）已拉开，接地线已拆除，扣10分； 在进行倒负荷或解、并列操作前后，未检查相关电源运行及负荷分配情况，扣5分； 拉合设备［断路器（开关）、隔离开关、接地开关（装置）等］后，未检查设备的位置，扣2分； 在拉合隔离开关、手车式开关柜拉出、推入前，未检查断路器（开关）确在分闸位置，扣3分		
1.2	倒闸操作	操作票执行	40	恶性误操作［误分、误合断路器；带负荷拉、合隔离开关或手车触头；带电挂（合）接地线（接地开关）；带接地线（接地开关）合断路器（隔离开关）］，扣40分； 误操作，但未影响其他运行设备（未区分中断路器、边断路器顺序，未区分负荷侧隔离开关、电源侧隔离开关顺序等），扣20分； 未正确执行操作票中内容，操作错误，扣10分； 操作过程中未按操作票顺序逐项操作，漏项、跳项，扣10分		
1.3	操作结束	操作结束后，归档	5	操作票执行完毕后，未正确填写操作结束时间，扣3分； 操作票执行完毕后，未在对应位置加盖"已执行"章，扣2分		
	合计		100			

Jc0006362011 常规换流站由系统主站切换至系统从站。（100分）

考核知识点：倒闸操作

难易度：中

技能等级评价专业技能考核操作工作任务书

一、任务名称

常规换流站由系统主站切换至系统从站。

二、适用工种

换流站值班员高级工。

三、具体任务

视为五防电脑钥匙已模拟上传完成，请按照常规换流站由系统主站切换至系统从站填写倒闸操作票，并进行操作。

四、工作规范及要求

（1）现场操作票所涉及的设备，均以现场实际设备的双重名称和结构型式为准。

（2）倒闸操作票填写只考虑一次设备状态，不考虑保护等二次连接片的投退。

（3）倒闸操作考试在仿真平台上进行，不设置监护人，按照单人后台操作进行考试。

五、考核及时间要求

（1）本考核操作时间为 40 分钟，时间到停止考评，包括测试过程和报告整理时间，报告整理时间不超过 5 分钟。

（2）考评过程中如果由于测试人员操作不规范，有可能引发不安全因素的，停止考评，该项考核项目不得分，但不影响其他项目。

（3）记录测试结果，整理报告。

技能等级评价专业技能考核操作评分标准

工种	换流站值班员			评价等级	高级工
项目模块	倒闸操作		编号		Jc0006362011
单位		准考证号		姓名	
考试时限	40 分钟	题型	单项操作	题分	100 分
成绩		考评员	考评组长	日期	
试题正文	常规换流站由系统主站切换至系统从站				
需要说明的问题和要求	（1）要求单人独立操作，在仿真平台上操作，不设置监护人。 （2）倒闸操作票填写只考虑一次设备状态，不考虑保护等二次连接片的投退				

序号	项目名称	质量要求	满分	扣分标准	扣分原因	得分
1	操作					
1.1	操作准备	根据操作任务，分析操作顺序，并正确填写操作票	55	未进行模拟预演，扣 5 分； 未正确填写操作票发令人、受令人、下令时间、开始时间等项目，未盖"以下空白"章，扣 2~5 分； 操作票填写中，漏项、错项，每项扣 3 分，累计最高扣 15 分； 顺控操作中，未按照正确顺序填写，与程序逻辑不符，扣 10 分； 设备检修后合闸送电前，未检查送电范围内接地开关（装置）已拉开，接地线已拆除，扣 10 分； 在进行倒负荷或解、并列操作前后，未检查相关电源运行及负荷分配情况，扣 5 分； 拉合设备 [断路器（开关）、隔离开关、接地开关（装置）等] 后，未检查设备的位置，扣 2 分； 在拉合隔离开关、手车式开关拉出、推入前，未检查断路器（开关）确在分闸位置，扣 3 分		
1.2	倒闸操作	操作票执行	40	恶性误操作 [误分、误合断路器；带负荷拉、合隔离开关或手车触头；带电挂（合）接地线（接地开关）；带接地线（接地开关）合断路器（隔离开关）]，扣 40 分； 误操作，但未影响其他运行设备（未区分中断路器、边断路器顺序，未区分负荷侧隔离开关、电源侧隔离开关顺序等），扣 20 分； 未正确执行操作票中内容，操作错误，扣 10 分； 操作过程中未按操作票顺序逐项操作，漏项、跳项，扣 10 分		
1.3	操作结束	操作结束后，归档	5	操作票执行完毕后，未正确填写操作结束时间，扣 3 分； 操作票执行完毕后，未在对应位置加盖"已执行"章，扣 2 分		
	合计		100			

Jc0006341012 换流站设备巡视类（站用直流电源系统巡视）。（100分）

考核知识点：基本运维工作

难易度：易

技能等级评价专业技能考核操作工作任务书

一、任务名称

换流站设备巡视类（站用直流电源系统巡视）。

二、适用工种

换流站值班员高级工。

三、具体任务

（1）进行站用直流电源系统巡视工作，并填写巡检记录。

（2）工作任务：站用直流电源系统巡视。

四、工作规范及要求

（1）巡检人着装应符合要求。

（2）巡检工器具的正确使用及安全措施。

（3）工作步骤要严格按照《国家电网有限公司直流换流站运维管理规定》的要求进行。

（4）巡检结束后填写巡检记录。

五、考核及时间要求

（1）本考核操作时间为50分钟，时间到停止考评，包括巡视过程和报告整理时间，报告整理时间不超过5分钟。

（2）考评过程中如果由于巡视人员操作不规范、误入间隔等有可能引发不安全因素的，停止考评，该项考核项目不得分，但不影响其他项目。

（3）记录巡检结果，整理报告。

技能等级评价专业技能考核操作评分标准

工种	换流站值班员				评价等级	高级工
项目模块	基本运维工作			编号		Jc0006341012
单位			准考证号		姓名	
考试时限	50分钟		题型	单项操作	题分	100分
成绩		考评员		考评组长		日期	
试题正文	换流站设备巡视类（站用直流电源系统巡视）					
需要说明的问题和要求	（1）要求单人巡视，着装符合安全要求。 （2）正确使用巡视所需工器具，巡视过程中应保证安全。 （3）合理规划巡视路线，巡视完成一个设备/间隔后不允许折返。 （4）巡视结束后，待考评员同意方可离开考场					

序号	项目名称	质量要求	满分	扣分标准	扣分原因	得分
1	安全事项					
1.1	相关安全措施的准备	着装： （1）穿全棉长袖工作服、绝缘鞋。 （2）正确佩戴安全帽，安全帽系带戴牢。 （3）检查安全帽外观正常。 （4）检查安全帽合格证完整，在检验有效期内。 （5）工作服穿着规范，无裸露、破损，衣扣系牢	5	着装不符合质量要求，每处扣2分，扣完为止		

续表

序号	项目名称	质量要求	满分	扣分标准	扣分原因	得分
1.2	巡视工器具选择及检查	工器具选择及检查： （1）携带对讲机，巡检前测试对讲机功能正常。 （2）携带巡检钥匙，检查钥匙外观完整，巡视区域授权正确，钥匙功能正常	10	未按规范携带、使用工器具及仪器仪表，每条扣3分； 未按要求检查工器具及仪器仪表完好，每条扣2分； 以上扣分，扣完为止； 巡检钥匙授权错误，扣10分		
2	站用直流电源系统巡视	巡视要点				
2.1	巡视内容	蓄电池组外观清洁，无短路、接地	2	缺少1项扣2分，表述不完整的扣1分，扣完为止		
		蓄电池组总熔断器运行正常	3	缺少1项扣3分，表述不完整的扣1分，扣完为止		
		蓄电池外壳无裂纹、无鼓肚、无漏液，各连片连接可靠无松动，构架、护管接地良好	2	缺少1项扣2分，表述不完整的扣1分，扣完为止		
		蓄电池编号完整、电压在合格范围内	2	缺少1项扣2分，表述不完整的扣1分，扣完为止		
		各引线接头无松动及异常声音	2	缺少1项扣2分，表述不完整的扣1分，扣完为止		
		电池巡检采集单元运行正常	3	缺少1项扣3分，表述不完整的扣1分，扣完为止		
		蓄电池室通风、照明及消防设备完好，温度符合要求，无易燃、易爆物品	2	缺少1项扣2分，表述不完整的扣1分，扣完为止		
		蓄电池室门窗严密，房屋无渗、漏水	2	缺少1项扣2分，表述不完整的扣1分，扣完为止		
		极柱无松动、腐蚀现象，蓄电池支架接地完好	2	缺少1项扣2分，表述不完整的扣1分，扣完为止		
3	巡检记录					
3.1	缺陷报告	记录巡检过程中发现的缺陷，记录要翔实，包含设备电压等级、设备双重名称及缺陷准确描述	30	巡检缺陷数量不全，缺少1项扣5分，扣完为止； 巡检缺陷描述不清楚，每项扣3分，扣完为止		
3.2	缺陷定性	对发现的缺陷逐条定性正确	20	定性不正确，每条扣2分，扣完为止		
4	工作结束					
4.1	工作现场清理	清理工作现场： （1）合理规划巡视路线，巡视完成一个设备/间隔后不允许折返。 （2）巡检过程中打开的箱门、柜门及时上锁。 （3）巡检过程中保持地面整洁，不随意丢弃垃圾	10	巡视完成一个设备/间隔后出现折返情况，每次扣2分，扣完为止； 打开的箱门、柜门未及时恢复，每处扣1分，扣完为止； 巡检过程中地面出现异物，每处扣1分，扣完为止		
4.2	巡视工器具归置及检查	巡视工器具归置及检查： （1）归还对讲机，并测试对讲机功能正常。 （2）归还巡检钥匙，并检查钥匙外观完整，功能正常	5	未按规范归还工器具及仪器仪表，每条扣3分，扣完为止； 未按要求检查工器具及仪器仪表完好，每条扣2分，扣完为止		
	合计		100			

Jc0006341013　换流站设备巡视类（接地极巡视）。（100分）

考核知识点： 基本运维工作

难易度： 易

技能等级评价专业技能考核操作工作任务书

一、任务名称

换流站设备巡视类（接地极巡视）。

二、适用工种

换流站值班员高级工。

三、具体任务

（1）进行接地极巡视工作，并填写巡检记录。

（2）工作任务：接地极巡视。

四、工作规范及要求

（1）巡检人着装应符合要求。

（2）巡检工器具的正确使用及安全措施。

（3）工作步骤要严格按照《国家电网有限公司直流换流站运维管理规定》的要求进行。

（4）巡检结束后填写巡检记录。

五、考核及时间要求

（1）本考核操作时间为 60 分钟，时间到停止考评，包括巡视过程和报告整理时间，报告整理时间不超过 5 分钟。

（2）考评过程中如果由于巡视人员操作不规范、误入间隔等有可能引发不安全因素的，停止考评，该项考核项目不得分，但不影响其他项目。

（3）记录巡检结果，整理报告。

技能等级评价专业技能考核操作评分标准

工种	换流站值班员				评价等级	高级工
项目模块	基本运维工作			编号		Jc0006341013
单位			准考证号		姓名	
考试时限	60 分钟	题型		单项操作	题分	100 分
成绩		考评员		考评组长	日期	
试题正文	换流站设备巡视类（接地极巡视）					
需要说明的问题和要求	（1）要求单人巡视，着装符合安全要求。 （2）正确使用巡视所需工器具，巡视过程中应保证安全。 （3）合理规划巡视路线，巡视完成一个设备/间隔后不允许折返。 （4）巡视结束后，待考评员同意方可离开考场					

序号	项目名称	质量要求	满分	扣分标准	扣分原因	得分
1	安全事项					
1.1	相关安全措施的准备	着装： （1）穿全棉长袖工作服、绝缘鞋。 （2）正确佩戴安全帽，安全帽系带戴牢。 （3）检查安全帽外观正常。 （4）检查安全帽合格证完整，在检验有效期内。 （5）工作服穿着规范，无裸露、破损，衣扣系牢	5	着装不符合质量要求，每处扣 2 分，扣完为止		
1.2	巡视工器具选择及检查	工器具选择及检查： （1）携带对讲机，巡检前测试对讲机功能正常。携带巡检钥匙，检查钥匙外观完整，巡视区域授权正确，钥匙功能正常	10	未按规范携带、使用工器具及仪器仪表，每条扣 3 分； 未按要求检查工器具及仪器仪表完好，每条扣 2 分； 以上扣分，扣完为止； 巡检钥匙授权错误，扣 10 分		

续表

序号	项目名称	质量要求	满分	扣分标准	扣分原因	得分
2	接地极巡视	巡视要点				
2.1	巡视内容	电抗器外观良好，无变形现象，油漆无脱落，防护罩完好，无异常声响和振动	2	缺少1项扣2分，表述不完整的扣1分，扣完为止		
		绝缘子外观清洁，无倾斜、破损、裂纹、放电痕迹，安装牢固	3	缺少1项扣3分，表述不完整的扣1分，扣完为止		
		电抗器并联电阻器引线无松股、断股现象，电阻器无破损现象	2	缺少1项扣2分，表述不完整的扣1分，扣完为止		
		电容器外观良好，无变形现象，油漆无脱落，无异常声响和振动	2	缺少1项扣2分，表述不完整的扣1分，扣完为止		
		电容器无膨胀变形、渗漏油现象	2	缺少1项扣2分，表述不完整的扣1分，扣完为止		
		连接引线及接头无发热、变色迹象，引线无断股、散股	3	缺少1项扣3分，表述不完整的扣1分，扣完为止		
		金属法兰与瓷件的胶装部位完好，防水胶无开裂、起皮、脱落现象。金属法兰无裂痕，连接螺栓无锈蚀、松动、脱落现象	2	缺少1项扣2分，表述不完整的扣1分，扣完为止		
		电缆无明显烧焦痕迹或焦烟味	2	缺少1项扣2分，表述不完整的扣1分，扣完为止		
		检测井、渗水井内无异物，渗水井周边的地面高度不能高于渗水井的排水孔	2	缺少1项扣2分，表述不完整的扣1分，扣完为止		
3	巡检记录					
3.1	缺陷报告	记录巡检过程中发现的缺陷，记录要翔实，包含设备电压等级、设备双重名称及缺陷准确描述	30	巡检缺陷数量不全，缺少1项扣5分，扣完为止；巡检缺陷描述不清楚，每项扣3分，扣完为止		
3.2	缺陷定性	对发现的缺陷逐条定性正确	20	定性不正确，每条扣2分，扣完为止		
4	工作结束		15			
4.1	工作现场清理	清理工作现场： （1）合理规划巡视路线，巡视完成一个设备/间隔后不允许折返。 （2）巡检过程中打开的箱门、柜门及时上锁。 （3）巡检过程中保持地面整洁，不随意丢弃垃圾	10	巡视完成一个设备/间隔后出现折返情况，每次扣2分，扣完为止；打开的箱门、柜门未及时恢复，每处扣1分，扣完为止；巡检过程中地面出现异物，每处扣1分，扣完为止		
4.2	巡视工器具归置及检查	巡视工器具归置及检查： （1）归还对讲机，并测试对讲机功能正常。 （2）归还巡检钥匙，并检查钥匙外观完整，功能正常	5	未按规范归还工器具及仪器仪表，每条扣3分，扣完为止；未按要求检查工器具及仪器仪表完好，每条扣2分，扣完为止		
	合计		100			

Jc0006341014　油浸式变压器本体取油样。（100分）

考核知识点：基本运维工作

难易度：易

技能等级评价专业技能考核操作工作任务书

一、任务名称

油浸式变压器本体取油样。

二、适用工种

换流站值班员高级工。

三、具体任务

（1）进行油浸式变压器本体取油样工作，并填写巡检记录。

（2）工作任务：油浸式变压器本体取油样。

四、工作规范及要求

（1）巡检人着装应符合要求。

（2）巡检工器具的正确使用及安全措施。

（3）工作步骤要严格按照《国家电网有限公司直流换流站运维管理规定》的要求进行。

（4）巡检结束后填写巡检记录。

五、考核及时间要求

（1）本考核操作时间为 50 分钟，时间到停止考评，包括巡视过程和报告整理时间，报告整理时间不超过 5 分钟。

（2）考评过程中如果由于巡视人员操作不规范、误入间隔等有可能引发不安全因素的，停止考评，该项考核项目不得分，但不影响其他项目。

（3）记录巡检结果，整理报告。

技能等级评价专业技能考核操作评分标准

工种	换流站值班员			评价等级	高级工
项目模块	基本运维工作		编号	Jc0006341014	
单位		准考证号		姓名	
考试时限	50分钟	题型	单项操作	题分	100分
成绩		考评员		考评组长	日期
试题正文	油浸式变压器本体取油样工作				
需要说明的问题和要求	（1）要求单人操作。 （2）操作应注意安全，按照标准化作业书的技术安全说明做好安全措施				

序号	项目名称	质量要求	满分	扣分标准	扣分原因	得分
1	安全事项					
1.1	相关安全措施的准备	着装： （1）穿全棉长袖工作服、绝缘鞋。 （2）正确佩戴安全帽，安全帽系带戴牢。 （3）检查安全帽外观正常。 （4）检查安全帽合格证完整，在检验有效期内。 （5）工作服穿着规范，无裸露、破损，衣扣系牢	5	着装不符合质量要求，每处扣1分，扣完为止		
1.2	备件、工器具运至工作现场	工器具选择及检查： 检查工具器，检查手提箱、橡胶手套、100mL针管、胶帽、乳胶管、取油阀接头、活动扳手/螺钉旋具、废油桶、工业擦拭纸是否齐全	10	未按规范携带、使用工器具及仪器仪表，每条扣1分； 未按要求检查工器具及仪器仪表完好，每条扣1分； 以上扣分，扣完为止		
1.3	检查安全措施	（1）核对工作设备名称正确，检查现场符合工作条件，核对待取油设备双重名称，找到正确取油阀位置。 （2）检查确认变压器油位正常，确认工作现场安全	5	未按规定核对设备双重名称，未找到正确取油阀，每条扣2分； 未按要求检查油位正常，每条扣1分； 以上扣分，扣完为止		
2	主变压器本体取油样步骤					

续表

序号	项目名称	质量要求	满分	扣分标准	扣分原因	得分
2.1	观察放油阀类型及结构,将表面污迹擦拭干净	防止放油阀脱落,造成喷油,防止油样污染	15	未按规定观察放油阀,擦拭表面污渍,导致喷油或者油样污染,扣15分		
2.2	缓慢打开放油阀外帽,连接取样导管与取样针管	取样导管清洁,干燥无污染,使导管与取样阀连接牢固;连接好取油管路,摆好废油桶	15	未按规定取清洁导管,使导管与取样阀连接牢固;连接好取油管路,摆好废油桶,每错一处扣5分,扣完为止		
2.3	根据设备导油体积及排气和排污情况,轻轻拧开放油嘴,排出适量油,冲洗管路、排气	取充油设备下部油样,避免设备油循环不畅的死角处取样,色谱试验油样不得有气泡;打开阀门,正确使用变压器油冲洗管路2~3次	15	未按规定排油、冲洗管路、排气,每错一处扣5分,扣完为止		
2.4	用针管取油样	正确使用变压器油清洗100mL针管2~3次。取样要求全密封,方法正确无漏油,不能让油中溶解水分及气泡逸散,也不能混入空气,待油流出;取70mL左右变压器油,关闭取油阀门	15	未按规定清洗针管2~3次,取油过程中未全密封,油样中含有气泡等,每错一处扣5分,扣完为止		
3	工作现场清理					
3.1	检查更换密封垫,恢复设备取样阀,擦拭干净	无渗漏,无油迹;清理工作现场,用工业擦拭纸对油迹进行清理,工具整理、摆放整齐	10	未按规定清理现场,扣10分		
3.2	将油样贴标签,妥善保存、装箱	针管内保持至少60mL油,无气泡,盖好胶帽;在取样针管正确粘贴标签;应核对注射器标签上的内容与取样设备是否相符,采样箱锁扣是否扣好	10	未正确贴标签、存放在指定位置,扣10分		
	合计		100			

Jc0006342015 换流站设备验收类(阀厅火灾报警系统例行检修后验收)。(100分)

考核知识点:基本运维工作

难易度:中

技能等级评价专业技能考核操作工作任务书

一、任务名称

换流站设备验收类(阀厅火灾报警系统例行检修后验收)。

二、适用工种

换流站值班员高级工。

三、具体任务

(1)进行阀厅火灾报警系统例行检修后验收工作,并出具验收报告。

(2)工作任务:阀厅火灾报警系统例行检修后验收。

四、工作规范及要求

(1)操作人着装应符合要求。

(2)工器具、仪器仪表的正确使用及安全措施。

(3)工作步骤要严格按照《国家电网有限公司直流换流站验收管理规定》的要求进行。

(4)出具验收报告。

五、考核及时间要求

（1）本考核操作时间为 30 分钟，时间到停止考评，包括验收过程和报告整理时间，报告整理时间不超过 5 分钟。

（2）考评过程中如果由于验收人员操作不规范、误入间隔等有可能引发不安全因素的，停止考评，该项考核项目不得分，但不影响其他项目。

（3）记录验收结果，整理报告。

技能等级评价专业技能考核操作评分标准

工种	换流站值班员			评价等级	高级工
项目模块	基本运维工作		编号	Jc0006342015	
单位		准考证号		姓名	
考试时限	30 分钟	题型	单项操作	题分	100 分
成绩		考评员		考评组长		日期	
试题正文	换流站设备验收类（阀厅火灾报警系统例行检修后验收）				
需要说明的问题和要求	（1）要求单人操作，考评员监护。 （2）着装应符合安全要求。 （3）正确使用仪器仪表，验收过程中应保证安全。 （4）操作结束后，待考评员同意后方可离开考场				

序号	项目名称	质量要求	满分	扣分标准	扣分原因	得分
1	安全事项					
1.1	相关安全措施的准备	着装应符合安全要求	5	未按要求着装，每漏一项扣 2 分，扣完为止		
1.2	仪器仪表、材料、工器具	正确检查和使用各种工器具及仪器、仪表	5	使用不正确扣 5 分		
2	阀厅火灾报警系统例行检修后验收					
2.1	验收内容	空气采样装置（VESDA）无变形及其他机械性损伤，装置面板无报警	5	验收记录不完善，扣 2 分；未验收到该项内容，扣 5 分		
		空气采样装置（VESDA）信号正常	5	验收记录不完善，扣 2 分；未验收到该项内容，扣 5 分		
		紫外火焰探测器外观干净，安装牢固，运行正常	5	验收记录不完善，扣 2 分；未验收到该项内容，扣 5 分		
		紫外火焰探测器信号正常，功能性试验正常	5	验收记录不完善，扣 2 分；未验收到该项内容，扣 5 分		
		主控屏和联动控制屏外观完好、清洁	5	验收记录不完善，扣 2 分；未验收到该项内容，扣 5 分		
		联动控制系统各项输入、输出显示功能正常，界面（模块）各项参数正常	5	验收记录不完善，扣 2 分；未验收到该项内容，扣 5 分		
		火灾跳闸接口屏设备无擦痕、腐蚀、烧痕、异味、异声等现象；连接端子无松动	5	验收记录不完善，扣 2 分；未验收到该项内容，扣 5 分		
		火灾跳闸接口屏信号正常，功能性试验正常，跳闸出口连接片位置正确	5	验收记录不完善，扣 2 分；未验收到该项内容，扣 5 分		
		烟感探测器外观干净，安装牢固，运行正常	5	验收记录不完善，扣 2 分；未验收到该项内容，扣 5 分		
		烟感探测器信号正常，功能性试验正常	5	验收记录不完善，扣 2 分；未验收到该项内容，扣 5 分		
3	验收报告					

续表

序号	项目名称	质量要求	满分	扣分标准	扣分原因	得分
3.1	验收记录	记录验收过程中发现的缺陷，记录要翔实	15	记录不全或未记录被验收设备双重名称、验收人员姓名、验收日期、环境温度，每条扣1分，扣完为止； 未记录发现的缺陷，每条扣2分，扣完为止		
3.2	缺陷定性	对发现的缺陷逐条定性正确	20	定性不正确，每条扣5分，扣完为止		
4	工作结束					
4.1	工作现场清理	清理工作现场，整理工器具	5	不符合要求扣5分		
	合计		100			

Jc0006342016 换流站设备验收类（直流控制保护设备例行检修后验收）。（100分）

考核知识点：基本运维工作

难易度：中

技能等级评价专业技能考核操作工作任务书

一、任务名称

换流站设备验收类（直流控制保护设备例行检修后验收）。

二、适用工种

换流站值班员高级工。

三、具体任务

（1）进行直流控制保护设备例行检修后验收工作，并出具验收报告。

（2）工作任务：直流控制保护设备例行检修后验收。

四、工作规范及要求

（1）操作人着装应符合要求。

（2）工器具、仪器仪表的正确使用及安全措施。

（3）工作步骤要严格按照《国家电网有限公司直流换流站验收管理规定》的要求进行。

（4）出具验收报告。

五、考核及时间要求

（1）本考核操作时间为30分钟，时间到停止考评，包括验收过程和报告整理时间，报告整理时间不超过5分钟。

（2）考评过程中如果由于验收人员操作不规范、误入间隔等有可能引发不安全因素的，停止考评，该项考核项目不得分，但不影响其他项目。

（3）记录验收结果，整理报告。

技能等级评价专业技能考核操作评分标准

工种		换流站值班员		评价等级	高级工
项目模块		基本运维工作		编号	Jc0006342016
单位			准考证号		姓名
考试时限	30分钟	题型		单项操作	题分	100分

续表

成绩			考评员		考评组长			日期		

试题正文	换流站设备验收类（直流控制保护设备例行检修后验收）

需要说明的问题和要求	（1）要求单人操作，考评员监护。 （2）着装应符合安全要求。 （3）正确使用仪器仪表，验收过程中应保证安全。 （4）操作结束后，待考评员同意后方可离开考场

序号	项目名称	质量要求	满分	扣分标准	扣分原因	得分
1	安全事项					
1.1	相关安全措施的准备	着装应符合安全要求	5	未按要求着装，每漏一项扣2分，扣完为止		
1.2	仪器仪表、材料、工器具	正确检查和使用各种工器具及仪器、仪表	5	使用不正确扣5分		
2	直流控制保护设备例行检修后验收					
2.1	验收内容	屏内无灰尘及遗留物，过滤网清洁	5	验收记录不完善，扣2分；未验收到该项内容，扣5分		
		板卡和其他配件无弯曲、变形、挤压现象，外部应无积灰，电源、信号线无断痕	5	验收记录不完善，扣2分；未验收到该项内容，扣5分		
		总线各连接处完好，光纤无损坏，备用光纤数量满足要求	5	验收记录不完善，扣2分；未验收到该项内容，扣5分		
		系统主机能正常启动无报警、无故障、无跳闸出口，后台报文正确	5	验收记录不完善，扣2分；未验收到该项内容，扣5分		
		系统应能正确实现各项监视功能，对故障能够及时响应，能正常区分故障类型	5	验收记录不完善，扣2分；未验收到该项内容，扣5分		
		各光纤通道的光电流、光功率、奇偶校验值无异常	5	验收记录不完善，扣2分；未验收到该项内容，扣5分		
		冗余系统应可实现手动切换，切换过程应不影响系统正常运行	5	验收记录不完善，扣2分；未验收到该项内容，扣5分		
		主机时钟与GPS同步时钟一致	5	验收记录不完善，扣2分；未验收到该项内容，扣5分		
		有载分接开关就地、远方手动单相控制功能正常，远方手动三相控制功能正常	5	验收记录不完善，扣2分；未验收到该项内容，扣5分		
		顺序控制功能应满足相关规定，联锁功能应正常，监控系统信号正确	5	验收记录不完善，扣2分；未验收到该项内容，扣5分		
3	验收报告					
3.1	验收记录	记录验收过程中发现的缺陷，记录要翔实	15	记录不全或未记录被验收设备双重名称、验收人员姓名、验收日期、环境温度，每条扣1分，扣完为止；未记录验收设备运行状况或负荷，每条扣2分，扣完为止		
3.2	缺陷定性	对发现的缺陷逐条定性正确	20	定性不正确，每条扣5分，扣完为止		
4	工作结束					
4.1	工作现场清理	清理工作现场，整理工器具	5	不符合要求扣5分		
	合计		100			

Jc0006342017　换流站设备验收类（阀外水冷系统例行检修后验收）。（100 分）

考核知识点： 基本运维工作

难易度： 中

技能等级评价专业技能考核操作工作任务书

一、任务名称

换流站设备验收类（阀外水冷系统例行检修后验收）。

二、适用工种

换流站值班员高级工。

三、具体任务

（1）进行阀外水冷系统例行检修后验收工作，并出具验收报告。

（2）工作任务：阀外水冷系统例行检修后验收。

四、工作规范及要求

（1）操作人着装应符合要求。

（2）工器具、仪器仪表的正确使用及安全措施。

（3）工作步骤要严格按照《国家电网有限公司直流换流站验收管理规定》的要求进行。

（4）出具验收报告。

五、考核及时间要求

（1）本考核操作时间为 30 分钟，时间到停止考评，包括验收过程和报告整理时间，报告整理时间不超过 5 分钟。

（2）考评过程中如果由于验收人员操作不规范、误入间隔等有可能引发不安全因素的，停止考评，该项考核项目不得分，但不影响其他项目。

（3）记录验收结果，整理报告。

技能等级评价专业技能考核操作评分标准

工种	换流站值班员			评价等级		高级工
项目模块	基本运维工作			编号		Jc0006342017
单位			准考证号		姓名	
考试时限	30 分钟	题型		单项操作	题分	100 分
成绩		考评员		考评组长	日期	
试题正文	换流站设备验收类（阀外水冷系统例行检修后验收）					
需要说明的问题和要求	（1）要求单人操作，考评员监护。 （2）着装应符合安全要求。 （3）正确使用仪器仪表，验收过程中应保证安全。 （4）操作结束后，待考评员同意后方可离开考场					

序号	项目名称	质量要求	满分	扣分标准	扣分原因	得分
1	安全事项					
1.1	相关安全措施的准备	着装应符合安全要求	5	未按要求着装，每漏一项扣 2 分，扣完为止		
1.2	仪器仪表、材料、工器具	正确检查和使用各种工器具及仪器、仪表	5	使用不正确扣 5 分		
2	阀外水冷系统例行检修后验收					

续表

序号	项目名称	质量要求	满分	扣分标准	扣分原因	得分
2.1	验收内容	冷却塔风扇叶片清洁无变形	5	验收记录不完善，扣2分； 未验收到该项内容，扣5分		
		喷淋管及喷嘴无堵塞，水流均匀	5	验收记录不完善，扣2分； 未验收到该项内容，扣5分		
		冷却塔蛇形管清洁无结垢	5	验收记录不完善，扣2分； 未验收到该项内容，扣5分		
		承转动均匀，无卡涩，无磨损	5	验收记录不完善，扣2分； 未验收到该项内容，扣5分		
		冷却塔外观无锈蚀，螺栓紧固，无渗漏水现象	5	验收记录不完善，扣2分； 未验收到该项内容，扣5分		
		喷淋泵连接部位及轴封无渗漏	5	验收记录不完善，扣2分； 未验收到该项内容，扣5分		
		喷淋泵运行声音正常平稳	5	验收记录不完善，扣2分； 未验收到该项内容，扣5分		
		泵坑墙壁无渗漏水现象，泵坑无积水，排污泵功能正常	5	验收记录不完善，扣2分； 未验收到该项内容，扣5分		
		喷淋水池清洁，无淤泥等杂物	5	验收记录不完善，扣2分； 未验收到该项内容，扣5分		
		喷淋水池水位指示正常，报警接点能够正常动作	5	验收记录不完善，扣2分； 未验收到该项内容，扣5分		
3	验收报告					
3.1	验收记录	记录验收过程中发现的缺陷，记录要翔实	15	记录不全或未记录被验收设备双重名称、验收人员姓名、验收日期、环境温度，每条扣1分，扣完为止； 未记录验收设备运行状况或负荷，每条扣2分，扣完为止		
3.2	缺陷定性	对发现的缺陷逐条定性正确	20	定性不正确，每条扣5分，扣完为止		
4	工作结束					
4.1	工作现场清理	清理工作现场，整理工器具	5	不符合要求扣5分		
	合计		100			

Jc0006342018 换流站设备验收类（交流滤波器保护例行检修后验收）。（100分）

考核知识点： 基本运维工作

难易度： 中

技能等级评价专业技能考核操作工作任务书

一、任务名称

换流站设备验收类（交流滤波器保护例行检修后验收）。

二、适用工种

换流站值班员高级工。

三、具体任务

（1）进行交流滤波器保护例行检修后验收工作，并出具验收报告。

（2）工作任务：交流滤波器保护例行检修后验收。

四、工作规范及要求

（1）操作人着装应符合要求。

（2）工器具、仪器仪表的正确使用及安全措施。

（3）工作步骤要严格按照《国家电网有限公司直流换流站验收管理规定》的要求进行。

（4）出具验收报告。

五、考核及时间要求

（1）本考核操作时间为 30 分钟，时间到停止考评，包括验收过程和报告整理时间，报告整理时间不超过 5 分钟。

（2）考评过程中如果由于验收人员操作不规范、误入间隔等有可能引发不安全因素的，停止考评，该项考核项目不得分，但不影响其他项目。

（3）记录验收结果，整理报告。

技能等级评价专业技能考核操作评分标准

工种	换流站值班员				评价等级	高级工	
项目模块	基本运维工作			编号		Jc0006342018	
单位			准考证号		姓名		
考试时限	30分钟		题型	单项操作	题分	100分	
成绩		考评员		考评组长		日期	
试题正文	换流站设备验收类（交流滤波器保护例行检修后验收）						
需要说明的问题和要求	（1）要求单人操作，考评员监护。 （2）着装应符合安全要求。 （3）正确使用仪器仪表，验收过程中应保证安全。 （4）操作结束后，待考评员同意后方可离开考场						

序号	项目名称	质量要求	满分	扣分标准	扣分原因	得分
1	安全事项					
1.1	相关安全措施的准备	着装应符合安全要求	5	未按要求着装，每漏一项扣2分，扣完为止		
1.2	仪器仪表、材料、工器具	正确检查和使用各种工器具及仪器、仪表	5	使用不正确扣5分		
2	交流滤波器保护例行检修后验收					
2.1	验收内容	屏柜内端子及接线检查，接线整齐美观，端子压接紧固可靠，线端标号和电缆标牌完整清晰	5	验收记录不完善，扣2分；未验收到该项内容，扣5分		
		屏柜内标识检查，核对保护屏配置的端子号、回路标注等完整清晰，把手按钮及元器件标识齐全且正确	5	验收记录不完善，扣2分；未验收到该项内容，扣5分		
		转换开关、按钮及指示灯检查，转换开关按钮转换按压灵活无卡滞现象，指示灯指示正确	5	验收记录不完善，扣2分；未验收到该项内容，扣5分		
		保护装置的各部件固定良好，无松动现象，装置外形完好，无明显损坏及变形现象	5	验收记录不完善，扣2分；未验收到该项内容，扣5分		
		屏内外清洁、无杂物，防火封堵完好，内部无凝水	5	验收记录不完善，扣2分；未验收到该项内容，扣5分		
		装置版本和校验码核对，应与定值单或原有记录保持一致	5	验收记录不完善，扣2分；未验收到该项内容，扣5分		
		定值核对、定值区切换检查，能正确输入和修改定值，定值区切换正常	5	验收记录不完善，扣2分；未验收到该项内容，扣5分		
		装置键盘面板操作检查，操作键应灵活，无卡涩情况	5	验收记录不完善，扣2分；未验收到该项内容，扣5分		

序号	项目名称	质量要求	满分	扣分标准	扣分原因	得分
2.1	验收内容	装置断电重启检查，系统程序能正常启动，检查各板卡均运行正常，现场总线通信正常，系统无异常告警，屏柜告警灯不亮	5	验收记录不完善，扣2分；未验收到该项内容，扣5分		
		端子箱、汇控柜内2次回路检查，端子紧固，各部触点及端子板应完好，无缺损	5	验收记录不完善，扣2分；未验收到该项内容，扣5分		
3	验收报告					
3.1	验收记录	记录验收过程中发现的缺陷，记录要翔实	15	记录不全或未记录被验收设备双重名称、验收人员姓名、验收日期、环境温度，每条扣1分，扣完为止；未记录验收设备运行状况或负荷，每条扣2分，扣完为止		
3.2	缺陷定性	对发现的缺陷逐条定性正确	20	定性不正确，每条扣5分，扣完为止		
4	工作结束					
4.1	工作现场清理	清理工作现场，整理工器具	5	不符合要求扣5分		
	合计		100			

Jc0006342019 换流站设备验收类（主变压器保护例行检修后验收）。（100分）

考核知识点：基本运维工作

难易度：中

技能等级评价专业技能考核操作工作任务书

一、任务名称

换流站设备验收类（主变压器保护例行检修后验收）。

二、适用工种

换流站值班员高级工。

三、具体任务

（1）进行主变压器保护例行检修后验收工作，并出具验收报告。

（2）工作任务：主变压器保护例行检修后验收。

四、工作规范及要求

（1）操作人着装应符合要求。

（2）工器具、仪器仪表的正确使用及安全措施。

（3）工作步骤要严格按照《国家电网有限公司直流换流站验收管理规定》的要求进行。

（4）出具验收报告。

五、考核及时间要求

（1）本考核操作时间为30分钟，时间到停止考评，包括验收过程和报告整理时间，报告整理时间不超过5分钟。

（2）考评过程中如果由于验收人员操作不规范、误入间隔等有可能引发不安全因素的，停止考评，该项考核项目不得分，但不影响其他项目。

（3）记录验收结果，整理报告。

技能等级评价专业技能考核操作评分标准

工种	换流站值班员				评价等级		高级工	
项目模块	基本运维操作			编号		Jc0006342019		
单位			准考证号			姓名		
考试时限	30分钟	题型		单项操作		题分	100分	
成绩		考评员		考评组长		日期		
试题正文	换流站设备验收类（主变压器保护例行检修后验收）							
需要说明的问题和要求	（1）要求单人操作，考评员监护。 （2）着装应符合安全要求。 （3）正确使用仪器仪表，验收过程中应保证安全。 （4）操作结束后，待考评员同意后方可离开考场							

序号	项目名称	质量要求	满分	扣分标准	扣分原因	得分
1	安全事项					
1.1	相关安全措施的准备	着装应符合安全要求	5	未按要求着装，每漏一项扣2分，扣完为止		
1.2	仪器仪表、材料、工器具	正确检查和使用各种工器具及仪器、仪表	5	使用不正确扣5分		
2	主变压器保护例行检修后验收					
2.1	验收内容	屏柜内端子及接线检查，接线整齐美观，端子压接紧固可靠，线端标号和电缆标牌完整清晰	5	验收记录不完善，扣2分；未验收到该项内容，扣5分		
		屏柜内标识检查，核对保护屏配置的端子号、回路标注等完整清晰，把手按钮及元器件标识齐全且正确	5	验收记录不完善，扣2分；未验收到该项内容，扣5分		
		转换开关、按钮及指示灯检查，转换开关按钮转换按压灵活无卡滞现象，指示灯指示正确	5	验收记录不完善，扣2分；未验收到该项内容，扣5分		
		保护装置的各部件固定良好，无松动现象，装置外形完好，无明显损坏及变形现象	5	验收记录不完善，扣2分；未验收到该项内容，扣5分		
		屏内外清洁、无杂物，防火封堵完好，内部无凝水	5	验收记录不完善，扣2分；未验收到该项内容，扣5分		
		装置版本和校验码核对，应与定值单或原有记录保持一致	5	验收记录不完善，扣2分；未验收到该项内容，扣5分		
		定值核对、定值区切换检查，能正确输入和修改定值，定值区切换正常	5	验收记录不完善，扣2分；未验收到该项内容，扣5分		
		装置键盘面板操作检查，操作键应灵活，无卡涩情况	5	验收记录不完善，扣2分；未验收到该项内容，扣5分		
		装置断电重启检查，系统程序能正常启动，检查各板卡均运行正常，现场总线通信正常，系统无异常告警，屏柜告警灯不亮	5	验收记录不完善，扣2分；未验收到该项内容，扣5分		
		端子箱、汇控柜内二次回路检查，端子紧固，各部触点及端子板应完好、无缺损	5	验收记录不完善，扣2分；未验收到该项内容，扣5分		
3	验收报告					
3.1	验收记录	记录验收过程中发现的缺陷，记录要翔实	15	记录不全或未记录被验收设备双重名称、验收人员姓名、验收日期、环境温度，每条扣1分，扣完为止；未记录验收设备运行状况或负荷，每条扣2分，扣完为止		
3.2	缺陷定性	对发现的缺陷逐条定性正确	20	定性不正确，每条扣5分，扣完为止		
4	工作结束					
4.1	工作现场清理	清理工作现场，整理工器具	5	不符合要求扣5分		
	合计		100			

第四部分
技　师

第七章 换流站值班员技师技能笔答

Jb0007232001 直流设备缺陷评价分类有哪些？应在多长时间内完成相关动态评价？（5分）

考核知识点： 直流换流站评价管理规定

难易度： 中

标准答案：

（1）危急缺陷应立即开展动态评价工作，迅速制定检修决策措施，防止出现处理不及时而造成设备事故。

（2）严重缺陷应在24h内完成动态评价并制定检修策略，避免出现设备进一步损害和造成事故。

（3）一般缺陷应在1周内完成动态评价并制定检修策略。

Jb0007231002 《国家电网有限公司直流换流站运维管理规定 第1分册 换流变压器运维细则》规定，换流变压器在哪些情形下本体重瓦斯保护应临时改投报警或退出相应保护？（5分）

考核知识点： 直流换流站运维管理规定

难易度： 易

标准答案：

（1）运行中滤油、补油、更换潜油泵。

（2）换流变压器在有载分接开关油管路上工作。

（3）在本体重瓦斯二次保护回路上或本体呼吸器回路上工作。

Jb0007233003 《国家电网有限公司直流换流站运维管理规定 第4分册 换流阀运维细则》规定，运行中发现换流阀有哪些情况，应汇报值班调控人员申请将换流阀停运，至少写出5条。（5分）

考核知识点： 直流换流站运维管理规定

难易度： 难

标准答案：

（1）红外测温发现主通流回路及阀塔元件温度异常升高，达到危急缺陷等级。

（2）阀冷却水电导率超高。

（3）外水冷或外风冷系统失去作用且短期不能恢复，导致内水冷温度持续升高时。

（4）当单阀内冗余晶闸管数量不超过1h。

（5）换流阀阀塔出现漏水时。

（6）阀组件、阀电抗器、阀避雷器、光纤等设备有异常放电情况。

Jb0007233004 《国家电网有限公司直流换流站运维管理规定 第9分册 零磁通电流互感器运维细则》规定，零磁通电流互感器故障跳闸后重点巡视项目包括哪些？（4分）

考核知识点： 直流换流站运维管理规定

难易度： 难

标准答案：

（1）油位、气体压力是否正常。

（2）有无喷油、漏气。

（3）导线有无烧伤、断股，绝缘子有无闪络、破损。

（4）接口柜内电子模块及接线端子正常。

Jb0007232005 《国家电网有限公司直流换流站运维管理规定 第 15 分册 阀内水冷系统运维细则》规定，运行人员工作站报"内水冷去离子回路流量低"报警，应检查哪些内容？（5分）

考核知识点： 直流换流站运维管理规定

难易度： 中

标准答案：

（1）检查去离子回路阀门的位置。

（2）检查精密过滤器有无堵塞。

（3）检查离子交换器有无堵塞。

（4）检查流量计的报警整定值及接点。

Jb0007231006 站用电系统仅剩一路电源时，应立即采取哪些措施？（5分）

考核知识点： 直流换流站运维管理规定

难易度： 易

标准答案：

（1）汇报值班调控人员。

（2）采取措施保障设备可靠运行。

（3）尽快恢复其他站用电源。

Jb0007231007 《国家电网有限公司直流换流站运维管理规定 第 22 分册 辅助设施运维细则》规定，SF_6 气体含量监测设施应安装于 SF_6 设备配电室门外，装置应具备哪些措施？（5分）

考核知识点： 直流换流站运维管理规定

难易度： 易

标准答案：

（1）防潮。

（2）防雨。

（3）防尘。

Jb0007233008 《国家电网有限公司直流换流站验收管理规定 第 7 分册 直流分压器验收细则》规定，交接试验验收中，直流分压器系统功能检查包括哪些内容？（5分）

考核知识点： 直流换流站验收管理规定

难易度： 难

标准答案：

（1）数据帧频率达到设计规范要求。

（2）传输通道异常时，装置应具有自检及报警功能，应能够闭锁相关保护。

（3）传输温度补偿电缆故障，对应主机状态变化应正确，告警事件等级设置应正确，电子模块故障特征应相对应。

（4）备用光纤代替主用光纤，1min 后，对应主机状态变化应正确，应无任何告警信号，各主机采集的模拟量信号应正常。

Jb0007231009　在防止非电量保护误动反事故措施中换流变压器在规划设计阶段应注意哪些问题？（5分）

考核知识点：二十一项直流反事故措施

难易度：易

标准答案：

（1）换流变压器本体重瓦斯保护应投跳闸。

（2）换流变压器的压力或密度继电器应分级设置报警和跳闸。

（3）换流变压器的油温及绕组温度保护、压力释放阀、速动压力继电器、油位越限、冷却器全停应投报警，升高座一端封堵的气体继电器应投报警。

（4）换流变压器有载分接开关仅配置了油流或速动压力继电器一种的，应投跳闸；配置了油流和速动压力继电器的，油流应投跳闸，压力应投报警。

（5）换流变压器非电量保护跳闸动作后不应启动断路器失灵保护。

Jb0007232010　防止内冷水保护误动中，运行阶段运维单位加强内冷水管理的重点要求包括哪些？（5分）

考核知识点：二十一项直流反事故措施

难易度：中

标准答案：

（1）在阀内冷水系统手动补水和排水期间，应退出泄漏保护，防止保护误动。

（2）应加强内冷水系统各类阀门管理，装设位置指示装置和阀门闭锁装置，防止人为误动阀门或者阀门在运行中受震动发生变位，引起保护误动。

Jb0007233011　在防止直流控制系统故障中，极控制系统与水冷系统、换流变压器控制系统等智能子系统之间配置有哪些要求？（5分）

考核知识点：二十一项直流反事故措施

难易度：难

标准答案：

（1）极控制系统应监测智能子系统（水冷系统、换流变压器控制系统等）的运行情况。

（2）极控制系统与智能子系统之间的连接设计为交叉连接，且任一智能子系统故障不应闭锁直流。

（3）极控制系统检测不到智能子系统时，应先发智能子系统切换指令；检测到智能子系统切换不成功后，极控制系统自身再进行系统切换。若切换后，运行极控系统仍检测不到智能子系统，可发直流闭锁指令。

Jb0007231012　在防止控制保护软件错误中，运行阶段运维单位加强安全防护管理的要求有哪些，从而防止病毒感染？（5分）

考核知识点：二十一项直流反事故措施

难易度：易

标准答案：

（1）换流站控制保护系统安全防护策略应严格遵守《电力二次系统安全防护规定》，坚持"安全分区、网络专用、横向隔离、纵向认证"的原则。

（2）控制保护系统严禁接入任何未经安全检查和许可的各类网络终端和存储设备。

（3）拷贝直流控保系统数据时，应采用空白光盘进行刻录。

Jb0007232013　在防止阀厅损坏故障中，运行阶段对运维单位加强阀厅管理的重点要求有哪些？（5分）

考核知识点： 二十一项直流反事故措施

难易度： 中

标准答案：

（1）利用停电检修机会对阀厅屋顶螺栓的锈蚀及紧固情况进行检查，锈蚀或松动的螺栓应及时更换。

（2）遇到大风暴雨天气时，应加大对阀厅墙壁、阀控室、阀厅顶部排烟窗、防雨百叶边缘及其他开孔处的巡视频次，发现渗水现象应立即进行处理。

Jb0007232014　怎样防止输送功率误整定？（5分）

考核知识点： 二十一项直流反事故措施

难易度： 中

标准答案：

（1）运行人员在设定功率定值时，若设定的功率定值小于系统最小输送功率，会导致直流误闭锁。

（2）设备制造商应在软件中实现禁止输入小于最小传输功率定值的功能。

（3）对于已投运直流工程，运维单位应在停电检修期间进行模拟试验，检查当设定的功率定值小于系统最小输送功率时，控制系统是否禁止输入。若无此功能，应立即组织相关厂家进行修改。

Jb0007232015　防止换流站室外设备污闪故障，在运行阶段，运维单位加强室外设备防污闪管理的重点要求有哪些？（5分）

考核知识点： 二十一项直流反事故措施

难易度： 中

标准答案：

（1）对于未喷涂防污材料的户外瓷质直流场设备，宜在投运第一年内利用停电机会完成喷涂工作，且每年检测其憎水性，憎水性不满足相关规定时应重新喷涂。

（2）在浓雾或阴雨等恶劣天气下，应增加室外设备巡检频次，若发现严重放电、闪络现象，应及时申请降压运行或停运。

（3）坚持"逢停必扫"的原则，应充分利用停电机会，开展设备清扫，减少设备运行时的积污程度。

（4）认真开展室外设备等值盐密和灰密测试工作，密切跟踪换流站周围污染变化情况，据此及时调整所处地区的污秽等级，并采取相应措施使设备爬电比距与所处地区的污秽等级相适应。

Jb0007232016　防止直流控制保护设备事故中运行阶段应注意哪些问题？（5分）

考核知识点： 十八项电网重大反事故措施

难易度： 中

标准答案：

（1）现场注意控制直流控制保护系统运行环境，监视主机板卡的运行温度、清洁度，运行条件较差的控制保护设备可加装小室、空调或空气净化器。

（2）加强换流站直流控制保护系统软硬件管理，直流控制保护系统的软件、硬件及定值的修改须履行软硬件修改审批手续，经主管部门同意后方可执行。

（3）直流系统一极运行一极检修时，检修极中性隔离开关应处于分闸状态，不允许对检修极的中性隔离开关进行检修工作。

（4）直流控制保护系统故障处理完毕后，应检查并确认无报警、无保护出口后才可切换到运行状态。

（5）开展直流控制保护系统主机板卡故障率统计分析，对突出的问题要及时联系厂家分析处理。

Jb0007232017　开关出现非全相运行时应如何处理？（5分）

考核知识点： 调度管理规定

难易度： 中

标准答案：

断路器发生非全相运行时，断路器非全相保护若不能正常动作，当断路器有一相在拉开位置，应试合该断路器一次，试合不成功应尽快采取措施并将该断路器拉开。当断路器有两相在拉开位置，应立即将该断路器拉开，同时汇报国调和管理处相关领导，并通知检修人员处理。

Jb0007232018　简述直流系统保护软件、控制软件修改规定。（5分）

考核知识点： 调度管理规定

难易度： 中

标准答案：

（1）直流系统保护软件修改前，应具备由国调继电保护处签字的书面申请，经国调许可进行修改工作。

（2）直流系统控制软件修改前，应具备主管部门签字的书面申请，经国调许可进行修改工作。

Jb0007232019　根据国调直调规程，哪些紧急抢修工作国调可以直接批复？（5分）

考核知识点： 调度管理规定

难易度： 中

标准答案：

（1）交流系统一次设备（不包含 TA、TV 等测量元件的一次设备）存在影响其正常运行的缺陷需要立即消除，如不消缺可能导致电网运行设备可靠性降低，且消缺不需要其他设备陪停、不涉及二次设备。

（2）完全独立的两套交流设备保护装置（含交流滤波器母线保护、交流滤波器保护）、安控装置中的一套出现异常需要进行消缺，消缺过程不涉及 TA、TV 等测量元件并且不影响另一套装置正常运行。

（3）计划检修过程中，作为正常检修工作必须安措的直调设备状态变更（不影响其他正常设备运行）。

（4）故障录波器等不影响电网主设备正常运行的装置进行消缺时。

Jb0007232020　根据国调直调规程，哪些情况下不需要进行 OLT 试验？（5分）

考核知识点： 调度管理规定

难易度： 中

标准答案：

（1）换流阀局部或少量晶闸管、触发板、光线更换等。

（2）直流控制保护系统检修后。

（3）VBE 更换光发射板、接收板后。

（4）换流变压器检修后。

（5）其他通过设备单体检测、试验可以验证完好性的检修工作。

Jb0007233021　如果发现国调值班调度员下达的操作指令不正确，厂站值班人员应如何处理？（5分）

考核知识点： 调度管理规定

难易度： 难

标准答案：

（1）应立即向国调值班调度员提出意见。

（2）如国调值班调度员重复其调度指令，厂站运行值班员应按调度指令要求执行。

（3）如执行该调度指令确实将威胁人员、设备或电网的安全，运行值班员可以拒绝执行。同时将拒绝执行的理由及修改建议上报给下达调度指令的值班调度员，并向本单位领导汇报。

Jb0007233022　简述换流阀发生故障闭锁时，阀控与极控主从系统配合的动作过程。（5分）

考核知识点： 直流输电原理

难易度： 难

标准答案：

控制保护双系统运行时，当值班系统收到阀控系统发出的闭锁信号时进行系统切换，切换完成后如果升为值班的系统也收到对应阀控系统的闭锁信号则执行跳闸；如果控制保护系统处于单系统运行状态下收到对应阀控系统发出的闭锁信号则直接执行跳闸操作。

Jb0007232023　控制系统收到阀控系统的 Trip 信号时应如何动作？（5分）

考核知识点： 直流输电原理

难易度： 中

标准答案：

控制系统双系统运行时，当值班系统收到阀控系统发出的 Trip 信号，则进行系统切换。切换完成后，如果转为值班的系统也收到对应阀控系统的 Trip 信号，则执行跳闸。如果控制系统处于单系统运行状态下收到对应阀控系统发出的 Trip 信号，则直接执行跳闸。

Jb0007233024　什么是潜供电流？潜供电流对重合闸有何影响？如何防止？（5分）

考核知识点： 直流输电原理

难易度： 难

标准答案：

当故障相（线路）自两侧切除后，非故障相（线路）与断开相（线路）之间存在的电容耦合和电感耦合，继续向故障相（线路）提供的电流称为潜供电流。

潜供电流对灭弧产生影响，由于此电流存在，将使短路时弧光通道去游离受到严重阻碍。另外，自动重合闸只有在故障点电弧熄灭且绝缘强度恢复以后才有可能成功，若潜供电流值较大，则会导致重合闸失败。

为了保证重合闸有较高的重合成功率，一方面可采取减小潜供电流的措施，如对 500kV 中长线路上并联电抗器的中性点加小电抗、短时在线路两侧投入快速单相接地开关等措施；另一方面，可采用实测熄弧时间来整定重合闸时间。

Jb0007232025　简述直流解锁前换流阀区域的重点检查项目。（10 分）

考核知识点：检查项目

难易度：中

标准答案：

（1）换流阀投运前，应检查确认阀厅接地开关"远方/就地"控制把手在"远方"位置，电动机电源、控制电源开关在合上位置，加热器电源开关在拉开位置。

（2）阀厅地面、阀塔内无遗留物、无漏水；阀塔吊杆完好，阀塔内固定件无松脱。

（3）阀避雷器、晶闸管组件、阀电抗器、冷却水管无异常。

（4）直流控保、阀控、空调、消防系统已投运正常，阀冷却系统已正常运行 2h 以上且电导率符合要求后，方可解锁换流阀。

Jb0007233026　交流母线故障时应如何处理？（5 分）

考核知识点：事故处理

难易度：难

标准答案：

（1）立即按规定流程向调度汇报故障相关信息。

（2）检查母线保护动作情况，判断母线故障。

（3）监视系统运行情况，并按调度规定调整负荷。

（4）全面检查故障范围内的一次设备，查找故障原因。

（5）找到故障点并能迅速隔离的，在隔离故障后，经调度同意后对停电母线恢复送电。

（6）找到故障点但不能迅速隔离的，则将该母线转检修。

（7）对一次设备全面检查未发现故障，经主管生产的领导批准并报调度同意后，可对故障母线试充电一次，试送电断路器必须完好且保护加用正常，母线保护加用正常。

（8）如果是失灵保护动作引起母线失压，应全面检查断路器情况，将故障断路器停用，经调度同意后，可对母线进行充电，正常后恢复运行。

Jb0007233027　直流系统运行时，高压直流断路器发 SF_6 压力低报警应如何处理？（5 分）

考核知识点：事故处理

难易度：难

标准答案：

（1）现场检查直流断路器 SF_6 压力，如果压力正常，检查报警回路故障原因。

（2）如果现场检查 SF_6 压力没有继续下降或 SF_6 压力下降缓慢，压力高于分闸闭锁值，且无明显泄漏点，立即带电补气。

（3）如果现场检查 SF_6 压力下降很快或压力已经低于分闸闭锁值，或有明显泄漏点，应断开断路器操作电源，申请调度停运相应极。

（4）做好安措后，进行故障处理。

Jb0007232028　简述双极功率控制模式下，电流参考值在两个极间的分配。（5 分）

考核知识点：运行方式

难易度：中

标准答案：

如果两个极都处于双极功率控制模式下，双极功率控制功能为每个极分配相同的电流参考值，以使接地极电流最小。如果两个极的运行电压相等，则每个极的传输功率是相等的。但是，如果一极处于降压运行状态而另外一极是全压运行，则两个极的传输功率比和两个极的电压比一致。

Jb0007233029 在站间控制通道通信故障情况下，直流控制保护系统的操作原则是什么？（5分）

考核知识点：倒闸操作

难易度：难

标准答案：

在站间控制通道通信故障情况下，一般不进行直流启动操作。如需操作，应将两站有功功率运行方式置为独立控制，两站运维人员通过电话进行联系，两站分别设置潮流方向，逆变站先进行解锁操作，整流站后进行解锁操作，待直流解锁后，在整流站通过功率（电流）指令改变输送功率（电流）。

在站间控制通道通信故障情况下，一般不进行直流停运操作。如需操作，应将有功功率运行方式置为独立控制，整流站降低功率（电流）至最小值，两站运维人员通过电话进行联系，由整流站先进行闭锁操作，逆变站后进行闭锁操作。

Jb0007231030 站用交流不间断电源装置（UPS）发生交流输入故障时的处理原则包括哪些？（5分）

考核知识点：事故处理

难易度：易

标准答案：

（1）检查主机已自动转为直流逆变输出，主、从机输入、输出电压及电流指示是否正常。

（2）检查交流输入各级空气开关是否跳闸，电压是否正常。

（3）检查 UPS 装置是否过载，各负荷回路运行是否良好。

（4）若现场检查未发现明显异常，应及时联系检修人员处理。

Jb0007233031 对隔离开关进行远方合上操作时，现场隔离开关无动作，OWS 报出"××隔离开关远方操作失败"，运行人员应如何处理？（5分）

考核知识点：事故处理

难易度：难

标准答案：

（1）查软件，看联锁条件是否满足。

（2）现场检查隔离开关控制柜内电机电源、操作电源是否投入，未投入须立即投入。

（3）检查"远方""就地"把手是否打"远方"，未打立即打"远方"。

（4）如果热继电器动作，则复归该继电器，如果该热继电器继续动作，则通知检修处理。

（5）检查如果是机械故障或其他故障则立即通知检修处理。

（6）如果故障无法消除，经主管生产领导同意，可将隔离开关手动摇合上投入运行。

Jb0007232032 为什么 TA 二次回路有且仅有一点接地？（5分）

考核知识点：技术原理

难易度：中

标准答案：

因为 TA 二次回路一般采用星形接线，需要一个接地点用于电压钳位，减少开路时过电压的危害。同时，由于 TA 回路流入到保护装置内进行保护计算，因此如果存在两个接地点，导致电流直接流回而没有流入保护装置，将导致保护误动作。因此，TA 二次回路有且仅有一点接地。

Jb0007233033　变压器的铁芯为什么要一点接地且只能一点接地？（5 分）

考核知识点：技术原理

难易度：难

标准答案：

变压器的铁芯一点接地是为了防止变压器运行或试验时，由于静电感应而在铁芯或其他金属构件上产生悬浮电位造成对地放电。如果有两点或两点以上接地，则接地点之间可能形成闭合回路，当主磁通穿过此闭合回路时，就会在其中产生循环电流，造成内部过热事故。

Jb0007211034　已知某直流输电工程 1 月正常方式运行，2 月双极降压 80% 运行 12h，双极停运 6h，问截至 2 月 28 日等效停运小时数 ESOH。（10 分）

考核知识点：可靠性

难易度：易

标准答案：

解：等效停运小时数 $ESOH = 6h + (1-80\%) \times 12h = 8.4h$

答：截至 2 月 28 日等效停运小时数 ESOH 为 8.4h。

Jb0007211035　已知某直流输电工程 1 月正常方式运行，2 月双极降压 80% 运行 12h，极 1 单极停运 6h，问截至 2 月 28 日等效停运小时数 ESOH。（10 分）

考核知识点：可靠性

难易度：易

标准答案：

解：等效停运小时数 $ESOH = 6h \times (1-50\%) + 12h \times (1-80\%) = 5.4h$

答：截至 2 月 28 日等效停运小时数 ESOH 为 5.4h。

Jb0007212036　已知某直流输电工程 1 月正常方式运行，2 月双极降压 80% 运行 12h，极 1 单极停运 6h，问截至 2 月 28 日能量可用率数 EA。（10 分）

考核知识点：可靠性

难易度：中

标准答案：

解：（1）统计期间小时数 $PH = 24h \times (31+28) = 1416h$

（2）等效停运小时数 $ESOH = 6h \times (1-50\%) + (1-80\%) \times 12h = 5.4h$

（3）等效可用小时数 $EAH = 1416h - 5.4h = 1410.6h$

（4）能量可用率 $EA = 1410.6/1416 \times 100\% = 99.6\%$

答：截至 2 月 28 日能量可用率数 EA 为 99.6%。

Jb0007212037　已知某直流输电工程额定输送容量为 8000MW，1 月正常方式运行，外送电量为 53.568 亿 kWh，问截至 2 月 1 日 0 时的能量利用率。（10 分）

考核知识点：可靠性

难易度：中

标准答案：

解：根据题意

能量利用率 $U=\dfrac{TTE}{PM\times PH}\times100\%=53.568/\left[(8000\times24\times31)/10000\right]\times100\%=90\%$

答：截至 2 月 1 日 0 时的能量利用率为 90%。

Jb0007211038　已知如图 Jb0007211038 所示，其中 $R_1=5\Omega$、$R_2=10\Omega$、$R_3=8\Omega$、$R_4=3\Omega$、$R_5=6\Omega$，试求 A、B 两端的等效电阻。（10 分）

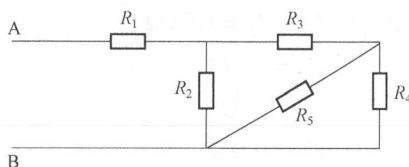

图 Jb0007211038

考核知识点：电路原理

难易度：易

标准答案：

解：根据题意

$$R_A=R_4//R_5=R_4R_5/(R_4+R_5)=3\times6/(3+6)=2（\Omega）$$
$$R_B=R_3+R_A=8+2=10（\Omega）$$
$$R_C=R_2//R_B=R_2R_B/(R_2+R_B)=10\times10/(10+10)=5（\Omega）$$
$$R_{AB}=R_1+R_C=5+5=10（\Omega）$$

答：A、B 两端的等效电阻为 10Ω。

Jb0007213039　一个电压表有三个不同的量程，即 $U_1=3V$、$U_2=15V$ 和 $U_3=150V$，如图 Jb0007213039 所示。表头的电阻 $R_0=50\Omega$，流过电流 $I=0.03A$ 时，表针指到满刻度，计算各量程的分压电阻 R_1、R_2、R_3。（10 分）

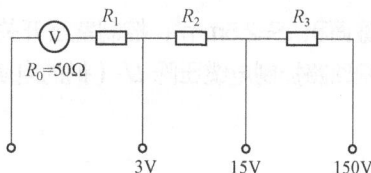

图 Jb0007213039

考核知识点：电路原理

难易度：难

标准答案：

解：根据题意

$$R_1=3/0.03-50=50（\Omega）$$

$$R_2 = 15 / 0.03 - 50 - R_1 = 15 / 0.03 - 50 - 50 = 400（\Omega）$$
$$R_3 = 150 / 0.03 - 50 - R_1 - R_2 = 150 / 0.03 - 50 - 50 - 400 = 4500（\Omega）$$

答：各量程的分压电阻 R_1、R_2、R_3 分别为 50Ω、400Ω、4500Ω。

Jb0007212040 三相星形接线的相间短路保护电流回路，其二次负载测量值 $Z_{AB}=2.2\Omega$，$Z_{BC}=1.8\Omega$，$Z_{CA}=1.6\Omega$，计算 A、B、C 各相的阻抗。（10分）

考核知识点：电路原理

难易度：中

标准答案：

解：根据题意

$$Z_{AB} = Z_A + Z_B = 2.2（\Omega）$$
$$Z_{BC} = Z_C + Z_B = 1.8（\Omega）$$
$$Z_{CA} = Z_C + Z_A = 1.6（\Omega）$$
$$Z_B = 1.2\Omega$$
$$Z_A = 1\Omega$$
$$Z_C = 0.6\Omega$$

答：A、B、C 各相的阻抗分别为 1.2Ω、1Ω、0.6Ω。

Jb0007213041 某线路采用行波测距，线路出现故障后，测距装置测得行波波头到达两站的时刻分别为 T_S 和 T_R（送端站为 S 侧，受端站为 R 侧），T_S=8 590 150μs，T_R=8 590 650μs，该线路全长为 1000km，请计算故障点距送端站的距离为多少？（10分）

考核知识点：直流输电原理

难易度：难

标准答案：

解：设行波由故障点到达送端站用时 t_1，到达受端站用时 t_2。根据题目信息得到以下公示：

（1）$t_2 - t_1 = T_S - T_R = 8\ 590\ 650 - 8\ 590\ 150 = 0.000\ 5$（s）。

（2）$c \times (t_1 + t_2) = 300\ 000km/s\times (t_1 + t_2) = 1000$km，由此可得 $t_1 + t_2 = 0.003\ 333\ 333\ 33$（$c$ 为光速，即 300 000km/s）。

（3）求解以上公式可得出 $t_1 = 0.001\ 416$s，$t_2 = 0.001\ 916$s。

（4）故障点距送端站的距离 $L = 0.001\ 416$s$\times c = 0.001\ 416$s$\times 300\ 000$km/s = 424.99km。

Jb0007211042 已知控制电缆截面积 S=2.5mm^2，控制室至开关机构距离 L=352.0m，直流额定电压 U_e=220V，开关合闸电流 I=4A，求合闸回路控制电缆压降 U（铜的电阻率 $\rho = 0.016\ 8\Omega \cdot$ mm^2/m）。（10分）

考核知识点：电路原理

难易度：易

标准答案：

解：根据题意

$$电阻 R = 2 \times \rho \times L / S = 2 \times 0.016\ 8 \times 352 / 2.5 = 4.73（\Omega）$$
$$U = I \times R = 4 \times 4.73 = 18.92（V）$$

答：合闸回路控制电缆压降 18.92V。

Jb0007222043 根据图 Jb0007222043 简述换流阀阀塔漏水检测的原理。（10分）

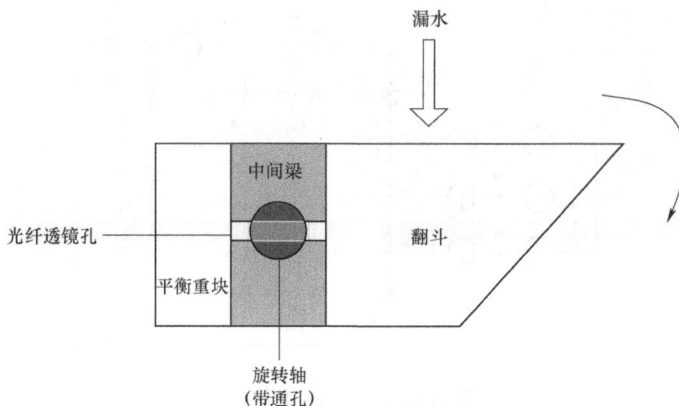

图 Jb0007222043

考核知识点： 换流阀

难易度： 中

标准答案：

当阀内发生泄漏时，渗漏的水流入底屏蔽罩内，在集漏装置倾斜的底屏蔽金属板引导下流入漏水探测仪的翻斗，当翻斗储水槽水容积达到预定值后，由于重力作用克服平衡重块力矩，使翻斗翻倒，同时带动翻转轴旋转。漏斗每翻一次，翻转轴的通光孔与光通道错位，光通道被阻挡，发出漏水计数信息并报警。

Jb0007223044 **图为 6 脉动整流器的波形图，简述 c1 到 c4 时刻整流器导通过程。（10 分）**

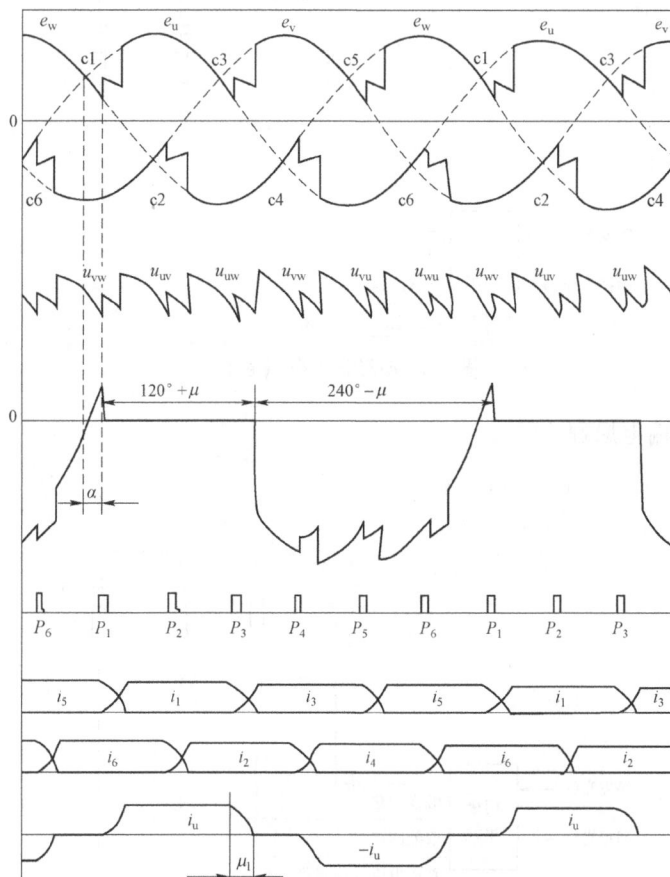

图 Jb0007223044（a）

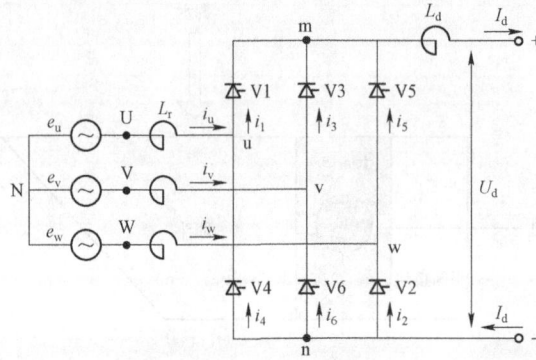

图 Jb0007223044（b）

考核知识点： 直流输电原理

难易度： 中

标准答案：

在 c1 时刻以后，V1 和 V6 处于导通状态，换流器的直流输出电压为线电压 U_{uv}；到 c2 时刻，由于 V 点电位高于 W 点电位，V2 进入导通状态，V6 在反向电压作用下电流到零而关断，直流输出电压为 U_{uv}；到 c3 时刻，由于 V 点电位高于 U 点电位，V3 进入导通状态，V1 电流过零而关断，直流输出电压为 U_{vw}。

Jb0007222045　补充绘制单个可控硅电气回路图。（10 分）

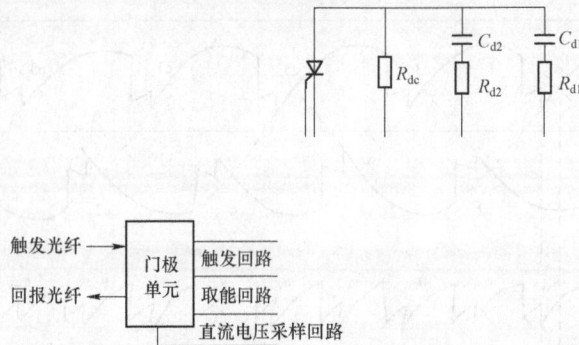

图 Jb0007222045（a）

考核知识点： 直流输电原理

难易度： 中

标准答案：

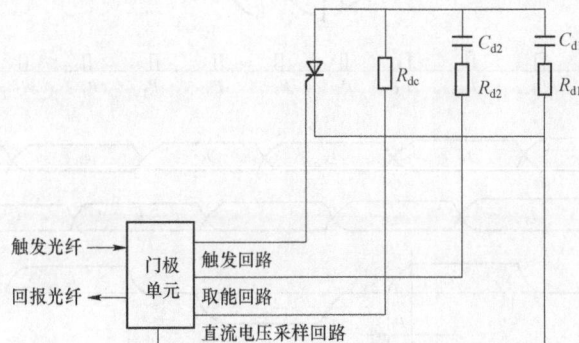

图 Jb0007222045（b）

Jb0007222046 绘出图 Jb0007222046（a）中当熔断器 3FU 熔断时产生寄生电流的流向。（10 分）

考核知识点：电路原理

难易度：中

标准答案：

当熔断器 3FU 熔断时，会造成图 Jb0007222046（b）中箭头所示的寄生回路。

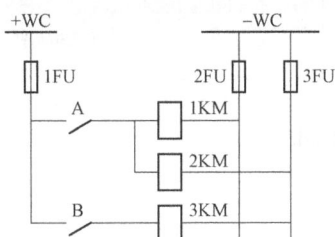

图 Jb0007222046（a）　　　　图 Jb0007222046（b）

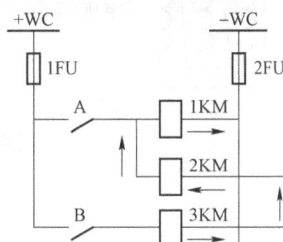

Jb0007223047 根据图 Jb0007223047 简述该直流保护的类型及原理。（10 分）

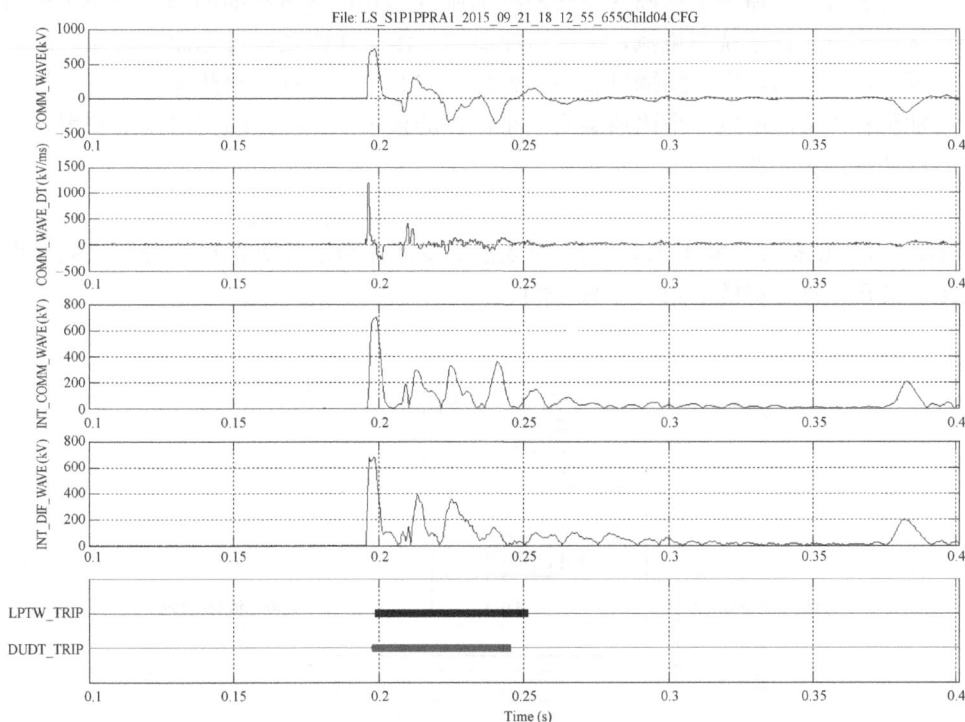

图 Jb0007223047

考核知识点：直流输电原理

难易度：难

标准答案：

（1）该直流保护为直流线路行波保护。

（2）检测直流线路上的金属性接地故障，依靠控制动作熄灭故障电流；如果情况允许，在故障被清除后恢复功率传输。保护检测直流线路电压 U_{DL} 和直流线路电流 I_{DL}。在直流线路接地故障时，波从故障点向两站传播。行波保护通过计算直流线路电压和直流线路电流的变化率来检测这种故障情况。如果电压的变化率和固定的时间内电压变化的幅值超过设定值，保护系统开始计算电流变化量。如果电流变化量也超过限定值，保护动作，启动极控内的直流线路重启逻辑。

Jb0007223048 通过图 Jb0007223048 描述绕组温度传感器的工作原理。（10 分）

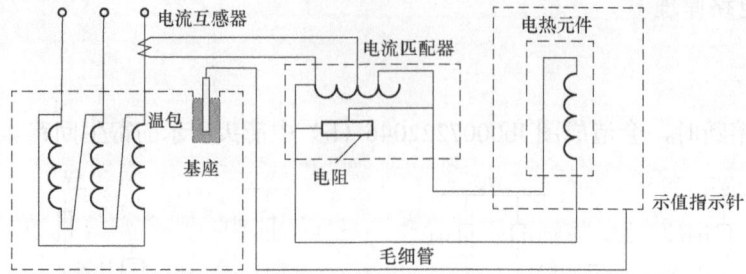

图 Jb0007223048

考核知识点：变压器
难易度：难
标准答案：

绕组温度测量装置由机械表和测量装置两部分组成，其包括电流补偿回路，测温元件、感温包等部分。绕组温度为换流变压器顶层油温与绕组对油的温升之和，绕组对油的温升决定于绕组电流，电流互感器的二次电流值正比于绕组电流，绕组温控器的工作原理就是通过电流互感器取出与负荷正比的电流，经变流器调整以后，输入到绕组温控器弹性元件的电热元件，电热元件产生的热量使弹性元件产生一个附加位移，从而产生一个比油温高一个温差的指示值。绕组温控器就是利用这种间接的方法得到绕组温度的平均指示值。

Jb0007221049 根据图 Jb0007221049 简述换流变压器铁芯与夹件接地为何只能一点接地，若发生多点接地时会产生什么样的后果？（10 分）

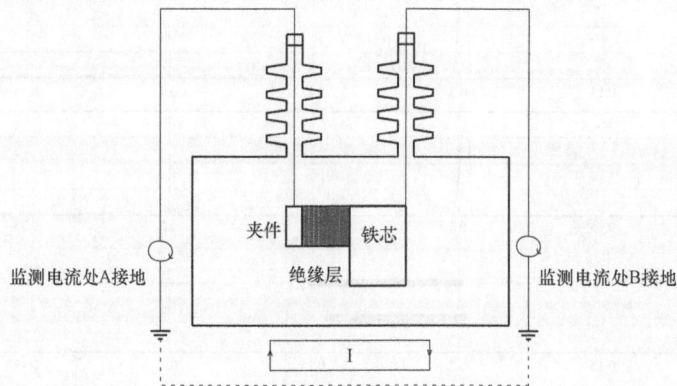

图 Jb0007221049

考核知识点：变压器
难易度：易
标准答案：

（1）换流变压器运行过程中，铁芯、夹件等金属结构件均处在强电场中，它们具有较高的对地电位，且由于电容分布不均、场地各异，如果铁芯不接地，它们与接地的油箱和其他金属结构件之间存在电位差，极易发生断续的放电现象，对换流变压器的状态检测和评估非常不利。因此，必须将铁芯与金属构件一点接地。

（2）换流变压器的铁芯和夹件之间是相互绝缘的，通过接地装置分别引出油箱外部一点接地。如果铁芯和夹件发生多点接地，就会产生环流造成铁芯或夹件局部过热，使绝缘油分解产生特征气体。

第八章 换流站值班员技师技能操作

Jc0008241001 换流站设备巡视类（直流滤波器保护装置巡视）。（100分）

考核知识点：基本运维工作

难易度：易

技能等级评价专业技能考核操作工作任务书

一、任务名称

换流站设备巡视类（直流滤波器保护装置巡视）。

二、适用工种

换流站值班员技师。

三、具体任务

（1）进行直流滤波器保护装置巡视工作，并填写巡检记录。

（2）工作任务：直流滤波器保护装置巡视。

四、工作规范及要求

（1）巡检人着装应符合要求。

（2）巡检工器具的正确使用及安全措施。

（3）工作步骤要严格按照《国家电网有限公司直流换流站运维管理规定》的要求进行。

（4）巡检结束后填写巡检记录。

五、考核及时间要求

（1）本考核操作时间为20分钟，时间到停止考评，包括巡视过程和报告整理时间，报告整理时间不超过5分钟。

（2）考评过程中如果由于巡视人员操作不规范、误入间隔等有可能引发不安全因素的，停止考评，该项考核项目不得分，但不影响其他项目。

（3）记录巡检结果，整理报告。

技能等级评价专业技能考核操作评分标准

工种	换流站值班员			评价等级	技师
项目模块	基本运维工作		编号		Jc0008241001
单位		准考证号		姓名	
考试时限	20分钟	题型		单项操作	题分	100分
成绩		考评员	考评组长		日期	
试题正文	换流站设备巡视类（直流滤波器保护装置巡视）				
需要说明的问题和要求	（1）要求单人巡视，着装符合安全要求。 （2）正确使用巡视所需工器具，巡视过程中应保证安全。 （3）合理规划巡视路线，巡视完成一个设备/间隔后不允许折返。 （4）巡视结束后，待考评员同意方可离开考场				

续表

序号	项目名称	质量要求	满分	扣分标准	扣分原因	得分
1	安全事项					
1.1	安全措施的准备	着装： （1）穿全棉长袖工作服、绝缘鞋。 （2）正确佩戴安全帽，安全帽系带戴牢。 （3）检查安全帽外观正常。 （4）检查安全帽合格证完整，在检验有效期内。 （5）工作服穿着规范，无裸露、破损，衣扣系牢	5	着装不符合质量要求，每处扣 2 分，扣完为止		
1.2	巡视工器具选择及检查	工器具选择及检查： （1）携带对讲机，巡检前测试对讲机功能正常。 （2）携带巡检钥匙，检查钥匙外观完整，巡视区域授权正确，钥匙功能正常	10	未按规范携带、使用工器具及仪器仪表，每条扣 3 分； 未按要求检查工器具及仪器仪表完好，每条扣 2 分； 以上扣分，扣完为止； 巡检钥匙授权错误，扣 10 分		
2	直流滤波器保护装置巡视	巡视要点				
2.1	巡视内容	室内温度正常，空调无冷凝水渗漏等异常现象	3	缺少 1 项扣 3 分，表述不完整的扣 1 分，扣完为止		
		检查面板指示灯正常，无异常报警	3	缺少 1 项扣 3 分，表述不完整的扣 1 分，扣完为止		
		屏柜运行声音正常，无异常声响和振动，无焦煳味	2	缺少 1 项扣 2 分，表述不完整的扣 1 分，扣完为止		
		电源空气开关位置正确，电源指示正常	2	缺少 1 项扣 2 分，表述不完整的扣 1 分，扣完为止		
		保护主机运行状态无异常	2	缺少 1 项扣 2 分，表述不完整的扣 1 分，扣完为止		
		连接片、转换开关、按钮完好，位置正确	2	缺少 1 项扣 2 分，表述不完整的扣 1 分，扣完为止		
		屏内外清洁，无杂物	2	缺少 1 项扣 2 分，表述不完整的扣 1 分，扣完为止		
		屏内防火封堵完好，无凝露现象	2	缺少 1 项扣 2 分，表述不完整的扣 1 分，扣完为止		
		标签完整、清晰，定义明确，规格标准	2	缺少 1 项扣 2 分，表述不完整的扣 1 分，扣完为止		
3	巡检记录					
3.1	缺陷报告	记录巡检过程中发现的缺陷，记录要翔实，包含设备电压等级、设备双重名称及缺陷准确描述	30	巡检缺陷数量不全，缺少 1 项扣 5 分，扣完为止； 巡检缺陷描述不清楚，每项扣 3 分，扣完为止		
3.2	缺陷定性	对发现的缺陷逐条定性正确	20	定性不正确，每条扣 2 分，扣完为止		
4	工作结束					
4.1	工作现场清理	清理工作现场： （1）合理规划巡视路线，巡视完成一个设备/间隔后不允许折返。 （2）巡检过程中打开的箱门、柜门及时上锁。 （3）巡检过程中保持地面整洁，不随意丢弃垃圾	10	巡视完成一个设备/间隔后出现折返情况，每次扣 2 分，扣完为止； 打开的箱门、柜门未及时恢复，每处扣 1 分，扣完为止； 巡检过程中地面出现异物，每处扣 1 分，扣完为止		

续表

序号	项目名称	质量要求	满分	扣分标准	扣分原因	得分
4.2	巡视工器具归置及检查	巡视工器具归置及检查： （1）归还对讲机，并测试对讲机功能正常。 （2）归还巡检钥匙，并检查钥匙外观完整，功能正常	5	未按规范归还工器具及仪器仪表，每条扣3分，扣完为止； 未按要求检查工器具及仪器仪表完好，每条扣2分，扣完为止		
	合计		100			

Jc0008241002 换流站设备巡视类（直流断路器巡视）。（100分）

考核知识点：基本运维工作

难易度：易

技能等级评价专业技能考核操作工作任务书

一、任务名称

换流站设备巡视类（直流断路器巡视）。

二、适用工种

换流站值班员技师。

三、具体任务

（1）进行直流断路器巡视工作，并填写巡检记录。

（2）工作任务：直流断路器巡视。

四、工作规范及要求

（1）巡检人着装应符合要求。

（2）巡检工器具的正确使用及安全措施。

（3）工作步骤要严格按照《国家电网有限公司直流换流站运维管理规定》的要求进行。

（4）巡检结束后填写巡检记录。

五、考核及时间要求

（1）本考核操作时间为20分钟，时间到停止考评，包括巡视过程和报告整理时间，报告整理时间不超过5分钟。

（2）考评过程中如果由于巡视人员操作不规范、误入间隔等有可能引发不安全因素的，停止考评，该项考核项目不得分，但不影响其他项目。

（3）记录巡检结果，整理报告。

技能等级评价专业技能考核操作评分标准

工种	换流站值班员			评价等级		技师	
项目模块	基本运维工作			编号		Jc0008241002	
单位			准考证号			姓名	
考试时限	20分钟		题型		单项操作	题分	100分
成绩		考评员		考评组长		日期	
试题正文	换流站设备巡视类（直流断路器巡视）						
需要说明的问题和要求	（1）要求单人巡视，着装符合安全要求。 （2）正确使用巡视所需工器具，巡视过程中应保证安全。 （3）合理规划巡视路线，巡视完成一个设备/间隔后不允许折返。 （4）巡视结束后，待考评员同意方可离开考场						

续表

序号	项目名称	质量要求	满分	扣分标准	扣分原因	得分
1	安全事项					
1.1	安全措施的准备	着装： （1）穿全棉长袖工作服、绝缘鞋。 （2）正确佩戴安全帽，安全帽系带戴牢。 （3）检查安全帽外观正常。 （4）检查安全帽合格证完整，在检验有效期内。 （5）工作服穿着规范，无裸露、破损，衣扣系牢	5	着装不符合质量要求，每处扣2分，扣完为止		
1.2	巡视工器具选择及检查	工器具选择及检查： （1）携带对讲机，巡检前测试对讲机功能正常。 （2）携带巡检钥匙，检查钥匙外观完整，巡视区域授权正确，钥匙功能正常	10	未按规范携带、使用工器具及仪器仪表，每条扣3分； 未按要求检查工器具及仪器仪表完好，每条扣2分； 以上扣分，扣完为止； 巡检钥匙授权错误，扣10分		
2	直流断路器巡视	巡视要点				
2.1	本体巡视	直流断路器各部件无异常振动声响	2	缺少1项扣2分，表述不完整的扣1分，扣完为止		
		机构箱外观无变形，金属件无锈蚀，弹簧储能情况正常	2	缺少1项扣2分，表述不完整的扣1分，扣完为止		
		各部件无渗漏油情况，机构箱应关严密封良好	2	缺少1项扣2分，表述不完整的扣1分，扣完为止		
		SF$_6$压力正常，防雨罩完好	2	缺少1项扣2分，表述不完整的扣1分，扣完为止		
2.2	振荡回路电阻巡视	引流线无松股、断股和弛度过紧及过松现象	2	缺少1项扣2分，表述不完整的扣1分，扣完为止		
		瓷套部分无裂纹、无破损、无放电现象	2	缺少1项扣2分，表述不完整的扣1分，扣完为止		
2.3	电容器巡视	无异常振动或响声	2	缺少1项扣2分，表述不完整的扣1分，扣完为止		
		电容器壳体无变色、无膨胀变形、无渗漏油	2	缺少1项扣2分，表述不完整的扣1分，扣完为止		
2.4	电抗器巡视	包封表面无裂纹、无爬电、无油漆脱落现象	2	缺少1项扣2分，表述不完整的扣1分，扣完为止		
		电抗器本体及支架上无鸟窝、漂浮物等异物	2	缺少1项扣2分，表述不完整的扣1分，扣完为止		
3	巡检记录					
3.1	缺陷报告	记录巡检过程中发现的缺陷，记录要翔实，包含设备电压等级、设备双重名称及缺陷准确描述	30	巡检缺陷数量不全，缺少1项扣5分，扣完为止； 巡检缺陷描述不清楚，每项扣3分，扣完为止		
3.2	缺陷定性	对发现的缺陷逐条定性正确	20	定性不正确，每条扣2分，扣完为止		
4	工作结束					
4.1	工作现场清理	清理工作现场： （1）合理规划巡视路线，巡视完成一个设备/间隔后不允许折返。 （2）巡检过程中打开的箱门、柜门及时上锁。 （3）巡检过程中保持地面整洁，不随意丢弃垃圾	10	巡视完成一个设备/间隔后出现折返情况，每次扣2分，扣完为止； 打开的箱门、柜门未及时恢复，每处扣1分，扣完为止； 巡检过程中地面出现异物，每处扣1分，扣完为止		

续表

序号	项目名称	质量要求	满分	扣分标准	扣分原因	得分
4.2	巡视工器具归置及检查	巡视工器具归置及检查： （1）归还对讲机，并测试对讲机功能正常。 （2）归还巡检钥匙，并检查钥匙外观完整，功能正常	5	未按规范归还工器具及仪器仪表，每条扣3分，扣完为止； 未按要求检查工器具及仪器仪表完好，每条扣2分，扣完为止		
	合计		100			

Jc0008241003 换流站设备巡视类（极控系统巡视）。（100分）

考核知识点：基本运维工作

难易度：易

技能等级评价专业技能考核操作工作任务书

一、任务名称

换流站设备巡视类（极控系统巡视）。

二、适用工种

换流站值班员技师。

三、具体任务

（1）进行极控系统巡视工作，并填写巡检记录。

（2）工作任务：极控系统巡视。

四、工作规范及要求

（1）巡检人着装应符合要求。

（2）巡检工器具的正确使用及安全措施。

（3）工作步骤要严格按照《国家电网有限公司直流换流站运维管理规定》的要求进行。

（4）巡检结束后填写巡检记录。

五、考核及时间要求

（1）本考核操作时间为20分钟，时间到停止考评，包括巡视过程和报告整理时间，报告整理时间不超过5分钟。

（2）考评过程中如果由于巡视人员操作不规范、误入间隔等有可能引发不安全因素的，停止考评，该项考核项目不得分，但不影响其他项目。

（3）记录巡检结果，整理报告。

技能等级评价专业技能考核操作评分标准

工种	换流站值班员			评价等级	技师
项目模块	基本运维工作		编号		Jc0008241003
单位		准考证号		姓名	
考试时限	20分钟	题型	单项操作	题分	100分
成绩		考评员	考评组长	日期	
试题正文	换流站设备巡视类（极控系统巡视）				
需要说明的问题和要求	（1）要求单人巡视，着装符合安全要求。 （2）正确使用巡视所需工器具，巡视过程中应保证安全。 （3）合理规划巡视路线，巡视完成一个设备/间隔后不允许折返。 （4）巡视结束后，待考评员同意方可离开考场				

续表

序号	项目名称	质量要求	满分	扣分标准	扣分原因	得分
1	安全事项					
1.1	安全措施的准备	着装： （1）穿全棉长袖工作服、绝缘鞋。 （2）正确佩戴安全帽，安全帽系带戴牢。 （3）检查安全帽外观正常。 （4）检查安全帽合格证完整，在检验有效期内。 （5）工作服穿着规范，无裸露、无破损，衣扣系牢	5	着装不符合质量要求，每处扣2分，扣完为止		
1.2	巡视工器具选择及检查	工器具选择及检查： （1）携带对讲机，巡检前测试对讲机功能正常。 （2）携带巡检钥匙，检查钥匙外观完整，巡视区域授权正确，钥匙功能正常	10	未按规范携带、使用工器具及仪器仪表，每条扣3分； 未按要求检查工器具及仪器仪表完好，每条扣2分； 以上扣分，扣完为止； 巡检钥匙授权错误，扣10分		
2	极控系统巡视	巡视要点				
2.1	巡视内容	控制保护设备室清洁无杂物，无漏水、凝露现象	3	缺少1项扣3分，表述不完整的扣1分，扣完为止		
		室内照明正常，空调运行正常，温湿度指示正常	3	缺少1项扣3分，表述不完整的扣1分，扣完为止		
		屏柜内无异常声响和振动、无焦烟味	2	缺少1项扣2分，表述不完整的扣1分，扣完为止		
		屏柜内端子接线无脱落，无发霉、锈蚀现象	2	缺少1项扣2分，表述不完整的扣1分，扣完为止		
		屏柜门密封良好，关闭正常，电缆孔洞封堵严密	2	缺少1项扣2分，表述不完整的扣1分，扣完为止		
		屏柜内各板卡、元器件指示灯正常	2	缺少1项扣2分，表述不完整的扣1分，扣完为止		
		电源模块、继电器等元件指示正常，无异常告警信号	2	缺少1项扣2分，表述不完整的扣1分，扣完为止		
		开关、把手位置正确	2	缺少1项扣2分，表述不完整的扣1分，扣完为止		
		屏柜内设备标示完整、清晰，无脱落	2	缺少1项扣2分，表述不完整的扣1分，扣完为止		
3	巡检记录					
3.1	缺陷报告	记录巡检过程中发现的缺陷，记录要翔实，包含设备电压等级、设备双重名称及缺陷准确描述	30	巡检缺陷数量不全，缺少1项扣5分，扣完为止； 巡检缺陷描述不清楚，每项扣3分，扣完为止		
3.2	缺陷定性	对发现的缺陷逐条定性正确	20	定性不正确，每条扣2分，扣完为止		
4	工作结束					
4.1	工作现场清理	清理工作现场： （1）合理规划巡视路线，巡视完成一个设备/间隔后不允许折返。 （2）巡检过程中打开的箱门、柜门及时上锁。 （3）巡检过程中保持地面整洁，不随意丢弃垃圾	10	巡视完成一个设备/间隔后出现折返情况，每次扣2分，扣完为止； 打开的箱门、柜门未及时恢复，每处扣1分，扣完为止； 巡检过程中地面出现异物，每处扣1分，扣完为止		
4.2	巡视工器具归置及检查	巡视工器具归置及检查： （1）归还对讲机，并测试对讲机功能正常。 （2）归还巡检钥匙，并检查钥匙外观完整，功能正常	5	未按规范归还工器具及仪器仪表，每条扣3分，扣完为止； 未按要求检查工器具及仪器仪表完好，每条扣2分，扣完为止		
	合计		100			

Jc0008241004 换流站设备验收类（阀厅火灾报警系统例行检修后验收）。（100 分）

考核知识点：基本运维工作

难易度：易

技能等级评价专业技能考核操作工作任务书

一、任务名称

换流站设备验收类（阀厅火灾报警系统例行检修后验收）。

二、适用工种

换流站值班员技师。

三、具体任务

（1）进行阀厅火灾报警系统例行检修后验收工作，并出具验收报告。

（2）工作任务：阀厅火灾报警系统例行检修后验收。

四、工作规范及要求

（1）操作人着装应符合要求。

（2）工器具、仪器仪表的正确使用及安全措施。

（3）工作步骤要严格按照《国家电网有限公司直流换流站验收管理规定》的要求进行。

（4）出具验收报告。

五、考核及时间要求

（1）本考核操作时间为 30 分钟，时间到停止考评，包括验收过程和报告整理时间，报告整理时间不超过 5 分钟。

（2）考评过程中如果由于验收人员操作不规范、误入间隔等有可能引发不安全因素的，停止考评，该项考核项目不得分，但不影响其他项目。

（3）记录验收结果，整理报告。

技能等级评价专业技能考核操作评分标准

工种	换流站值班员			评价等级		技师	
项目模块	基本运维工作			编号		Jc0008241004	
单位			准考证号			姓名	
考试时限	30 分钟		题型		单项操作	题分	100 分
成绩		考评员		考评组长		日期	
试题正文	换流站设备验收类（阀厅火灾报警系统例行检修后验收）						
需要说明的问题和要求	（1）要求单人操作，考评员监护。 （2）着装应符合安全要求。 （3）正确使用仪器仪表，验收过程中应保证安全。 （4）操作结束后，待考评员同意后方可离开考场						

序号	项目名称	质量要求	满分	扣分标准	扣分原因	得分
1	安全事项					
1.1	安全措施的准备	着装： （1）穿全棉长袖工作服、绝缘鞋。 （2）正确佩戴安全帽，安全帽系带戴牢。 （3）检查安全帽外观正常。 （4）检查安全帽合格证完整，在检验有效期内。 （5）工作服穿着规范，无裸露、破损，衣扣系牢	5	着装不符合质量要求，每处扣 2 分，扣完为止		

续表

序号	项目名称	质量要求	满分	扣分标准	扣分原因	得分
1.2	仪器仪表、材料、工器具	正确检查和使用各种工器具及仪器、仪表	5	使用不正确扣5分		
2	阀厅火灾报警系统例行检修后验收					
2.1	验收内容	空气采样装置（VESDA）无变形及其他机械性损伤，装置面板无报警	5	验收记录不完善扣2分，未验收到该项内容扣5分		
		空气采样装置（VESDA）信号正常	5	验收记录不完善扣2分，未验收到该项内容扣5分		
		紫外火焰探测器外观干净，安装牢固，运行正常	5	验收记录不完善扣2分，未验收到该项内容扣5分		
		紫外火焰探测器信号正常，功能性试验正常	5	验收记录不完善扣2分，未验收到该项内容扣5分		
		主控屏和联动控制屏外观完好、清洁	5	验收记录不完善扣2分，未验收到该项内容扣5分		
		联动控制系统各项输入、输出显示功能正常，界面（模块）各项参数正常	5	验收记录不完善扣2分，未验收到该项内容扣5分		
		火灾跳闸接口屏设备无擦痕、腐蚀、烧痕、异味、异声等现象；连接端子无松动	5	验收记录不完善扣2分，未验收到该项内容扣5分		
		火灾跳闸接口屏信号正常，功能性试验正常，跳闸出口连接片位置正确	5	验收记录不完善扣2分，未验收到该项内容扣5分		
		烟感探测器外观干净，安装牢固，运行正常	5	验收记录不完善扣2分，未验收到该项内容扣5分		
		烟感探测器信号正常，功能性试验正常	5	验收记录不完善扣2分，未验收到该项内容扣5分		
3	验收报告					
3.1	验收记录	记录验收过程中发现的缺陷，记录要翔实	15	记录不全或未记录被验收设备双重名称、验收人员姓名、验收日期、环境温度，每条扣1分，扣完为止；未记录验收设备运行状况或负荷，每条扣2分，扣完为止		
3.2	缺陷定性	对发现的缺陷逐条定性正确	20	定性不正确，每条扣5分，扣完为止		
4	工作结束					
4.1	工作现场清理	清理工作现场，整理工器具	5	不符合要求扣5分		
	合计		100			

Jc0008241005 换流站设备验收类（站用交流系统例行检修后验收）。（100分）

考核知识点：基本运维工作

难易度：易

技能等级评价专业技能考核操作工作任务书

一、任务名称

换流站设备验收类（站用交流系统例行检修后验收）。

二、适用工种

换流站值班员技师。

三、具体任务

（1）进行站用交流系统例行检修后验收工作，并出具验收报告。

（2）工作任务：站用交流系统例行检修后验收。

四、工作规范及要求

（1）操作人着装应符合要求。

（2）工器具、仪器仪表的正确使用及安全措施。

（3）工作步骤要严格按照《国家电网有限公司直流换流站验收管理规定》的要求进行。

（4）出具验收报告。

五、考核及时间要求

（1）本考核操作时间为 30 分钟，时间到停止考评，包括验收过程和报告整理时间，报告整理时间不超过 5 分钟。

（2）考评过程中如果由于验收人员操作不规范、误入间隔等有可能引发不安全因素的，停止考评，该项考核项目不得分，但不影响其他项目。

（3）记录验收结果，整理报告。

技能等级评价专业技能考核操作评分标准

工种	换流站值班员		评价等级	技师
项目模块	基本运维工作	编号		Jc0008241005
单位		准考证号	姓名	
考试时限	30 分钟	题型	单项操作	题分	100 分
成绩		考评员	考评组长		日期	
试题正文	换流站设备验收类（站用交流系统例行检修后验收）			
需要说明的问题和要求	（1）要求单人操作，考评员监护。 （2）着装应符合安全要求。 （3）正确使用仪器仪表，验收过程中应保证安全。 （4）操作结束后，待考评员同意后方可离开考场			

序号	项目名称	质量要求	满分	扣分标准	扣分原因	得分
1	安全事项					
1.1	安全措施的准备	着装： （1）穿全棉长袖工作服、绝缘鞋。 （2）正确佩戴安全帽，安全帽系带戴牢。 （3）检查安全帽外观正常。 （4）检查安全帽合格证完整，在检验有效期内。 （5）工作服穿着规范，无裸露、破损，衣扣系牢	5	着装不符合质量要求，每处扣 2 分，扣完为止		
1.2	仪器仪表、材料、工器具	正确检查和使用各种工器具及仪器、仪表	5	使用不正确扣 5 分		
2	站用交流系统例行检修后验收					
2.1	验收内容	柜门关闭良好，开关自如，无锈蚀	5	验收记录不完善扣 2 分； 未验收到该项内容扣 5 分		
		柜内螺栓无松动、机械损伤，无烧伤现象	5	验收记录不完善扣 2 分； 未验收到该项内容扣 5 分		

序号	项目名称	质量要求	满分	扣分标准	扣分原因	得分
2.1	验收内容	屏柜标识齐全、清晰、醒目	5	验收记录不完善扣2分；未验收到该项内容扣5分		
		检查屏内各独立装置、连接片标识正确齐全，且其外观无明显损坏	5	验收记录不完善扣2分；未验收到该项内容扣5分		
		屏内外清洁、无杂物，内部无凝水	5	验收记录不完善扣2分；未验收到该项内容扣5分		
		辅助回路和控制回路电缆、接地线外观完好	5	验收记录不完善扣2分；未验收到该项内容扣5分		
		接地线标识明显、清晰，无锈蚀、脱开、断股现象	5	验收记录不完善扣2分；未验收到该项内容扣5分		
		备自投功能逻辑完善、动作正确，闭锁功能完善	5	验收记录不完善扣2分；未验收到该项内容扣5分		
		柜体固定牢固，无变形，小开关、按钮良好	5	验收记录不完善扣2分；未验收到该项内容扣5分		
		电缆号头和号牌清晰、整洁	5	验收记录不完善扣2分；未验收到该项内容扣5分		
3	验收报告					
3.1	验收记录	记录验收过程中发现的缺陷，记录要翔实	15	记录不全或未记录被验收设备双重名称、验收人员姓名、验收日期、环境温度，每条扣1分，扣完为止；未记录验收设备运行状况或负荷，每条扣2分，扣完为止		
3.2	缺陷定性	对发现的缺陷逐条定性正确	20	定性不正确，每条扣5分，扣完为止		
4	工作结束					
4.1	工作现场清理	清理工作现场，整理工器具	5	不符合要求扣5分		
	合计		100			

Jc0008241006　换流变压器精确红外测温。（100分）

考核知识点：运维技能

难易度：易

技能等级评价专业技能考核操作工作任务书

一、任务名称

换流变压器精确红外测温。

二、适用工种

换流站值班员技师。

三、具体任务

（1）进行换流变压器精确红外测温工作，并出具检测报告。

（2）工作任务：换流变压器精确红外测温。

四、工作规范及要求

（1）操作人着装应符合要求。

（2）红外测温仪器的正确使用及安全措施。

（3）工作步骤要严格按照 DL/T 664—2016《带电设备红外诊断应用规范》的要求进行。

（4）操作结束后填写检测报告。

五、考核及时间要求

（1）本考核操作时间为 30 分钟，时间到停止考评，包括测试过程和报告整理时间，报告整理时间不超过 5 分钟。

（2）考评过程中如果由于测试人员操作不规范，有可能引发不安全因素的，停止考评，该项考核项目不得分，但不影响其他项目。

（3）记录测试结果，整理报告。

技能等级评价专业技能考核操作评分标准

工种	换流站值班员		评价等级		技师
项目模块	运维技能		编号		Jc0008241006
单位		准考证号		姓名	
考试时限	30 分钟	题型	单项操作	题分	100 分
成绩		考评员	考评组长	日期	

试题正文	换流变压器精确红外测温
需要说明的问题和要求	（1）要求单人操作，考评员监护。 （2）着装应符合安全要求。 （3）正确使用仪器仪表，测试过程中应保证安全。 （4）操作结束后，待考评员同意后方可离开考场

序号	项目名称	质量要求	满分	扣分标准	扣分原因	得分
1	安全事项					
1.1	安全措施的准备	着装： （1）穿全棉长袖工作服、绝缘鞋。 （2）正确佩戴安全帽，安全帽系带戴牢。 （3）检查安全帽外观正常。 （4）检查安全帽合格证完整，在检验有效期内。 （5）工作服穿着规范，无裸露、破损，衣扣系牢	5	着装不符合质量要求，每处扣 2 分，扣完为止		
1.2	工器具选择及检查	工器具选择及检查： （1）携带红外测温仪，测试功能正常。 （2）携带对讲机，操作前测试对讲机功能正常	5	未按规范携带、使用工器具及仪器仪表，每条扣 3 分； 未按要求检查工器具及仪器仪表完好，每条扣 2 分		
2	换流变压器精确红外测温					
2.1	仪器设定	测量环境温湿度，并对仪器进行设置	5	未进行设置扣 5 分		
		检查仪器辐射率设置（可设置 0.9）	4	未检查设置扣 4 分，低于 0.8 扣 2 分，高于 0.96 扣 2 分		
		设置仪器补偿参数目标距离	6	设置不当扣 6 分		
		换流变压器检测应包括本体、套管、冷却器、储油柜、连接金具	30	每漏检 1 处扣 5 分，扣完为止		
		至少从两个角度进行检测	20	每个设备仅从 1 个角度检测扣 10 分，扣完为止		
3	试验报告					
3.1	数据记录	数据翔实	5	记录不全或未记录被测设备名称、仪器型号、检测单位、试验日期、环境温湿度扣 1 分； 未记录负荷电流扣 2 分； 未记录运行电压扣 2 分		

续表

序号	项目名称	质量要求	满分	扣分标准	扣分原因	得分
3.2	图谱采集	图谱清晰,图片应能体现换流变压器本体、套管、冷却器、储油柜、连接金具	10	每缺少1个部位扣4分； 红外图像对焦不准确、不清晰,每张扣4分； 红外图像画面布置不合理扣2分； 红外图像中色标温度范围设置不合适,换流变压器温宽超过±4K,每张扣2分； 被拍摄设备过亮或过暗,每张扣2分； 以上扣分,扣完为止		
3.3	分析结果	正确计算温升	5	结论不正确扣5分		
4	工作结束					
4.1	工器具归置及检查	工器具归置及检查： (1)归还红外测温仪,并检查外观正常。 (2)归还对讲机,并测试对讲机功能正常	5	未按规范归还工器具及仪器仪表,每条扣3分,扣完为止； 未按要求检查工器具及仪器仪表完好,每条扣2分,扣完为止		
	合计		100			

Jc0008261007 特高压换流站极Ⅱ直流滤波器由检修转运行（极解锁）。（100分）

考核知识点：倒闸操作

难易度：易

技能等级评价专业技能考核操作工作任务书

一、任务名称

特高压换流站极Ⅱ直流滤波器由检修转运行（极解锁）。

二、适用工种

换流站值班员技师。

三、具体任务

视为五防电脑钥匙已模拟上传完成,请按照特高压换流站极Ⅱ直流滤波器由检修转运行（极解锁）填写倒闸操作票,并进行操作。

四、工作规范及要求

（1）现场操作票所涉及的设备,均以现场实际设备的双重名称和结构型式为准。

（2）倒闸操作票填写只考虑一次设备状态,不考虑保护等二次连接片的投退。

（3）倒闸操作考试在仿真平台上进行,不设置监护人,按照单人后台操作进行考试。

五、考核及时间要求

（1）本考核操作时间为30分钟,时间到停止考评,包括测试过程和报告整理时间,报告整理时间不超过5分钟。

（2）考评过程中如果由于测试人员操作不规范,有可能引发不安全因素的,停止考评,该项考核项目不得分,但不影响其他项目。

（3）记录测试结果,整理报告。

技能等级评价专业技能考核操作评分标准

工种	换流站值班员			评价等级	技师
项目模块	倒闸操作		编号	Jc0008261007	
单位		准考证号		姓名	
考试时限	30分钟	题型	单项操作	题分	100分
成绩		考评员		考评组长	日期

试题正文	特高压换流站极Ⅱ直流滤波器由检修转运行（极解锁）
需要说明的问题和要求	（1）要求单人独立操作，在仿真平台上操作，不设置监护人。 （2）倒闸操作票填写只考虑一次设备状态，不考虑保护等二次连接片的投退

序号	项目名称	质量要求	满分	扣分标准	扣分原因	得分
1	操作					
1.1	操作准备	根据操作任务，分析操作顺序，并正确填写操作票	55	未进行模拟预演，扣5分； 未正确填写操作票发令人、受令人、下令时间、开始时间等项目，未盖"以下空白"章，扣2～5分； 操作票填写中，漏项、错项，每项扣3分，累计最高扣15分； 顺控操作中，未按照正确顺序填写，与程序逻辑不符，扣10分； 设备检修后合闸送电前，未检查送电范围内接地开关（装置）已拉开，接地线已拆除，扣10分； 在进行倒负荷或解、并列操作前后，未检查相关电源运行及负荷分配情况，扣5分； 拉合设备[断路器（开关）、隔离开关、接地开关（装置）等]后，未检查设备的位置，扣2分； 在拉合隔离开关、手车式开关拉出、推入前，未检查断路器（开关）确在分闸位置，扣3分		
1.2	倒闸操作	操作票执行	40	恶性误操作[误分、误合断路器；带负荷拉、合隔离开关或手车触头；带电挂（合）接地线（接地开关）；带接地线（接地开关）合断路器（隔离开关）]，扣40分； 误操作，但未影响其他运行设备（未区分中断路器、边断路器顺序，未区分负荷侧隔离开关、电源侧隔离开关顺序等），扣20分； 未正确执行操作票中内容，操作错误，扣10分； 操作过程中未按操作票顺序逐项操作，漏项、跳项，扣10分； 以上扣分，扣完为止		
1.3	操作结束	操作结束后，归档	5	操作票执行完毕后，未正确填写操作结束时间，扣3分； 操作票执行完毕后，未在对应位置加盖"已执行"章，扣2分		
	合计		100			

Jc0008262008　极Ⅰ Z11 直流滤波器 011LB 由运行转检修。（100 分）

考核知识点：倒闸操作

难易度：中

技能等级评价专业技能考核操作工作任务书

一、任务名称

极Ⅰ Z11 直流滤波器 011LB 由运行转检修。

二、适用工种

换流站值班员技师。

三、具体任务

视为五防电脑钥匙已模拟上传完成，请按照极Ⅰ Z11 直流滤波器 011LB 由运行转检修填写倒闸操作票，并进行操作。

四、工作规范及要求

（1）现场操作票所涉及的设备，均以现场实际设备的双重名称和结构型式为准。

（2）倒闸操作票填写只考虑一次设备状态，不考虑保护等二次连接片的投退。

（3）倒闸操作考试在仿真平台上进行，不设置监护人，按照单人后台操作进行考试。

五、考核及时间要求

（1）本考核操作时间为 40 分钟，时间到停止考评，包括测试过程和报告整理时间，报告整理时间不超过 5 分钟。

（2）考评过程中如果由于测试人员操作不规范，有可能引发不安全因素的，停止考评，该项考核项目不得分，但不影响其他项目。

（3）记录测试结果，整理报告。

技能等级评价专业技能考核操作评分标准

工种	换流站值班员			评价等级	技师
项目模块	倒闸操作			编号	Jc0008262008
单位		准考证号		姓名	
考试时限	40 分钟	题型	单项操作	题分	100 分
成绩	考评员		考评组长	日期	
试题正文	极Ⅰ Z11 直流滤波器 011LB 由运行转检修。				
需要说明的问题和要求	（1）要求单人独立操作，在仿真平台上操作，不设置监护人。 （2）倒闸操作票填写只考虑一次设备状态，不考虑保护等二次连接片的投退				

序号	项目名称	质量要求	满分	扣分标准	扣分原因	得分
1	操作					
1.1	操作准备	根据操作任务，分析操作顺序，并正确填写操作票	55	未进行模拟预演，扣 5 分； 未正确填写操作票发令人、受令人、下令时间、开始时间等项目，未盖"以下空白"章，扣 2～5 分； 操作票填写中，漏项、错项，每项扣 3 分，累计最高扣 15 分； 顺控操作中，未按照正确顺序填写，与程序逻辑不符，扣 10 分； 设备检修后合闸送电前，未检查送电范围内接地开关（装置）已拉开，接地线已拆除，扣 10 分； 在进行倒负荷或解、并列操作前后，未检查相关电源运行及负荷分配情况，扣 5 分； 拉合设备［断路器（开关）、隔离开关、接地开关（装置）等］后，未检查设备的位置，扣 2 分； 在拉合隔离开关、手车式开关拉出、推入前，未检查断路器（开关）确在分闸位置，扣 3 分		

续表

序号	项目名称	质量要求	满分	扣分标准	扣分原因	得分
1.2	倒闸操作	操作票执行	40	恶性误操作［误分、误合断路器，带负荷拉、合隔离开关或手车触头，带电挂（合）接地线（接地开关），带接地线（接地开关）合断路器（隔离开关）］，扣40分； 误操作，但未影响其他运行设备（未区分中断路器、边断路器顺序，未区分负荷侧隔离开关、电源侧隔离开关顺序等），扣20分； 未正确执行操作票中内容，操作错误，扣10分； 操作过程中未按操作票顺序逐项操作，漏项、跳项，扣10分； 以上扣分，扣完为止		
1.3	操作结束	操作结束后，归档	5	操作票执行完毕后，未正确填写操作结束时间，扣3分； 操作票执行完毕后，未在对应位置加盖"已执行"章，扣2分		
	合计		100			

Jc0008241009 换流站设备巡视类（交流滤波器保护装置巡视）。（100分）

考核知识点：基本运维工作

难易度：易

技能等级评价专业技能考核操作工作任务书

一、任务名称

换流站设备巡视类（交流滤波器保护装置巡视）。

二、适用工种

换流站值班员技师。

三、具体任务

（1）进行交流滤波器保护装置巡视工作，并填写巡检记录。

（2）工作任务：交流滤波器保护装置巡视。

四、工作规范及要求

（1）巡检人着装应符合要求。

（2）巡检工器具的正确使用及安全措施。

（3）工作步骤要严格按照《国家电网有限公司直流换流站运维管理规定》的要求进行。

（4）巡检结束后填写巡检记录。

五、考核及时间要求

（1）本考核操作时间为20分钟，时间到停止考评，包括巡视过程和报告整理时间，报告整理时间不超过5分钟。

（2）考评过程中如果由于巡视人员操作不规范、误入间隔等有可能引发不安全因素的，停止考评，该项考核项目不得分，但不影响其他项目。

（3）记录巡检结果，整理报告。

技能等级评价专业技能考核操作评分标准

工种		换流站值班员			评价等级		技师
项目模块		基本运维工作		编号		Jc0008241009	
单位			准考证号			姓名	
考试时限	20分钟		题型		单项操作	题分	100分
成绩		考评员		考评组长		日期	
试题正文	换流站设备巡视类（交流滤波器保护装置巡视）						
需要说明的问题和要求	（1）要求单人巡视，着装符合安全要求。 （2）正确使用巡视所需工器具，巡视过程中应保证安全。 （3）合理规划巡视路线，巡视完成一个设备/间隔后不允许折返。 （4）巡视结束后，待考评员同意方可离开考场						

序号	项目名称	质量要求	满分	扣分标准	扣分原因	得分
1	安全事项					
1.1	相关安全措施的准备	着装： （1）穿全棉长袖工作服、绝缘鞋。 （2）正确佩戴安全帽，安全帽系带戴牢。 （3）检查安全帽外观正常。 （4）检查安全帽合格证完整，在检验有效期内。 （5）工作服穿着规范，无裸露、破损，衣扣系牢	5	着装不符合质量要求，每处扣2分，扣完为止		
1.2	巡视工器具选择及检查	工器具选择及检查： （1）携带对讲机，巡检前测试对讲机功能正常。 （2）携带巡检钥匙，检查钥匙外观完整，巡视区域授权正确，钥匙功能正常	10	未按规范携带、使用工器具及仪器仪表，每条扣3分； 未按要求检查工器具及仪器仪表完好，每条扣2分； 以上扣分，扣完为止； 巡检钥匙授权错误，扣10分		
2	交流滤波器保护装置巡视	巡视要点				
2.1	巡视内容	室内温度正常，空调无冷凝水渗漏等异常现象	3	缺少1项扣3分，表述不完整的扣1分，扣完为止		
		检查面板指示灯正常，无异常报警	3	缺少1项扣3分，表述不完整的扣1分，扣完为止		
		屏柜运行声音正常，无异常声响和振动，无焦煳味	2	缺少1项扣2分，表述不完整的扣1分，扣完为止		
		电源空气开关位置正确，电源指示正常	2	缺少1项扣2分，表述不完整的扣1分，扣完为止		
		保护主机运行状态无异常	2	缺少1项扣2分，表述不完整的扣1分，扣完为止		
		连接片、转换开关、按钮完好，位置正确	2	缺少1项扣2分，表述不完整的扣1分，扣完为止		
		屏内外清洁、无杂物	2	缺少1项扣2分，表述不完整的扣1分，扣完为止		
		屏内防火封堵完好，无凝露现象	2	缺少1项扣2分，表述不完整的扣1分，扣完为止		
		标签完整清晰，定义明确，规格标准	2	缺少1项扣2分，表述不完整的扣1分，扣完为止		

续表

序号	项目名称	质量要求	满分	扣分标准	扣分原因	得分
3	巡检记录					
3.1	缺陷报告	记录巡检过程中发现的缺陷，记录要翔实，包含设备电压等级、设备双重名称及缺陷准确描述	30	巡检缺陷数量不全，缺少 1 项扣 5 分，扣完为止； 巡检缺陷描述不清楚，每项扣 3 分，扣完为止		
3.2	缺陷定性	对发现的缺陷逐条定性正确	20	定性不正确，每条扣 2 分，扣完为止		
4	工作结束					
4.1	工作现场清理	清理工作现场： （1）合理规划巡视路线，巡视完成一个设备/间隔后不允许折返。 （2）巡检过程中打开的箱门、柜门及时上锁。 （3）巡检过程中保持地面整洁，不随意丢弃垃圾	10	巡视完成一个设备/间隔后出现折返情况，每次扣 2 分，扣完为止； 打开的箱门、柜门未及时恢复，每处扣 1 分，扣完为止； 巡检过程中地面出现异物，每处扣 1 分，扣完为止		
4.2	巡视工器具归置及检查	巡视工器具归还及检查： （1）归还对讲机，并测试对讲机功能正常。 （2）归还巡检钥匙，并检查钥匙外观完整，功能正常	5	未按规范归还工器具及仪器仪表，每条扣 3 分，扣完为止； 未按要求检查工器具及仪器仪表完好，每条扣 2 分，扣完为止		
	合计		100			

Jc0008241010 换流站设备巡视类（换流变压器保护装置巡视）。（100 分）

考核知识点：基本运维工作

难易度：易

技能等级评价专业技能考核操作工作任务书

一、任务名称

换流站设备巡视类（换流变压器保护装置巡视）。

二、适用工种

换流站值班员技师。

三、具体任务

（1）进行换流变压器保护装置巡视工作，并填写巡检记录。

（2）工作任务：直流滤波器保护装置巡视。

四、工作规范及要求

（1）巡检人着装应符合要求。

（2）巡检工器具的正确使用及安全措施。

（3）工作步骤要严格按照《国家电网有限公司直流换流站运维管理规定》的要求进行。

（4）巡检结束后填写巡检记录。

五、考核及时间要求

（1）本考核操作时间为 20 分钟，时间到停止考评，包括巡视过程和报告整理时间，报告整理时间不超过 5 分钟。

（2）考评过程中如果由于巡视人员操作不规范、误入间隔等有可能引发不安全因素的，停止考评，该项考核项目不得分，但不影响其他项目。

（3）记录巡检结果，整理报告。

技能等级评价专业技能考核操作评分标准

工种	换流站值班员			评价等级	技师
项目模块	基本运维工作		编号		Jc0008241010
单位		准考证号		姓名	
考试时限	20分钟	题型	单项操作	题分	100分
成绩		考评员	考评组长		日期

试题正文	换流站设备巡视类（换流变压器保护装置巡视）
需要说明的问题和要求	（1）要求单人巡视，着装符合安全要求。 （2）正确使用巡视所需工器具，巡视过程中应保证安全。 （3）合理规划巡视路线，巡视完成一个设备/间隔后不允许折返。 （4）巡视结束后，待考评员同意方可离开考场

序号	项目名称	质量要求	满分	扣分标准	扣分原因	得分
1	安全事项					
1.1	相关安全措施的准备	着装： （1）穿全棉长袖工作服、绝缘鞋。 （2）正确佩戴安全帽，安全帽系带戴牢。 （3）检查安全帽外观正常。 （4）检查安全帽合格证完整，在检验有效期内。 （5）工作服穿着规范，无裸露、破损，衣扣系牢	5	着装不符合质量要求，每处扣2分，扣完为止		
1.2	巡视工器具选择及检查	工器具选择及检查： （1）携带对讲机，巡检前测试对讲机功能正常。 （2）携带巡检钥匙，检查钥匙外观完整，巡视区域授权正确，钥匙功能正常	10	未按规范携带、使用工器具及仪器仪表，每条扣3分； 未按要求检查工器具及仪器仪表完好，每条扣2分； 以上扣分，扣完为止； 巡检钥匙授权错误，扣10分		
2	换流变压器保护系统巡视	巡视要点				
2.1	巡视内容	室内温度正常，空调无冷凝水渗漏等异常现象	3	缺少1项扣3分，表述不完整的扣1分，扣完为止		
		检查面板指示灯正常，无异常报警	3	缺少1项扣3分，表述不完整的扣1分，扣完为止		
		屏柜运行声音正常，无异常声响和振动，无焦煳味	2	缺少1项扣2分，表述不完整的扣1分，扣完为止		
		电源空开位置正确，电源指示正常	2	缺少1项扣2分，表述不完整的扣1分，扣完为止		
		保护主机运行状态无异常	2	缺少1项扣2分，表述不完整的扣1分，扣完为止		
		压板、转换开关、按钮完好，位置正确	2	缺少1项扣2分，表述不完整的扣1分，扣完为止		
		屏内外清洁、无杂物	2	缺少1项扣2分，表述不完整的扣1分，扣完为止		
		屏内防火封堵完好，无凝露现象	2	缺少1项扣2分，表述不完整的扣1分，扣完为止		
		标签完整清晰，定义明确，规格标准	2	缺少1项扣2分，表述不完整的扣1分，扣完为止		

序号	项目名称	质量要求	满分	扣分标准	扣分原因	得分
3	巡检记录					
3.1	缺陷报告	记录巡检过程中发现的缺陷，记录要详实，包含设备电压等级、设备双重名称及缺陷准确描述	30	巡检缺陷数量不全，缺少1项扣5分，扣完为止； 巡检缺陷描述不清楚，每项扣3分，扣完为止		
3.2	缺陷定性	对发现的缺陷逐条定性正确	20	定性不正确，每条扣2分，扣完为止		
4	工作结束					
4.1	工作现场清理	清理工作现场： （1）合理规划巡视路线，巡视完成一个设备/间隔后不允许折返。 （2）巡检过程中打开的箱门、柜门及时上锁。 （3）巡检过程中保持地面整洁，不随意丢弃垃圾	10	巡视完成一个设备/间隔后出现折返情况，每次扣2分，扣完为止； 打开的箱门、柜门未及时恢复，每处扣1分，扣完为止； 巡检过程中地面出现异物，每处扣1分，扣完为止		
4.2	巡视工器具归置及检查	巡视工器具归置及检查： （1）归还对讲机，并测试对讲机功能正常。 （2）归还巡检钥匙，并检查钥匙外观完整，功能正常	5	未按规范归还工器具及仪器仪表，每条扣3分，扣完为止； 未按要求检查工器具及仪器仪表完好，每条扣2分，扣完为止		
	合计		100			

Jc0008241011 换流站设备巡视类（主变压器巡视）。（100分）

考核知识点： 基本运维工作

难易度： 易

技能等级评价专业技能考核操作工作任务书

一、任务名称

换流站设备巡视类（主变压器巡视）。

二、适用工种

换流站值班员技师。

三、具体任务

（1）进行主变压器巡视工作，并填写巡检记录。

（2）工作任务：主变压器巡视。

四、工作规范及要求

（1）巡检人着装应符合要求。

（2）巡检工器具的正确使用及安全措施。

（3）工作步骤要严格按照《国家电网有限公司直流换流站运维管理规定》的要求进行。

（4）巡检结束后填写巡检记录。

五、考核及时间要求

（1）本考核操作时间为60分钟，时间到停止考评，包括巡视过程和报告整理时间，报告整理时间不超过5分钟。

（2）考评过程中如果由于巡视人员操作不规范、误入间隔等有可能引发不安全因素的，停止考评，该项考核项目不得分，但不影响其他项目。

（3）记录巡检结果，整理报告。

技能等级评价专业技能考核操作评分标准

工种	换流站值班员		评价等级	技师
项目模块	基本运维工作		编号	Jc0008241011
单位		准考证号		姓名
考试时限	60分钟	题型	单项操作	题分	100分
成绩		考评员	考评组长		日期

试题正文	换流站设备巡视类（主变压器巡视）
需要说明的问题和要求	（1）要求单人巡视，着装符合安全要求。 （2）正确使用巡视所需工器具，巡视过程中应保证安全。 （3）合理规划巡视路线，巡视完成一个设备/间隔后不允许折返。 （4）巡视结束后，待考评员同意方可离开考场

序号	项目名称	质量要求	满分	扣分标准	扣分原因	得分
1	安全事项					
1.1	相关安全措施的准备	着装： （1）穿全棉长袖工作服、绝缘鞋。 （2）正确佩戴安全帽，安全帽系带戴牢。 （3）检查安全帽外观正常。 （4）检查安全帽合格证完整，在检验有效期内。 （5）工作服穿着规范，无裸露、破损，衣扣系牢	5	着装不符合质量要求，每处扣2分，扣完为止		
1.2	巡视工器具选择及检查	工器具选择及检查： （1）携带对讲机，巡检前测试对讲机功能正常。 （2）携带巡检钥匙，检查钥匙外观完整，巡视区域授权正确，钥匙功能正常	10	未按规范携带、使用工器具及仪器仪表，每条扣3分； 未按要求检查工器具及仪器仪表完好，每条扣2分； 以上扣分，扣完为止； 巡检钥匙授权错误，扣10分		
2	主变压器巡视	巡视要点				
2.1	本体及套管巡视	运行监控信号、灯光指示、运行数据等均应正常	3	缺少1项扣3分，表述不完整的扣1分，扣完为止		
		各部位无渗油、漏油，油位读数正常	3	缺少1项扣3分，表述不完整的扣1分，扣完为止		
		主变压器声响和振动正常	3	缺少1项扣3分，表述不完整的扣1分，扣完为止		
		套管压力正常或油位正常，套管外部无破损裂纹、无严重油污、无放电痕迹，防污闪涂料无起皮、脱落等异常现象	3	缺少1项扣3分，表述不完整的扣1分，扣完为止		
2.2	分接开关巡视	分接开关的油位、呼吸器应正常	2	缺少1项扣2分，表述不完整的扣1分，扣完为止		
		分接开关传动机构电机运行正常，无传动卡涩	2	缺少1项扣2分，表述不完整的扣1分，扣完为止		
2.3	冷却器巡视	各冷却器（散热器）的风扇、油泵运转正常，油流指示器工作正常	2	缺少1项扣2分，表述不完整的扣1分，扣完为止		
		冷却器及连接管道无渗漏油，特别注意散热器无渗漏油	2	缺少1项扣2分，表述不完整的扣1分，扣完为止		

续表

序号	项目名称	质量要求	满分	扣分标准	扣分原因	得分
3	巡检记录					
3.1	缺陷报告	记录巡检过程中发现的缺陷，记录要翔实，包含设备电压等级、设备双重名称及缺陷准确描述	30	巡检缺陷数量不全，缺少 1 项扣 5 分，扣完为止；巡检缺陷描述不清楚，每项扣 3 分，扣完为止		
3.2	缺陷定性	对发现的缺陷逐条定性正确	20	定性不正确，每条扣 2 分，扣完为止		
4	工作结束					
4.1	工作现场清理	清理工作现场： （1）合理规划巡视路线，巡视完成一个设备/间隔后不允许折返。 （2）巡检过程中打开的箱门、柜门及时上锁。 （3）巡检过程中保持地面整洁，不随意丢弃垃圾	10	巡视完成一个设备/间隔后出现折返情况，每次扣 2 分，扣完为止；打开的箱门、柜门未及时恢复，每处扣 1 分，扣完为止；巡检过程中地面出现异物，每处扣 1 分，扣完为止		
4.2	巡视工器具归置及检查	巡视工器具归还及检查： （1）归还对讲机，并测试对讲机功能正常。 （2）归还巡检钥匙，并检查钥匙外观完整，功能正常	5	未按规范归还工器具及仪器仪表，每条扣 3 分，扣完为止；未按要求检查工器具及仪器仪表完好，每条扣 2 分，扣完为止		
	合计		100			

Jc0008241012 换流站设备巡视类（换流阀巡视）。（100分）

考核知识点：基本运维工作

难易度：易

技能等级评价专业技能考核操作工作任务书

一、任务名称

换流站设备巡视类（换流阀巡视）。

二、适用工种

换流站值班员技师。

三、具体任务

（1）进行换流阀巡视工作，并填写巡检记录。

（2）工作任务：换流阀巡视。

四、工作规范及要求

（1）巡检人着装应符合要求。

（2）巡检工器具的正确使用及安全措施。

（3）工作步骤要严格按照《国家电网有限公司直流换流站运维管理规定》的要求进行。

（4）巡检结束后填写巡检记录。

五、考核及时间要求

（1）本考核操作时间为 40 分钟，时间到停止考评，包括巡视过程和报告整理时间，报告整理时间不超过 5 分钟。

（2）考评过程中如果由于巡视人员操作不规范、误入间隔等有可能引发不安全因素的，停止考评，该项考核项目不得分，但不影响其他项目。

（3）记录巡检结果，整理报告。

技能等级评价专业技能考核操作评分标准

工种	换流站值班员		评价等级	技师
项目模块	基本运维工作	编号		Jc0008241012
单位		准考证号		姓名	
考试时限	40分钟	题型	单项操作	题分	100分
成绩		考评员	考评组长		日期	

试题正文	换流站设备巡视类（换流阀巡视）
需要说明的问题和要求	（1）要求单人巡视，着装符合安全要求。 （2）正确使用巡视所需工器具，巡视过程中应保证安全。 （3）合理规划巡视路线，巡视完成一个设备/间隔后不允许折返。 （4）巡视结束后，待考评员同意方可离开考场

序号	项目名称	质量要求	满分	扣分标准	扣分原因	得分
1	安全事项					
1.1	相关安全措施的准备	着装： （1）穿全棉长袖工作服、绝缘鞋。 （2）正确佩戴安全帽，安全帽系带戴牢。 （3）检查安全帽外观正常。 （4）检查安全帽合格证完整，在检验有效期内。 （5）工作服穿着规范，无裸露、破损，衣扣系牢	5	着装不符合质量要求，每处扣2分，扣完为止		
1.2	巡视工器具选择及检查	工器具选择及检查： （1）携带对讲机，巡检前测试对讲机功能正常。 （2）携带巡检钥匙，检查钥匙外观完整，巡视区域授权正确，钥匙功能正常。 （3）携带并正确佩戴耳罩	10	未按规范携带、使用工器具及仪器仪表，每条扣3分； 未按要求检查工器具及仪器仪表完好，每条扣2分； 未正确佩戴耳罩，扣2分； 以上扣分，扣完为止； 巡检钥匙授权错误，扣10分		
2	换流阀巡视	巡视要点				
2.1	巡视内容	关灯检查阀组件、阀电抗器、阀避雷器、光纤等设备无异常放电	2	缺少1项扣2分，表述不完整的扣1分，扣完为止		
		检查阀塔各部位无火光、烟雾、异味、异响和振动	2	缺少1项扣2分，表述不完整的扣1分，扣完为止		
		检查阀体各部位包括阀塔屏蔽罩、阀塔底盘及阀塔内部无漏水现象，以及阀避雷器、管母、阀厅地面、墙壁无水迹	2	缺少1项扣2分，表述不完整的扣1分，扣完为止		
		检查阀塔内部、阀厅地面清洁无杂物	2	缺少1项扣2分，表述不完整的扣1分，扣完为止		
		检查换流阀、阀避雷器、悬挂绝缘子无放电痕迹	2	缺少1项扣2分，表述不完整的扣1分，扣完为止		
		检查阀厅温度、湿度正常	2	缺少1项扣2分，表述不完整的扣1分，扣完为止		
		检查阀塔元件、屏蔽罩、阀避雷器和绝缘子等无严重积灰	2	缺少1项扣2分，表述不完整的扣1分，扣完为止		
		检查阀监控设备正常	2	缺少1项扣2分，表述不完整的扣1分，扣完为止		
		检查阀厅火灾报警系统无报警和异常	2	缺少1项扣2分，表述不完整的扣1分，扣完为止		
		检查阀塔设备各部件固定良好，无移位脱落迹象	2	缺少1项扣2分，表述不完整的扣1分，扣完为止		

续表

序号	项目名称	质量要求	满分	扣分标准	扣分原因	得分
3	巡检记录					
3.1	缺陷报告	记录巡检过程中发现的缺陷，记录要详实，包含设备电压等级、设备双重名称及缺陷准确描述	30	巡检缺陷数量不全，缺少 1 项扣 5分，扣完为止； 巡检缺陷描述不清楚，每项扣 3 分，扣完为止		
3.2	缺陷定性	对发现的缺陷逐条定性正确	20	定性不正确，每条扣 2 分，扣完为止		
4	工作结束					
4.1	工作现场清理	清理工作现场： （1）合理规划巡视路线，巡视完成一个设备/间隔后不允许折返。 （2）巡检过程中打开的箱门、柜门及时上锁。 （3）巡检过程中保持地面整洁，不随意丢弃垃圾	10	巡视完成一个设备/间隔后出现折返情况，每次扣 2 分，扣完为止； 打开的箱门、柜门未及时恢复，每处扣 1 分，扣完为止； 巡检过程地面出现异物，每处扣 1 分，扣完为止		
4.2	巡视工器具归置及检查	巡视工器具归置及检查： （1）归还对讲机，并测试对讲机功能正常。 （2）归还巡检钥匙，并检查钥匙外观完整，功能正常	5	未按规范归还工器具及仪器仪表，每条扣 3 分，扣完为止； 未按要求检查工器具及仪器仪表完好，每条扣 2 分，扣完为止		
	合计		100			

Jc0008241013　换流站设备巡视类（直流保护装置巡视）。（100 分）

考核知识点：基本运维工作

难易度：易

技能等级评价专业技能考核操作工作任务书

一、任务名称

换流站设备巡视类（直流保护装置巡视）。

二、适用工种

换流站值班员技师。

三、具体任务

（1）进行直流保护装置巡视工作，并填写巡检记录。

（2）工作任务：直流保护装置巡视。

四、工作规范及要求

（1）巡检人着装应符合要求。

（2）巡检工器具的正确使用及安全措施。

（3）工作步骤要严格按照《国家电网有限公司直流换流站运维管理规定》的要求进行。

（4）巡检结束后填写巡检记录。

五、考核及时间要求

（1）本考核操作时间为 20 分钟，时间到停止考评，包括巡视过程和报告整理时间，报告整理时间不超过 5 分钟。

（2）考评过程中如果由于巡视人员操作不规范、误入间隔等有可能引发不安全因素的，停止考评，该项考核项目不得分，但不影响其他项目。

（3）记录巡检结果，整理报告。

技能等级评价专业技能考核操作评分标准

工种	换流站值班员		评价等级	技师
项目模块	基本运维工作		编号	Jc0008241013
单位		准考证号	姓名	
考试时限	20分钟	题型	单项操作	题分	100分
成绩		考评员	考评组长	日期

试题正文	换流站设备巡视类（直流保护装置巡视）
需要说明的问题和要求	（1）要求单人巡视，着装符合安全要求。 （2）正确使用巡视所需工器具，巡视过程中应保证安全。 （3）合理规划巡视路线，巡视完成一个设备/间隔后不允许折返。 （4）巡视结束后，待考评员同意方可离开考场

序号	项目名称	质量要求	满分	扣分标准	扣分原因	得分
1	安全事项					
1.1	相关安全措施的准备	着装： （1）穿全棉长袖工作服、绝缘鞋。 （2）正确佩戴安全帽，安全帽系带戴牢。 （3）检查安全帽外观正常。 （4）检查安全帽合格证完整，在检验有效期内。 （5）工作服穿着规范，无裸露、破损，衣扣系牢	5	着装不符合质量要求，每处扣2分，扣完为止		
1.2	巡视工器具选择及检查	工器具选择及检查： （1）携带对讲机，巡检前测试对讲机功能正常。 （2）携带巡检钥匙，检查钥匙外观完整，巡视区域授权正确，钥匙功能正常	10	未按规范携带、使用工器具及仪器仪表，每条扣3分 未按要求检查工器具及仪器仪表完好，每条扣2分 以上扣分，扣完为止； 巡检钥匙授权错误，扣10分		
2	直流保护装置巡视	巡视要点				
2.1	巡视内容	控制保护设备室清洁无杂物，无漏水、凝露现象	3	缺少1项扣3分，表述不完整的扣1分，扣完为止		
		室内照明正常，空调运行正常，温湿度指示正常	3	缺少1项扣3分，表述不完整的扣1分，扣完为止		
		屏柜内无异常声响和振动，无焦煳味	2	缺少1项扣2分，表述不完整的扣1分，扣完为止		
		屏柜内端子接线无脱落，无发霉、锈蚀现象	2	缺少1项扣2分，表述不完整的扣1分，扣完为止		
		屏柜门密封良好，关闭正常，电缆孔洞封堵严密	2	缺少1项扣2分，表述不完整的扣1分，扣完为止		
		屏柜内各板卡、元器件指示灯正常	2	缺少1项扣2分，表述不完整的扣1分，扣完为止		
		电源模块、继电器等元件指示正常，无异常告警信号	2	缺少1项扣2分，表述不完整的扣1分，扣完为止		
		开关、把手位置正确	2	缺少1项扣2分，表述不完整的扣1分，扣完为止		
		屏柜内设备标示完整、清晰，无脱落	2	缺少1项扣2分，表述不完整的扣1分，扣完为止		

续表

序号	项目名称	质量要求	满分	扣分标准	扣分原因	得分
3	巡检记录					
3.1	缺陷报告	记录巡检过程中发现的缺陷，记录要详实，包含设备电压等级、设备双重名称及缺陷准确描述	30	巡检缺陷数量不全，缺少 1 项扣 5 分，扣完为止； 巡检缺陷描述不清楚，每项扣 3 分，扣完为止		
3.2	缺陷定性	对发现的缺陷逐条定性正确	20	定性不正确，每条扣 2 分，扣完为止		
4	工作结束					
4.1	工作现场清理	清理工作现场： （1）合理规划巡视路线，巡视完成一个设备/间隔后不允许折返。 （2）巡检过程中打开的箱门、柜门及时上锁。 （3）巡检过程中保持地面整洁，不随意丢弃垃圾	10	巡视完成一个设备/间隔后出现折返情况，每次扣 2 分，扣完为止； 打开的箱门、柜门未及时恢复，每处扣 1 分，扣完为止； 巡检过程中地面出现异物，每处扣 1 分，扣完为止		
4.2	巡视工器具归置及检查	巡视工器具归置及检查： （1）归还对讲机，并测试对讲机功能正常。 （2）归还巡检钥匙，并检查钥匙外观完整，功能正常	5	未按规范归还工器具及仪器仪表，每条扣 3 分，扣完为止； 未按要求检查工器具及仪器仪表完好，每条扣 2 分，扣完为止		
	合计		100			

Jc0008241014　换流站设备验收类（空调系统例行检修后验收）。（100 分）

考核知识点：基本运维工作

难易度：易

技能等级评价专业技能考核操作工作任务书

一、任务名称

换流站设备验收类（空调系统例行检修后验收）。

二、适用工种

换流站值班员技师。

三、具体任务

（1）进行空调系统例行检修后验收工作，并出具验收报告。

（2）工作任务：空调系统检修后验收。

四、工作规范及要求

（1）操作人着装应符合要求。

（2）工器具、仪器仪表的正确使用及安全措施。

（3）工作步骤要严格按照《国家电网有限公司直流换流站验收管理规定》的要求进行。

（4）出具验收报告。

五、考核及时间要求

（1）本考核操作时间为 30 分钟，时间到停止考评，包括验收过程和报告整理时间，报告整理时间不超过 5 分钟。

（2）考评过程中如果由于验收人员操作不规范、误入间隔等有可能引发不安全因素的，停止考评，该项考核项目不得分，但不影响其他项目。

（3）记录验收结果，整理报告。

技能等级评价专业技能考核操作评分标准

工种	换流站值班员		评价等级	技师
项目模块	基本运维工作	编号		Jc0008241014
单位		准考证号	姓名	
考试时限	30分钟	题型	单项操作	题分	100分
成绩		考评员	考评组长	日期	
试题正文	换流站设备验收类（空调系统例行检修后验收）				
需要说明的问题和要求	（1）要求单人操作，考评员监护。 （2）着装应符合安全要求。 （3）正确使用仪器仪表，验收过程中应保证安全。 （4）操作结束后，待考评员同意后方可离开考场				

序号	项目名称	质量要求	满分	扣分标准	扣分原因	得分
1	安全事项					
1.1	相关安全措施的准备	着装应符合安全要求	5	未按要求着装，每漏1项扣2分，扣完为止		
1.2	仪器仪表、材料、工器具	正确检查和使用各种工器具及仪器、仪表	5	使用不正确扣5分		
2	空调系统例行检修后验收					
2.1	验收内容	组合式空调机组滤网压差在正常范围内	5	验收记录不完善扣2分；未验收到该项内容扣5分		
		组合式空调机组空气过滤网安装整齐牢固，并测试运行风量应符合相关标准	5	验收记录不完善扣2分；未验收到该项内容扣5分		
		组合式空调机组过滤网两端压差测量气管应连接完好，无破损	5	验收记录不完善扣2分；未验收到该项内容扣5分		
		组合式空调机组风口与风管的连接应严密、牢固，与装饰面相紧贴，表面平整、不变形，调节灵活、可靠	5	验收记录不完善扣2分；未验收到该项内容扣5分		
		组合式空调机组电加热启动测试，功率应符合设计要求	5	验收记录不完善扣2分；未验收到该项内容扣5分		
		组合式空调机组加湿器启动测试，喷雾正常，加湿量应符合设计要求	5	验收记录不完善扣2分；未验收到该项内容扣5分		
		室外螺杆机压缩机制冷剂液位正常	5	验收记录不完善扣2分；未验收到该项内容扣5分		
		室外螺杆机压缩机油位、油色正常	5	验收记录不完善扣2分；未验收到该项内容扣5分		
		室外螺杆机压缩机运行电流正常（正常为额定值，三相基本平衡）	5	验收记录不完善扣2分；未验收到该项内容扣5分		
		控制柜检测器件（温度计、压力表、传感器）正常	5	验收记录不完善扣2分；未验收到该项内容扣5分		
3	验收报告					
3.1	验收记录	记录验收过程中发现的缺陷，记录要翔实	15	记录不全或未记录被验收设备双重名称、验收人员姓名、验收日期、环境温度，每条扣1分，扣完为止；未记录验收设备运行状况或负荷，每条扣2分，扣完为止		
3.2	缺陷定性	对发现的缺陷逐条定性正确	20	定性不正确，每条扣5分，扣完为止		
4	工作结束					
4.1	工作现场清理	清理工作现场，整理工器具	5	不符合要求扣5分		
	合计		100			

Jc0008241015 换流站设备验收类（换流阀例行检修后验收）。（100分）

考核知识点： 基本运维工作

难易度： 易

技能等级评价专业技能考核操作工作任务书

一、任务名称

换流站设备验收类（换流阀例行检修后验收）。

二、适用工种

换流站值班员技师。

三、具体任务

（1）进行换流阀例行检修后验收工作，并出具验收报告。

（2）工作任务：换流阀例行检修后验收。

四、工作规范及要求

（1）操作人着装应符合要求。

（2）工器具、仪器仪表的正确使用及安全措施。

（3）工作步骤要严格按照《国家电网有限公司直流换流站验收管理规定》的要求进行。

（4）出具验收报告。

五、考核及时间要求

（1）本考核操作时间为 30 分钟，时间到停止考评，包括验收过程和报告整理时间，报告整理时间不超过 5 分钟。

（2）考评过程中如果由于验收人员操作不规范、误入间隔等有可能引发不安全因素的，停止考评，该项考核项目不得分，但不影响其他项目。

（3）记录验收结果，整理报告。

技能等级评价专业技能考核操作评分标准

工种	换流站值班员				评价等级	技师	
项目模块	基本运维工作				编号	Jc0008241015	
单位			准考证号			姓名	
考试时限	30分钟		题型		单项操作	题分	100分
成绩		考评员		考评组长		日期	
试题正文	换流站设备验收类（换流阀例行检修后验收）						
需要说明的问题和要求	（1）要求单人操作，考评员监护。 （2）着装应符合安全要求。 （3）正确使用仪器仪表，验收过程中应保证安全。 （4）操作结束后，待考评员同意后方可离开考场						

序号	项目名称	质量要求	满分	扣分标准	扣分原因	得分
1	安全事项					
1.1	相关安全措施的准备	着装应符合安全要求	5	未按要求着装，每漏1项扣2分，扣完为止		
1.2	仪器仪表、材料、工器具	正确检查和使用各种工器具及仪器、仪表	5	使用不正确扣5分		
2	阀例行检修后验收					

续表

序号	项目名称	质量要求	满分	扣分标准	扣分原因	得分
2.1	验收内容	阀塔紧固件连接处及屏蔽罩表面无锈蚀，屏蔽罩表面无凹痕及毛刺	5	验收记录不完善扣2分；未验收到该项内容扣5分		
		晶闸管外表无裂痕、无变形、无氧化锈蚀痕迹、无放电痕迹	5	验收记录不完善扣2分；未验收到该项内容扣5分		
		均压电阻及阻尼电阻外观正常，无变形或损坏，无锈蚀，无渗漏水痕迹	5	验收记录不完善扣2分；未验收到该项内容扣5分		
		阻尼电容外观正常，无变形、变色、损坏或鼓包，金属部分无锈蚀，无漏气	5	验收记录不完善扣2分；未验收到该项内容扣5分		
		阀电抗器外观无异常，表面颜色无异常，无裂纹	5	验收记录不完善扣2分；未验收到该项内容扣5分		
		阀电抗器连接水管及水管接头有防振磨损措施，无漏水、渗水现象	5	验收记录不完善扣2分；未验收到该项内容扣5分		
		光纤表皮无老化、破损、变形现象，光纤弯曲半径符合产品技术规范要求	5	验收记录不完善扣2分；未验收到该项内容扣5分		
		晶闸管控制单元外观正常，无发热、闪络痕迹	5	验收记录不完善扣2分；未验收到该项内容扣5分		
		阀避雷器外观正常，伞裙无变形或损坏	5	验收记录不完善扣2分；未验收到该项内容扣5分		
		冷却水管无渗、漏水现象，阀塔进出水阀门、排水阀门开闭位置应正确	5	验收记录不完善扣2分；未验收到该项内容扣5分		
3	验收报告					
3.1	验收记录	记录验收过程中发现的缺陷，记录要翔实	15	记录不全或未记录被验收设备双重名称、验收人员姓名、验收日期、环境温度，每条扣1分，扣完为止；未记录验收设备运行状况或负荷，每条扣2分，扣完为止		
3.2	缺陷定性	对发现的缺陷逐条定性正确	20	定性不正确，每条扣5分，扣完为止		
4	工作结束					
4.1	工作现场清理	清理工作现场，整理工器具	5	不符合要求扣5分		
	合计		100			

Jc0008241016　换流站设备验收类（视频监控系统例行检修后验收）。(100 分)

考核知识点：基本运维工作

难易度：易

技能等级评价专业技能考核操作工作任务书

一、任务名称

换流站设备验收类（视频监控系统例行检修后验收）。

二、适用工种

换流站值班员技师。

三、具体任务

（1）进行视频监控系统例行检修后验收工作，并出具验收报告。

（2）工作任务：视频监控系统例行检修后验收。

四、工作规范及要求

（1）操作人着装应符合要求。

（2）工器具、仪器仪表的正确使用及安全措施。

（3）工作步骤要严格按照《国家电网有限公司直流换流站验收管理规定》的要求进行。

（4）出具验收报告。

五、考核及时间要求

（1）本考核操作时间为 30 分钟，时间到停止考评，包括验收过程和报告整理时间，报告整理时间不超过 5 分钟。

（2）考评过程中如果由于验收人员操作不规范、误入间隔等有可能引发不安全因素的，停止考评，该项考核项目不得分，但不影响其他项目。

（3）记录验收结果，整理报告。

技能等级评价专业技能考核操作评分标准

工种	换流站值班员			评价等级	技师
项目模块	基本运维工作		编号		Jc0008241016
单位		准考证号		姓名	
考试时限	30 分钟	题型		单项操作	题分 100 分
成绩		考评员		考评组长	日期
试题正文	换流站设备验收类（视频监控系统例行检修后验收）				
需要说明的问题和要求	（1）要求单人操作，考评员监护。 （2）着装应符合安全要求。 （3）正确使用仪器仪表，验收过程中应保证安全。 （4）操作结束后，待考评员同意后方可离开考场				

序号	项目名称	质量要求	满分	扣分标准	扣分原因	得分
1	安全事项					
1.1	相关安全措施的准备	着装应符合安全要求	5	未按要求着装，每漏 1 项扣 2 分，扣完为止		
1.2	仪器仪表、材料、工器具	正确检查和使用各种工器具及仪器、仪表	5	使用不正确扣 5 分		
2	视频监控系统例行检修后验收					
2.1	验收内容	摄像机外观完好，镜头清洁，补光灯、雨刷等工作正常	5	验收记录不完善扣 2 分；未验收到该内容扣 5 分		
		摄像机支架牢固，无锈蚀，接地良好	5	验收记录不完善扣 2 分；未验收到该内容扣 5 分		
		摄像头安装牢固，云台控制灵活，转动范围大	5	验收记录不完善扣 2 分；未验收到该内容扣 5 分		
		视频监控屏内端子排接线合格、牢固，电缆名称牌齐全，标牌走向清晰、明确	5	验收记录不完善扣 2 分；未验收到该内容扣 5 分		
		聚焦、亮度、画面切换、参数设置等操作方便	5	验收记录不完善扣 2 分；未验收到该内容扣 5 分		
		视频监控主机具备失电后自动恢复功能	5	验收记录不完善扣 2 分；未验收到该内容扣 5 分		
		视频监控屏各视频画面清晰	5	验收记录不完善扣 2 分；未验收到该内容扣 5 分		

续表

序号	项目名称	质量要求	满分	扣分标准	扣分原因	得分
2.1	验收内容	自动录像功能试验及回放时间符合要求	5	验收记录不完善扣2分； 未验收到该项内容扣5分		
		视频显示主机运行正常，传感器运行正常	5	验收记录不完善扣2分； 未验收到该项内容扣5分		
		视频主机屏上各指示灯正常，网络连接完好，交换机（网桥）指示灯正常	5	验收记录不完善扣2分； 未验收到该项内容扣5分		
3	验收报告					
3.1	验收记录	记录验收过程中发现的缺陷，记录要翔实	15	记录不全或未记录被验收设备双重名称、验收人员姓名、验收日期、环境温度，每条扣1分，扣完为止； 未记录验收设备运行状况或负荷，每条扣2分，扣完为止		
3.2	缺陷定性	对发现的缺陷逐条定性正确	20	定性不正确，每条扣5分，扣完为止		
4	工作结束					
4.1	工作现场清理	清理工作现场，整理工器具	5	不符合要求扣5分		
	合计		100			

Jc0008241017 换流站设备验收类（阀内水冷系统例行检修后验收）。（100分）

考核知识点：基本运维工作

难易度：易

技能等级评价专业技能考核操作工作任务书

一、任务名称

换流站设备验收类（阀内水冷系统例行检修后验收）。

二、适用工种

换流站值班员技师。

三、具体任务

（1）进行阀内水冷系统例行检修后验收工作，并出具验收报告。

（2）工作任务：阀内水冷系统例行检修后验收。

四、工作规范及要求

（1）操作人着装应符合要求。

（2）工器具、仪器仪表的正确使用及安全措施。

（3）工作步骤要严格按照《国家电网有限公司直流换流站验收管理规定》的要求进行。

（4）出具验收报告。

五、考核及时间要求

（1）本考核操作时间为30分钟，时间到停止考评，包括验收过程和报告整理时间，报告整理时间不超过5分钟。

（2）考评过程中如果由于验收人员操作不规范、误入间隔等有可能引发不安全因素的，停止考评，该项考核项目不得分，但不影响其他项目。

（3）记录验收结果，整理报告。

技能等级评价专业技能考核操作评分标准

工种	换流站值班员		评价等级	技师
项目模块	基本运维工作	编号		Jc0008241017
单位		准考证号		姓名
考试时限	30分钟	题型	单项操作	题分	100分
成绩		考评员		考评组长		日期

试题正文	换流站设备验收类（阀内水冷系统例行检修后验收）

需要说明的问题和要求	（1）要求单人操作，考评员监护。 （2）着装应符合安全要求。 （3）正确使用仪器仪表，验收过程中应保证安全。 （4）操作结束后，待考评员同意后方可离开考场

序号	项目名称	质量要求	满分	扣分标准	扣分原因	得分
1	安全事项					
1.1	安全措施的准备	着装： （1）穿全棉长袖工作服、绝缘鞋。 （2）正确佩戴安全帽，安全帽系带戴牢。 （3）检查安全帽外观正常。 （4）检查安全帽合格证完整，在检验有效期内。 （5）工作服穿着规范，无裸露、破损，衣扣系牢	5	着装不符合质量要求，每处扣2分，扣完为止		
1.2	仪器仪表、材料、工器具	正确检查和使用各种工器具及仪器、仪表	5	使用不正确扣5分		
2	阀内水冷系统例行检修后验收					
2.1	验收内容	主循环泵震动在正常范围	5	验收记录不完善扣2分； 未验收到该项内容扣5分		
		主循环泵机械密封无渗漏	5	验收记录不完善扣2分； 未验收到该项内容扣5分		
		补水泵、原水泵连接部位及轴封处检查无渗漏	5	验收记录不完善扣2分； 未验收到该项内容扣5分		
		补水泵、原水泵启动检查声音正常平稳，可正常补水	5	验收记录不完善扣2分； 未验收到该项内容扣5分		
		主回路过滤器清洁无杂物	5	验收记录不完善扣2分； 未验收到该项内容扣5分		
		水处理回路过滤器清洁无杂物	5	验收记录不完善扣2分； 未验收到该项内容扣5分		
		离子交换器树脂清洁无杂物，满足运行要求	5	验收记录不完善扣2分； 未验收到该项内容扣5分		
		氮气瓶压力正常	5	验收记录不完善扣2分； 未验收到该项内容扣5分		
		膨胀罐水位正常	5	验收记录不完善扣2分； 未验收到该项内容扣5分		
		信号检测和指示装置功能检查均正常	5	验收记录不完善扣2分； 未验收到该项内容扣5分		
3	验收报告					
3.1	验收记录	记录验收过程中发现的缺陷，记录要翔实	15	记录不全或未记录被验收设备双重名称、验收人员姓名、验收日期、环境温度，每条扣1分，扣完为止； 未记录验收设备运行状况或负荷，每条扣2分，扣完为止		

续表

序号	项目名称	质量要求	满分	扣分标准	扣分原因	得分
3.2	缺陷定性	对发现的缺陷逐条定性正确	20	定性不正确，每条扣 5 分，扣完为止		
4	工作结束					
4.1	工作现场清理	清理工作现场，整理工器具	5	不符合要求扣 5 分		
	合计		100			

Jc0008241018　换流站设备验收类（交流滤波器保护例行检修后验收）。（100 分）

考核知识点： 基本运维工作

难易度： 易

技能等级评价专业技能考核操作工作任务书

一、任务名称

换流站设备验收类（交流滤波器保护例行检修后验收）。

二、适用工种

换流站值班员技师。

三、具体任务

（1）进行交流滤波器保护例行检修后验收工作，并出具验收报告。

（2）工作任务：交流滤波器保护例行检修后验收。

四、工作规范及要求

（1）操作人着装应符合要求。

（2）工器具、仪器仪表的正确使用及安全措施。

（3）工作步骤要严格按照《国家电网有限公司直流换流站验收管理规定》的要求进行。

（4）出具验收报告。

五、考核及时间要求

（1）本考核操作时间为 30 分钟，时间到停止考评，包括验收过程和报告整理时间，报告整理时间不超过 5 分钟。

（2）考评过程中如果由于验收人员操作不规范、误入间隔等有可能引发不安全因素的，停止考评，该项考核项目不得分，但不影响其他项目。

（3）记录验收结果，整理报告。

技能等级评价专业技能考核操作评分标准

工种	换流站值班员			评价等级		技师
项目模块	基本运维工作			编号		Jc0008241018
单位			准考证号		姓名	
考试时限	30 分钟		题型	单项操作	题分	100 分
成绩		考评员		考评组长	日期	
试题正文	换流站设备验收类（交流滤波器保护例行检修后验收）					
需要说明的问题和要求	（1）要求单人操作，考评员监护。 （2）着装应符合安全要求。 （3）正确使用仪器仪表，验收过程中应保证安全。 （4）操作结束后，待考评员同意后方可离开考场					

续表

序号	项目名称	质量要求	满分	扣分标准	扣分原因	得分
1	安全事项					
1.1	相关安全措施的准备	着装应符合安全要求	5	未按要求着装,每漏一项扣2分,扣完为止		
1.2	仪器仪表、材料、工器具	正确检查和使用各种工器具及仪器、仪表	5	使用不正确扣5分		
2	交流滤波器保护例行检修后验收					
2.1	验收内容	屏柜内端子及接线检查,接线整齐美观,端子压接紧固可靠,线端标号和电缆标牌完整清晰	5	验收记录不完善扣2分;未验收到该项内容扣5分		
		屏柜内标识检查,核对保护屏配置的端子号、回路标注等完整清晰,把手按钮及元器件标识齐全且正确	5	验收记录不完善扣2分;未验收到该项内容扣5分		
		转换开关、按钮及指示灯检查,转换开关按钮转换压灵活无卡滞现象,指示灯指示正确	5	验收记录不完善扣2分;未验收到该项内容扣5分		
		保护装置的各部件固定良好,无松动现象,装置外形完好,无明显损坏及变形现象	5	验收记录不完善扣2分;未验收到该项内容扣5分		
		屏内外清洁、无杂物,防火封堵完好,内部无凝水	5	验收记录不完善扣2分;未验收到该项内容扣5分		
		装置版本和校验码核对,应与定值单或原有记录保持一致	5	验收记录不完善扣2分;未验收到该项内容扣5分		
		定值核对、定值区切换检查,能正确输入和修改定值,定值区切换正常	5	验收记录不完善扣2分;未验收到该项内容扣5分		
		装置键盘面板操作检查,操作键应灵活,无卡涩情况	5	验收记录不完善扣2分;未验收到该项内容扣5分		
		装置断电重启检查,系统程序能正常启动,检查各板卡均运行正常,现场总线通信正常,系统无异常告警,屏柜告警灯不亮	5	验收记录不完善扣2分;未验收到该项内容扣5分		
		端子箱、汇控柜内二次回路检查,端子紧固,各部触点及端子板应完好、无缺损	5	验收记录不完善扣2分;未验收到该项内容扣5分		
3	验收报告					
3.1	验收记录	记录验收过程中发现的缺陷,记录要翔实	15	记录不全或未记录被验收设备双重名称、验收人员姓名、验收日期、环境温度,每条扣1分,扣完为止;未记录验收设备运行状况或负荷,每条扣2分,扣完为止		
3.2	缺陷定性	对发现的缺陷逐条定性正确	20	定性不正确,每条扣5分,扣完为止		
4	工作结束					
4.1	工作现场清理	清理工作现场,整理工器具	5	不符合要求扣5分		
	合计		100			

第五部分
高级技师

第九章　换流站值班员高级技师技能笔答

Jb0009132001　换流变压器哪些非电量保护装置应投报警，至少写出 5 条。（5分）

考核知识点：直流换流站运维管理规定

难易度：中

标准答案：

（1）本体速动压力继电器；

（2）压力释放阀；

（3）油位指示器；

（4）冷却器全停；

（5）油流指示器；

（6）储油柜胶囊泄漏。

Jb0009133002　换流变压器哪些非电量保护装置应投跳闸？（5分）

考核知识点：直流换流站运维管理规定

难易度：难

标准答案：

（1）轻瓦斯保护应投跳闸。

（2）重瓦斯保护应投跳闸。

（3）充气套管（阀侧）的压力或密度继电器应投跳闸。

（4）换流变压器有载分接开关油流继电器应投跳闸。

Jb0009131003　运行中发现换流阀有哪些情况之一，应汇报值班调控人员申请将换流阀停运？（5分）

考核知识点：直流换流站运维管理规定

难易度：易

标准答案：

（1）红外测温发现主通流回路及阀塔元件温度异常升高，达到危急缺陷等级。

（2）阀冷却水电导率超高。

（3）外水冷或外风冷系统失去作用且短期不能恢复，导致内水冷温度持续升高时。

（4）当单阀内冗余晶闸管数量不超过 1 个时。

（5）换流阀阀塔出现漏水时。

（6）阀组件、阀电抗器、阀避雷器、光纤等设备有异常放电情况。

Jb0009131004　换流变压器分接开关绝缘油的耐压值是如何规定的？（5分）

考核知识点：直流换流站验收管理规定

难易度：易

标准答案：

（1）分接开关中绝缘油：≥40kV（有在线滤油机）。

（2）分接开关中绝缘油：≥30kV（无在线滤油机）。

Jb0009132005　阀厅火灾报警系统动作的结果是报警还是跳闸？判断逻辑是什么？（5分）

考核知识点：直流换流站验收管理规定

难易度：中

标准答案：

换流阀正常运行时，阀厅火灾报警系统应投跳闸，其跳闸判据如下：

（1）阀厅内所有极早期烟感探测器有一个检测到烟雾报警，且阀厅内所有紫外探头中有一个或多个检测到弧光或火焰报警，两个条件同时满足时允许跳闸出口。

（2）若进风口处极早期烟感探测器检测到烟雾，闭锁极早期系统跳闸出口回路，此时若有两个及以上紫外探头发出报警，仍然允许跳闸出口。

Jb0009131006　站用直流蓄电池运行环境设计有哪些一般要求？（5分）

考核知识点：直流换流站验收管理规定

难易度：易

标准答案：

（1）蓄电池室的门应向外开。

（2）蓄电池室的照明应使用防爆灯。

（3）蓄电池室应安装防爆空调，蓄电池柜内应装设温度计，环境温度宜保持在5～30℃，最高不得超过35℃。

Jb0009132007　换流变压器冷却器潜油泵有哪些设计要求？（5分）

考核知识点：直流换流站验收管理规定

难易度：中

标准答案：

（1）潜油泵的轴承应采取E级或D级，禁止使用无铭牌、无级别的轴承。

（2）换流变压器障碍跳闸后，应自动切除潜油泵。

（3）潜油泵的转速应在1500r/min以下。

（4）强油循环结构的潜油泵应具备逐台启动措施，延时间隔在30s以上。

Jb0009132008　运维分析包括哪些方面？（5分）

考核知识点：直流换流站运维管理规定

难易度：中

标准答案：

（1）设备状态分析。

（2）综合分析。

（3）专题分析。

Jb0009131009　SF$_6$高压断路器带电检测项目有哪些，至少写出5条。（5分）

考核知识点：直流换流站检测管理规定

难易度：易

标准答案：

（1）红外成像检测。

（2）紫外成像检测。

（3）SF_6气体泄漏检测。

（4）SF_6气体湿度检测。

（5）SF_6气体分解产物检测。

（6）SF_6气体纯度检测。

Jb0009132010　阀内水冷却系统投运前检查项目包括哪些？（5分）

考核知识点： 直流换流站运维管理规定

难易度： 中

标准答案：

（1）所有阀门状态正确。

（2）阀冷却控制保护系统已投入运行，无异常告警。

（3）相关负荷电源已投入。

（4）检查管道、阀门、水泵无漏水。

（5）至少一台主循环泵可用。

Jb0009131011　《国家电网有限公司直流换流站验收管理规定　第 6 分册　直流隔离开关验收细则》规定，竣工（预）验收中，直流隔离开关安装资料验收需要哪些资料？（5分）

考核知识点： 直流换流站验收管理规定

难易度： 易

标准答案：

（1）订货技术协议或技术规范。

（2）出厂试验报告。

（3）使用说明书。

（4）交接试验报告。

Jb0009132012　直流穿墙套管的检修分为哪几类，具体内容是什么？（5分）

考核知识点： 直流换流站检修管理规定

难易度： 中

标准答案：

（1）检修工作分为四类：A 类检修、B 类检修、C 类检修、D 类检修。

（2）A 类检修指整体性检修。

（3）B 类检修指局部性检修。

（4）C 类检修指例行检查及试验。

（5）D 类检修指在不停电状态下进行的检修。

Jb0009132013　防止一极运行一极检修（调试）时误操作，有哪些要求？（5分）

考核知识点： 十八项电网重大反事故措施

难易度： 中

标准答案：

（1）一极运行一极检修（调试）时，检修（调试）极中性隔离开关应处于分闸状态，禁止在该检修极中性隔离开关和双极公共区域设备上开展工作。

（2）运维单位应事前充分考虑检修（调试）设备和运行设备之间的一、二次系统的联系，组织制定防止事故发生的安全隔离措施和技术措施。

（3）应加强施工现场运行管理和运行区域安全管理，防止误入运行区域和操作运行设备。

Jb0009133014 为什么要避免使用断路器和隔离开关单一辅助触点位置状态量作为选择计算方法和定值的判据？（5分）

考核知识点： 十八项电网重大反事故措施

难易度： 难

标准答案：

按照双极中性线差动保护、后备站接接地过电流保护、接地极开路保护、站内接地开关及后备保护、金属回线转换开关及后备保护、大地回线转换开关及后备保护、金属回线接地保护、金属回线横差保护、金属回线纵差保护、站内接地过电流等保护的原理和设计逻辑，保护需要根据不同的运行方式来选取不同的电压、电流量参与计算或选择不同的保护定值。

若依靠直流断路器、隔离开关的辅助触点位置作为选用判据，则触点异常或变位会导致保护的计算结果或定值改变，进而造成保护误动或拒动。

Jb0009132015 为什么对采用有载分接开关的油室抽真空前应用连通管接通本体与有载开关油室？（5分）

考核知识点： 十八项电网重大反事故措施

难易度： 中

标准答案：

有载分接开关的切换开关绝缘筒承受不住全真空状态，只有将其与主油箱连通，一起抽真空才能确保该绝缘筒的安全。

Jb0009132016 为什么中性点经消弧线圈接地后可以降低不接地系统发生单相接地时发生弧光接地过电压的风险？（5分）

考核知识点： 十八项电网重大反事故措施

难易度： 中

标准答案：

消弧线圈可以补偿单相接地电流和减缓弧道恢复电压的上升速度，促使接地电弧熄灭，大大减小出现高幅值弧光接地过电压的概率。

Jb0009133017 要避免因换流变压器分接开关三相不一致，换流变压器零序保护动作闭锁相应极的事故，应切实落实哪些反事故措施？（5分）

考核知识点： 十八项电网重大反事故措施

难易度： 难

标准答案：

（1）有载分接开关检修后，应测量全程的直流电阻和变比，合格后方可投运。

（2）有载分接开关的选择开关应有机械限位功能，束缚电阻应采用常接方式。

（3）有载分接开关在安装时应按出厂说明书进行调试检查。

（4）新安装的有载分接开关，应对切换程序和时间进行测试。

（5）加强有载分接开关的运行维护管理。当开关动作次数或运行时间达到制造厂规定值时，应进行检修，并对开关的切换程序和时间进行测试。

（6）当换流变压器有载调压开关位置不一致时应暂停功率调整，并检查有载调压开关不一致原因，采取相应措施进行处理。

Jb0009131018　为防止设备套管发生严重的降水降雪型快速积污伴随快速受潮导致的污闪跳闸事故，需落实哪些反事故措施条款？（5分）

考核知识点： 十八项电网重大反事故措施

难易度： 易

标准答案：

污秽严重的覆冰地区外绝缘设计应采用加强绝缘、V形串、不同盘径绝缘子组合等形式，通过增加绝缘子串长、阻碍冰凌桥接及改善融冰状况下导电水帘形成条件，防止冰闪事故。

Jb0009132019　依照反事故措施规定，何时需要对分接开关的切换程序及时间进行测试？（5分）

考核知识点： 十八项电网重大反事故措施

难易度： 中

标准答案：

当开关动作次数或运行时间达到制造厂规定值时，应进行检修，并对开关的切换程序和时间进行测试。

Jb0009132020　安装 SF_6 密度继电器应注意哪些问题？（5分）

考核知识点： 十八项电网重大反事故措施

难易度： 中

标准答案：

（1） SF_6 密度继电器与开关设备本体之间的连接方式应满足不拆卸校验密度继电器的要求。

（2）密度继电器应装设在与断路器或 GIS 本体同一运行环境温度的位置，以保证其报警、闭锁触点正确动作。

（3）220kV 及以上 GIS 分箱结构的断路器每相应安装独立的密度继电器。

（4）户外安装的密度继电器应设置防雨罩，密度继电器防雨箱（罩）应能将表、控制电缆接线端子一起放入，防止指示表、控制电缆接线盒和充放气接口进水受潮。

Jb0009132021　作为备品的110（66）kV 及以上套管在存放期间及安装使用前有哪些具体规定？（5分）

考核知识点： 十八项电网重大反事故措施

难易度： 中

标准答案：

作为备品的 110（66）kV 及以上套管，应竖直放置。如水平存放，其抬高角度应符合制造厂要求，以防止电容芯子露出油面受潮。对水平放置保存期超过一年的 110（66）kV 及以上套管，当不能确保电容芯子全部浸没在油面以下时，安装前应进行局部放电试验、额定电压下的介质损耗试验和油色谱分析。

Jb0009132022　在防止直流控制系统故障中，在新工程的设备采购技术协议谈判、图纸审查、

安装调试、验收阶段，各相关单位应按哪些要求开展工作？（5分）

考核知识点：二十一项直流反事故措施

难易度：中

标准答案：

（1）认真核查控制主机、测量回路及电源的配置情况是否满足完全冗余的双重化要求。

（2）要在调试时模拟不同等级的故障，验证控制系统故障后动作策略是否正确。

（3）要在调试时通过断开极控制系统与智能子系统间的通信连接线、关闭电源等方式验证监测功能切换逻辑是否正确。

Jb0009132023　在防止站用交流电源故障中，在运行阶段运维单位加强管理的重点要求有哪些？（5分）

考核知识点：二十一项直流反事故措施

难易度：中

标准答案：

（1）非冗余配置的备自投控制系统进行软件升级或程序装载时应将备自投退出，开关切至"就地"位置。

（2）停电检修时，运维单位要对备自投定值进行核查，并开展各级备自投和电源切换装置切换试验。

（3）加强站用电保护定值管理。保护定值的整定应严格履行审批手续，严禁未经批准擅自修改站用电保护定值。

Jb0009133024　防止 TA 选型不当中，在新工程的设备采购技术协议谈判、图纸审查、安装调试、验收阶段，各相关单位按什么要求开展工作？（5分）

考核知识点：二十一项直流反事故措施

难易度：难

标准答案：

（1）检查冗余保护装置（特别是换流变压器保护和直流保护）的 TA 二次绕组是否独立，是否存在共用二次绕组的情况。

（2）检查冗余直流控制系统的 TA 二次绕组是否独立，是否存在共用二次绕组的情况。

（3）通过试验检查 TA 极性是否正确，避免区外故障导致保护误动。

Jb0009133025　阀内冷系统应如何根据反事故措施要求配置传感器？（5分）

考核知识点：二十一项直流反事故措施

难易度：难

标准答案：

阀内冷控制系统若配置三套传感器，采样值应按"三取二"原则处理，即三个传感器均正常时，取采样值中最接近的两个值参与控制；当一个传感器故障、两个传感器正常时，按"二取一"原则，取不利值参与控制；当仅有一个传感器正常时，以该传感器采样值参与控制。

Jb0009131026　为防止电气误操作事故，国家电网有限公司十八项电网重大反事故措施对加强防误操作管理工作有哪些要求？（5分）

考核知识点：十八项电网重大反事故措施

难易度：易

标准答案：

（1）落实防误操作工作责任制，设专人负责。

（2）加强运行、检修人员培训，严格执行两票制度。

（3）严格执行调度命令。

（4）制定完善防误装置的规程，加强装置的运行维护管理。

（5）建立完善的万能钥匙使用和保管制度。

Jb0009133027　国家电网有限公司十八项电网重大反事故措施中关于继电保护双重化配置的基本要求的内容是什么？（5分）

考核知识点： 十八项电网重大反事故措施

难易度： 难

标准答案：

（1）两套保护装置的交流电压、交流电流应分别取自电压互感器和电流互感器互相独立的绕组。其保护范围应交叉重叠，避免死区。

（2）两套保护装置的直流电源应取自不同蓄电池组供电的直流母线段。

（3）两套保护装置的跳闸回路应分别作用于断路器的两个跳闸绕组。

（4）两套保护装置与其他保护、设备配合的回路应遵循相互独立的原则。

（5）两套保护装置之间不应有电气联系。

（6）线路纵联保护的通道（含光纤、微波、载波等通道及加工设备和供电电源等）、远方跳闸及就地判别装置应遵循相互独立的原则按双重化配置。

Jb0009132028　阀内冷控制保护二次回路对于通过硬接点方式送往极控的水冷跳闸指令，其跳闸出口回路有何要求？（5分）

考核知识点： 二十一项直流反事故措施

难易度： 中

标准答案：

跳闸出口回路应采用双继电器双节点串联出口方式，以防止误动及拒动；采用双继电器双接点串联出口方式的跳闸回路，每个跳闸接点都应具有动作监视回路并上送后台，避免一个接点闭合后，运维人员无法及时发现。

Jb0009131029　冷却系统发生故障切除全部冷却器时，换流变压器如何运行？（5分）

考核知识点： 二十一项直流反事故措施

难易度： 易

标准答案：

换流变压器在运行中，当冷却器发生故障切除全部冷却器时，换流变压器在额定负载下可运行20min。20min以后，当油面温度尚未达到75℃时，允许上升到75℃，但冷却器全停的最长运行时间不得超过1h。冷却器部分故障时，换流变压器的允许负载和运行时间应参考制造厂规定。

Jb0009132030　请说明为什么跳闸回路不能采用常闭触点。（5分）

考核知识点： 十八项电网重大反事故措施

难易度： 中

标准答案：

如果跳闸回路采用常闭触点，那么就表示在触点闭合，回路导通有电时为正常状态，回路没电时表示跳闸。这样，如果存在电源丢失、回路断线，触点闭合不到位等情况，均可以误发跳闸指令，不能满足保护可靠的要求。

Jb0009131031 什么是缺陷评价？（5分）

考核知识点： 缺陷评价

难易度： 易

标准答案：

缺陷评价包括运行缺陷评价和家族性缺陷评价。运行缺陷评价指发现运行设备缺陷后，根据设备相关状态量的改变，结合带电检测和在线监测数据对设备进行的评价。家族性缺陷评价指上级发布家族性信息后，对运维范围内存在家族性缺陷设备进行的评价。

Jb0009132032 何为电流互感器的末屏接地？不接地会有什么影响？（5分）

考核知识点： 运行方式

难易度： 中

标准答案：

在220kV及以上的TA或60kV以上的套管式TA中，为了改善其电场分布，使电场分布均匀，在绝缘中布置一定数量的均压极板——电容屏，最外层电容屏（末屏）必须接地。如果末屏不接地，则因在大电流作用下，其绝缘电位是悬浮的，电容屏不能起均压作用，设备带电通有大电流后，将会导致TA最外层电容屏绝缘电位升高，对地放电，破坏设备绝缘，甚至烧毁TA。

Jb0009133033 干式平波电抗器在安装方式验收过程中，有哪些注意事项？（5分）

考核知识点： 直流换流站验收管理规定

难易度： 难

标准答案：

（1）距离干式平波电抗器中心2倍直径的周边和垂直范围内，不得有金属闭环存在。

（2）干式平波电抗器中心与周围金属围栏及其他导电体的最小距离应不小于干式平波电抗器外径的1.1倍。

（3）干式平波电抗器加装非导磁材料的外罩，以防止小动物或鸟类窜入。

Jb0009112034 已知某±800kV直流输电工程额定输送容量为8000MW，安稳系统动作门槛值为2100MW，2h过负荷能力的标幺值为1.05，采用动态电压控制策略（最低运行电压的标幺值为0.9），若系统7200MW运行时极Ⅰ发生极闭锁，极Ⅱ故障时直流电压为795kV，问故障后直流系统损失功率是多少？至少切除多少机组容量？如果故障短时间无法消除，需调整系统功率最大为多少？（10分）

考核知识点： 直流输电原理

难易度： 中

标准答案：

（1）动态电压策略投入情况下故障后的直流功率 $P = 795\text{kV} \times \dfrac{8000 \times 10^3}{800 \times 2}\text{A} \times 1.05 = 4173.75\text{MW}$

（2）损失功率 $\triangle P = 7200\text{MW} - 4173.75\text{MW} = 3026.25\text{MW}$

（3）最少切除机组容量 $P_1 = 3026.25\text{MW} - 2100\text{MW} = 926.25\text{MW}$

（4）如果故障短时间无法消除，需调整系统功率 $P_1 = 800\text{kV} \times 0.9 \times 5000\text{A} = 3600\text{MW}$

Jb0009111035　测得某 110kV 间隔隔离开关 A、B、C 三相触头温度分别为 50、34、30℃（此时温度、湿度分别为 29℃、75%），判断该隔离开关的缺陷性质。（10 分）

考核知识点： 变电运维

难易度： 易

标准答案：

相对温差 $\delta = [(t_1 - t_2)/(t_1 - t_0)] \times 100\% = [(50 - 30)/(50 - 29)] \times 100\% = 95.2\%$

由于相对温差 $\delta = 95.2\% > 95\%$，该缺陷为危急缺陷。

Jb0009113036　如图 Jb0009113036 所示直流电路，U_s 为电压源，其他均为电阻，根据图 Jb0009113036 中给出的信息求电路中的 I_1、I_2、U_2、R_1、R_2 和 U_s？（10 分）

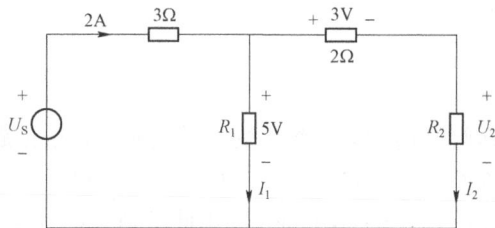

图 Jb0009113036

考核知识点： 电路原理

难易度： 难

标准答案：

解：$I_2 = 3V/2\Omega = 1.5A$

由 $I_1 + I_2 = 2A$ 得出 $I_1 = 2A - 1.5A = 0.5A$

由 $U_1 = 3V + U_2 = 5V$ 得出 $U_2 = 5V - 3V = 2V$

$R_1 = U_1/I_1 = 5V/0.5A = 10\Omega$

$R_2 = U_2/I_2 = 2V/1.5A = 1.33\Omega$

$U_s = 2A \times 3\Omega + U_1 = 6V + 5V = 11V$

Jb0009112037　某 ±500kV 直流输电系统（额定电流为 3000A，直流最大过负荷标幺值为 1.5），双极采用双极功率、额定电压运行，双极总功率为 3000MW 运行，运行过程中极 I 整流侧发生故障停运，在仅考虑绝对最小滤波器组数的影响下，根据表 Jb0009112037，计算说明正常情况下整个过程中交流滤波器组数的变化情况。（10 分）

表 **Jb0009112037**

直流功率水平 P_d（MW）	绝对最小组数
解锁时	A
$150 < P_d \leqslant 1500$	$A + B$
$1500 < P_d \leqslant 2250$	$2A + B$
$P_d > 2250$	$2A + 2B$

考核知识点： 直流输电原理

难易度： 中

标准答案：

解：（1）故障前滤波器组数为 $2A + 2B$。

（2）极Ⅰ故障跳闸后，部分功率转代给极Ⅱ，直流最大过负荷为 50%，对应极Ⅱ功率 1500MW×1.5＝2250MW。

（3）所以极Ⅰ故障跳闸后，1500＜P_d≤2250。

（4）按该表滤波器配置情况，控制系统退出 1 组 B 滤波器。

（5）根据调度要求直流系统禁止过负荷运行，运行人员手动将极Ⅱ功率降至 1500MW。

（6）按该表滤波器配置情况，控制系统再退出 1 组 A 滤波器。

Jb0009113038 某线路采用行波测距，线路出现故障后，测距装置测得行波波头到达两站的时刻分别为 T_S 和 T_R（送端站为 S 侧，受端站为 R 侧）。T_S＝8 590 150μs，T_R＝8 590 650μs，该线路全长为 1000km，请计算故障点距送端站的距离为多少？（10 分）

考核知识点：直流输电原理

难易度：难

标准答案：

解：设行波由故障点到达送端站用时 t_1，到达受端站用时 t_2。根据题目信息得到以下公式：

（1）$t_2 - t_1 = T_R - T_S$＝8 590 650μs－8 590 150μs＝500μs＝0.000 5s

（2）$c×(t_1 + t_2)$＝300 000km/s×$(t_1 + t_2)$＝1000km，由此可得：$t_1 + t_2$＝0.003 333 333 33（c 为光速，即 300 000km/s）。

（3）求解以上两个公式可得出 t_1＝0.001 416s，t_2＝0.001 916s。

（4）故障点距送端站的距离 L＝0.001 416s×c＝0.001 416s×300 000km/s＝424.99km。

答：故障点距送端站的距离为 420km。

Jb0009113039 一理想两端直流输电系统，双极采用双极功率运行，输送功率为 1800MW，极Ⅰ 500kV 运行，极Ⅱ 400kV 运行，输电系统直流线路全长 1000km（电阻率 0.01Ω/km），两站间接地极线路总长 50km（电阻率为 0.02Ω/km），求解直流线路及接地极线路上总的发热功率。（10 分）

考核知识点：直流输电原理

难易度：难

标准答案：

解：（1）由运行情况可知极Ⅰ、极Ⅱ运行电流为 2000A。

（2）极Ⅰ、极Ⅱ线路电阻均为 10Ω，两站间接地极线路电阻为 1Ω。

（3）发热功率计算公式 $P = I^2 × R$。

（4）$P_{(P1L)} = P_{(P2L)}$＝40MW。

（5）由于双极接地极电流平衡，$Q_{(GPL)}$＝0MW。

（6）P（总）＝$P_{(P1L)} + P_{(P2L)} + Q_{(GPL)}$＝40＋40＋0＝80（MW）。

答：直流线路及接地极线路上总的发热功率为 80MW。

Jb0009112040 如图 Jb0009112040 所示直流电路，U_s 为电压源，I_s 为电流源，其他均为电阻，求电压 U_{ab}。（10 分）

考核知识点：电路原理

难易度：中

标准答案：

解：由 $I_1 = I_{ab} + I_s$ 得出 $I_{ab} = 0.1I_1$

由 $0.9I_1 = 10V/5Ω = 2A$

得出 $I_{ab} = 0.1 \times (2A/0.9) = 0.22A$

$U_{ab} = 0.22A \times 4\Omega = 0.88V$

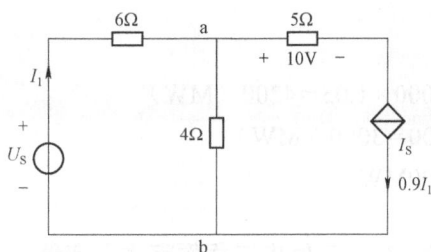

图 Jb0009112040

Jb0009112041 一直流电源，电动势为 3V，内阻为 0.5Ω，当外电阻为 2.5Ω 时，求电路中电流、路端电压。若外电路发生短路时，电路电流为多少？（10 分）

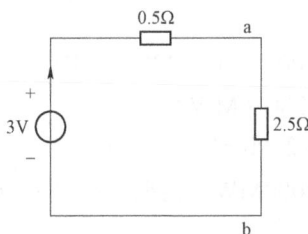

图 Jb0009112041

考核知识点：电路原理

难易度：中

标准答案：

解：$I = 3V/(0.5\Omega + 2.5\Omega) = 1A$

路端电压 $U_{ab} = 2.5\Omega \times 1A = 2.5V$

外电路发生短路时，$I = 3V/0.5\Omega = 6A$

答：电路中电流为 1A，路端电压为 2.5V。若外电路发生短路时，电路电流为 6A。

Jb0009112042 已知某 ±800kV 直流输电工程额定输送容量为 8000MW，2h 过负荷能力的标幺值为 1.05，采用动态电压控制策略（最低运行电压的标幺值为 0.9），若系 7200MW 运行时极 I 发生极闭锁，极 II 故障时直流电压为 795kV，问故障后直流系统损失功率是多少？如果故障短时间无法消除，需调整系统功率最大为多少？（10 分）

考核知识点：直流输电原理

难易度：中

标准答案：

解：（1）动态电压策略投入情况下故障后的直流功率 $P = 795kV \times 5000A \times 1.05 = 4173.75MW$

（2）损失功率 $\triangle P = 7200MW - 4173.75MW = 3026.25MW$

（3）需调整系统功率 $P_1 = 800kV \times 0.9 \times 5000A = 3600MW$

Jb0009112043 已知某 ±800kV 直流输电工程额定输送容量为 8000MW，2h 过负荷能力的标幺值为 1.05，若系统 7200MW 运行时极 I 发生极闭锁，极 II 故障时直流电压为 795kV，问故障后直流系统损失功率是多少？（10 分）

考核知识点：直流输电原理

难易度：中

标准答案：

解：根据题意

（1）故障后的直流功率 $P = 4000 \times 1.05 = 4200$（MW）

（2）损失功率 $\triangle P = 7200 - 4200 = 3000$（MW）

答：直流系统损失功率为 3000MW。

Jb0009112044　已知某 ± 800kV 直流输电工程额定输送容量为 8000MW，安稳系统动作门槛值为 2100MW，2h 过负荷能力的标幺值为 1.05，若系统 7200MW 运行时极Ⅰ发生极闭锁，极Ⅱ故障时直流电压为 795kV，问故障后直流系统损失功率是多少？需要至少切除多少机组容量？（10 分）

考核知识点：直流输电原理

难易度：中

标准答案：

解：（1）故障后的直流功率 $P = 4000 \times 1.05 = 4200$（MW）

（2）损失功率 $\triangle P = 7200 - 4200 = 3000$（MW）

（3）最少切除机组容量 $P_1 = 3000 - 2100 = 900$（MW）

答：故障后直流系统损失功率为 3000MW，需要至少切除 900MW 机组容量。

Jb0009112045　有一条三相 380V 的对称电路，负载是星形接线，线电流 $I = 5$A，功率因数为 0.8，求负载消耗的有功功率 P 及无功功率 Q。（10 分）

考核知识点：电路原理

难易度：中

标准答案：

解：根据题意

$$P = \sqrt{3} \times U \times I \times \cos\varphi = \sqrt{3} \times 380 \times 5 \times 0.8 = 2.633 \text{（kW）}$$

$$Q = \sqrt{3} \times U \times I \times \sin\varphi = \sqrt{3} \times 380 \times 5 \times \sqrt{1 - (0.8^2)} = 1.975 \text{（kvar）}$$

答：负载消耗的有功功率为 2.633kW，无功功率为 1.975kvar。

Jb0009113046　结合图 Jb0009113046 说明阀短路保护原理是什么？并根据波形判断为哪个阀故障，请说明原因。（10 分）

考核知识点：直流输电原理

难易度：难

标准答案：

（1）工作原理是利用阀短路、换流器交流侧相间短路或阀厅直流端出线间短路时换流器交流侧电流大于直流侧电流的故障现象作为保护的判据。在正常运行时，这些电流是平衡的；当发生阀短路时，故障阀和正在换相的正常阀流过高幅值电流；如果同一个三脉动阀组内第三个阀被触发，这种大电流也将流过这个阀；为避免这种情况，在第三个阀触发前，快速地检测故障，并且不投旁通对，立即闭锁换流器。

（2）阀 5 发生故障。故障发生时 B、C 相电流明显增大，说明故障造成了 B、C 两相短路，可能发生故障的阀为阀 5 或阀 6。A 相故障电流与 B 相故障电流之和等于 C 相故障电流，说明故障时电流由 A、B 两相流出，C 相流入，A 相电流由于换相后逐渐减小，因此故障为阀 5，若为阀 6，A 相电流不会先增加后减少，因此为阀 5 故障。

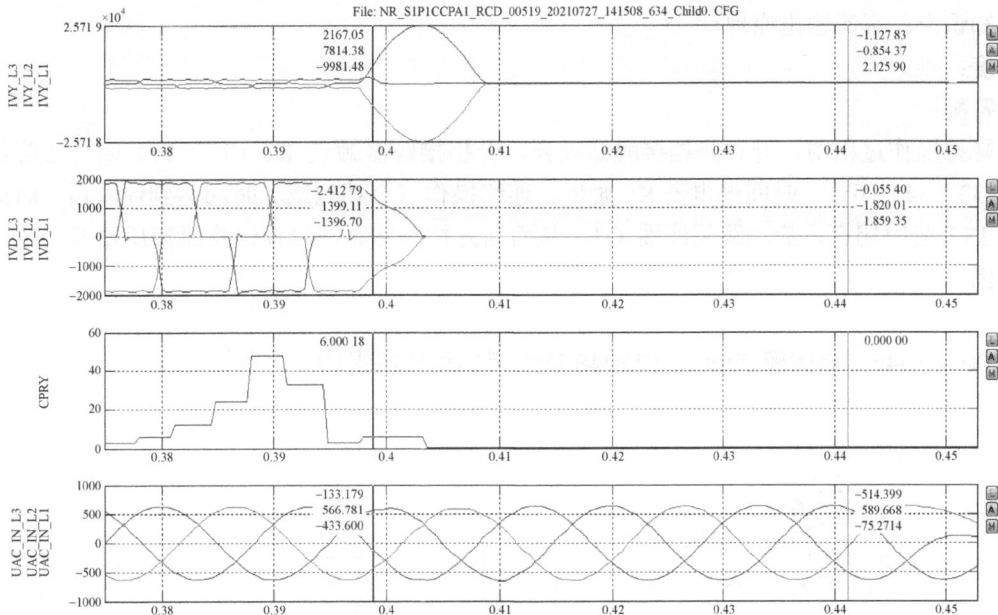

图 Jb0009113046

Jb0009143047 结合图 Jb0009143047，说明换流变压器分接开关控制回路的"滑挡"保护功能是如何实现的？（10分）

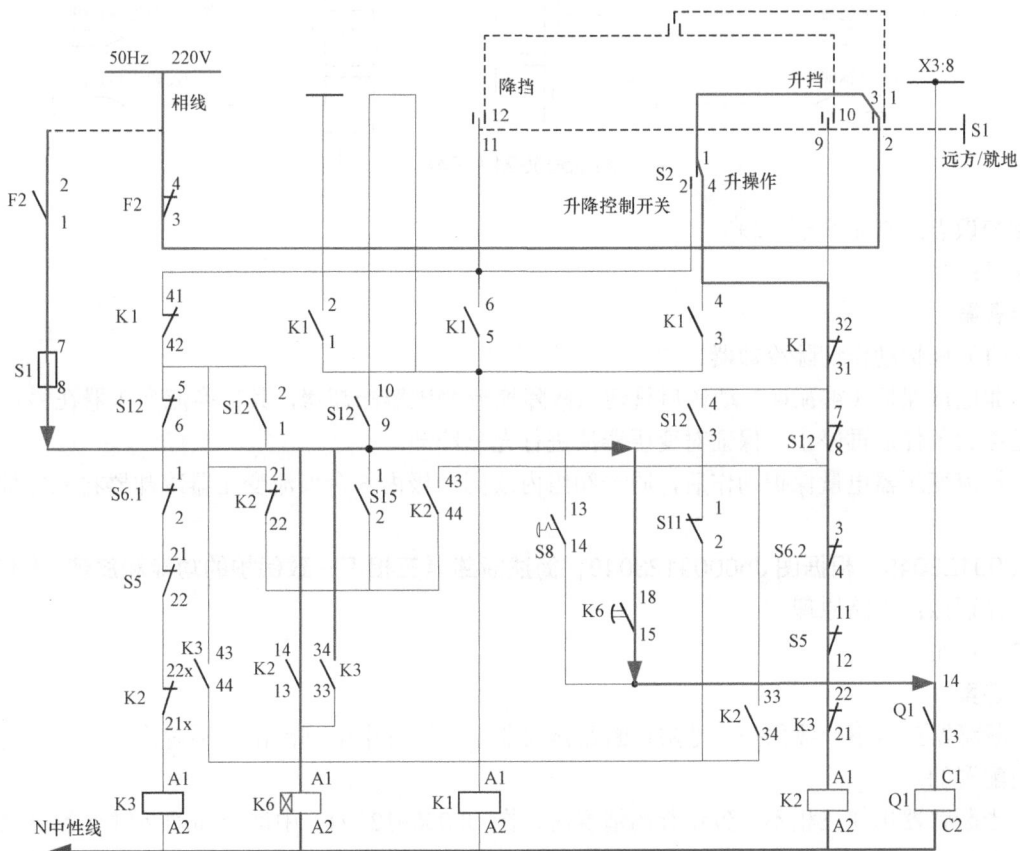

图 Jb0009143047

考核知识点：直流输电原理

难易度：难

标准答案：

在升降挡操作过程中，升、降挡接触器吸合，升挡接触器触点 K2（13、14）闭合或降挡接触器触点 K3（33、34）闭合，时间继电器 K6 励磁，连续操作三个挡位或者时间达到计时后，时间继电器 K6（15、18）延时闭合，启动跳闸线圈 Q1，从而断开控制回路，以保证换流变压器零序电压、电流在可控范围内。

Jb0009121048　简述图 Jb0009121048 所表示的动作逻辑。（10 分）

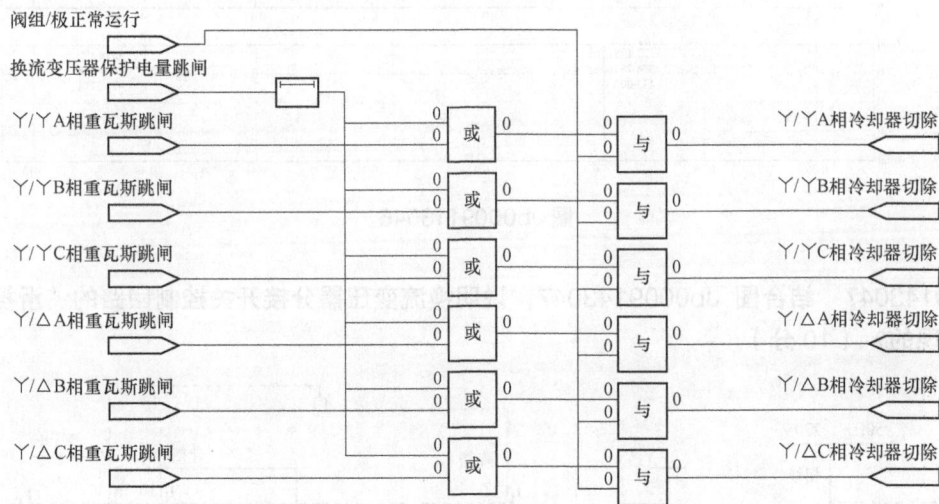

图 Jb0009121048

考核知识点：直流输电原理

难易度：易

标准答案：

解：（1）保护动作切除冷却器。

（2）非电量保护（重瓦斯）动作后只切除故障换流变压器冷却器，其他换流变压器在最后一组冷却器满足停运条件后再停止，保证对变压器油进行充分冷却。

（3）换流变压器电量保护动作后，同一阀组内或同一极内 6 台换流变压器冷却器将立即停运。

Jb0009123049　根据图 Jb0009123049，简述断路器三相不一致保护的功能和原理。（10 分）

考核知识点：电路原理

难易度：难

标准答案：

（1）断路器三相不一致保护，是防止断路器在非全相运行中电网因出现不对称分量，引起其他保护误动而配置的。

（2）当断路器出现三相不一致运行的情况时，图 Jb0009123049 中动合和动断触点各自至少有一相处于闭合状态，于是形成了通路，使中间继电器 K5 处于通电状态，K5 闭合，使三跳继电器 K6 励磁。从而跳开断路器 A、B、C 三相，以保证系统的安全运行。

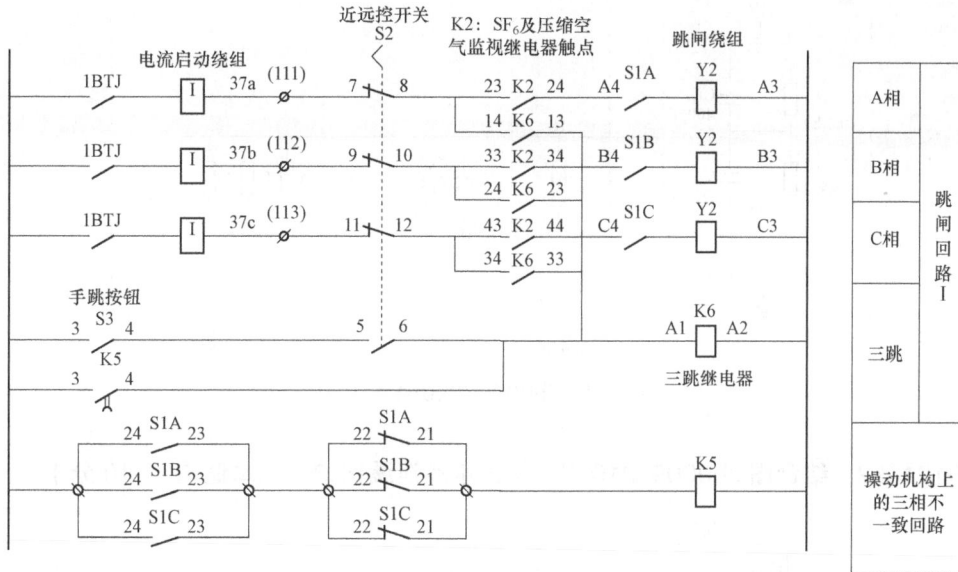

图 Jb0009123049

Jb0009122050　根据图 Jb0009122050 无源转换电路，简述直流断路器的工作原理。（10 分）

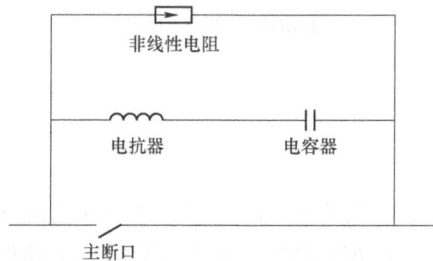

图 Jb0009122050

考核知识点： 直流输电原理

难易度： 中

标准答案：

图 Jb0009122050 中由一个转换电容器和一个电抗器串联，然后与避雷器和 SF_6 断路器并联而成。电容器和电抗器组成一个振荡回路，当直流断路器在断开的过程中，直流电流对电容器进行充电，进而逐步在电容器上产生一个振荡电压，在转换电容与电抗器之间形成振荡电流，叠加到主回路的直流上，形成一个电流过零点，电弧熄灭。

Jb0009122051　根据图 Jb0009122051，简述直流分压器的工作原理。（10 分）

考核知识点： 直流输电原理

难易度： 中

标准答案：

直流电压分压器利用阻容分压的原理，包括一个高压支路及一个带连接端口的低压支路，根据分压比例，通过低压输出电压反映一次电压，低压输出端电压送至控制保护系统进行测量运算。

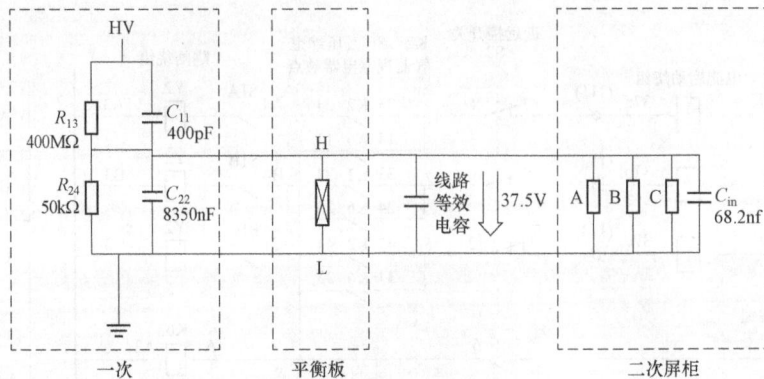

图 Jb0009122051

Jb0009121052　结合图 Jb0009121052，简述水冷泄漏保护的基本逻辑。（10 分）

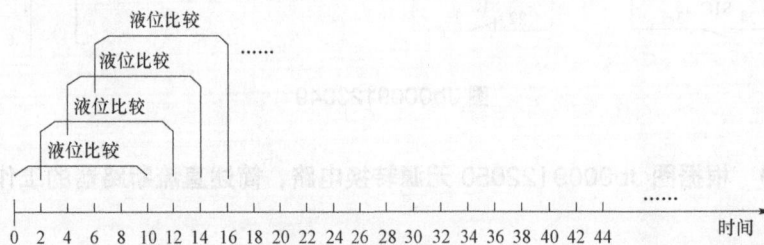

图 Jb0009121052

考核知识点：直流输电原理

难易度：易

标准答案：

冷却系统对膨胀罐液位连续监测，每个扫描周期都对当前值进行计算和判断。扫描周期为 2s，液位比较周期为 10s，比较周期内泄漏量超过定值，延时后泄漏保护动作，延时内任意一次小于设定值，泄漏延时重新开始计算。

Jb0009121053　结合图 Jb0009121053，简述水冷渗漏保护的基本逻辑。（10 分）

考核知识点：直流输电原理

难易度：易

标准答案：

冷却系统对膨胀罐液位连续监测，每个扫描周期都对当前值进行计算和判断。扫描周期为 180min，在扫描周期之间液位下降超过定值，连续产生规定次数，阀冷系统渗漏报警信息。任意一次采样值间下降量小于设定值，则将累计次数清零、报警复位，重新开始计数。

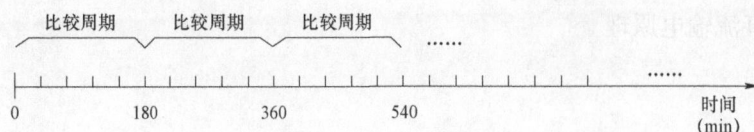

图 Jb0009121053

Jb0009121054　根据某换流站阀冷系统主泵流程图，简述在线检修 P01 主循环泵需要排水时所做的安全措施。（10 分）

考核知识点：直流输电原理

难易度：易

标准答案：

断开该主泵断路器、安全开关，在对 P01 主泵在线检修时排放介质前，为了防止 V003、V027 蝶阀无法有效地关闭，必须先屏蔽泄漏保护，然后用小的容器在 V201 或 V204 阀门处（不能两个同时打开）缓慢地排水，由于大气压的作用，当压力泄空成静压时（P01 压力表读数为零），无法继续排放，表明 V003、V027 蝶阀已关闭，可以开始排水工作。

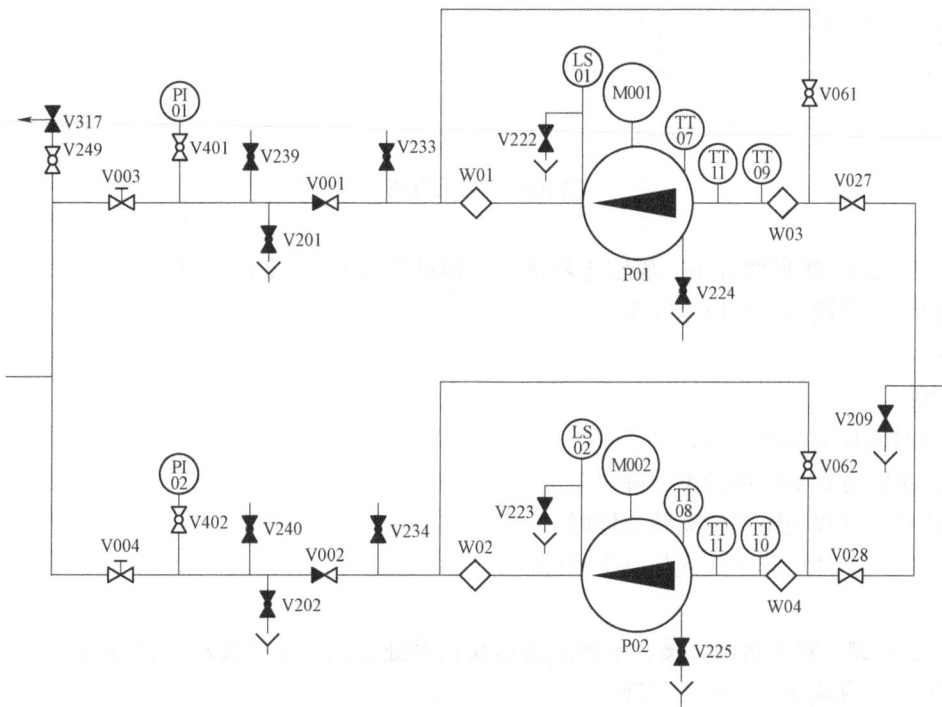

图 Jb0009121054

Jb0009123055　根据图 Jb0009123055 简述该直流保护的类型及原理。（10 分）

考核知识点：直流输电原理

难易度：难

标准答案：

（1）该直流保护为阀短路保护。

（2）用于检测阀短路故障、换流变压器阀侧相间短路故障，避免发生短路时换流阀遭受过应力。测量换流变压器阀侧 Y 绕组和 D 绕组电流、换流器高压侧直流电流，以及换流器低压侧直流电流。在正常运行时，这些电流是平衡的，差动电流很小。如果交流侧电流明显高于直流电流，则表明发生了故障，保护立即动作。

File: LS_S1P1CPRA1_2015_08_25_11_09_57_691Child00.CFG

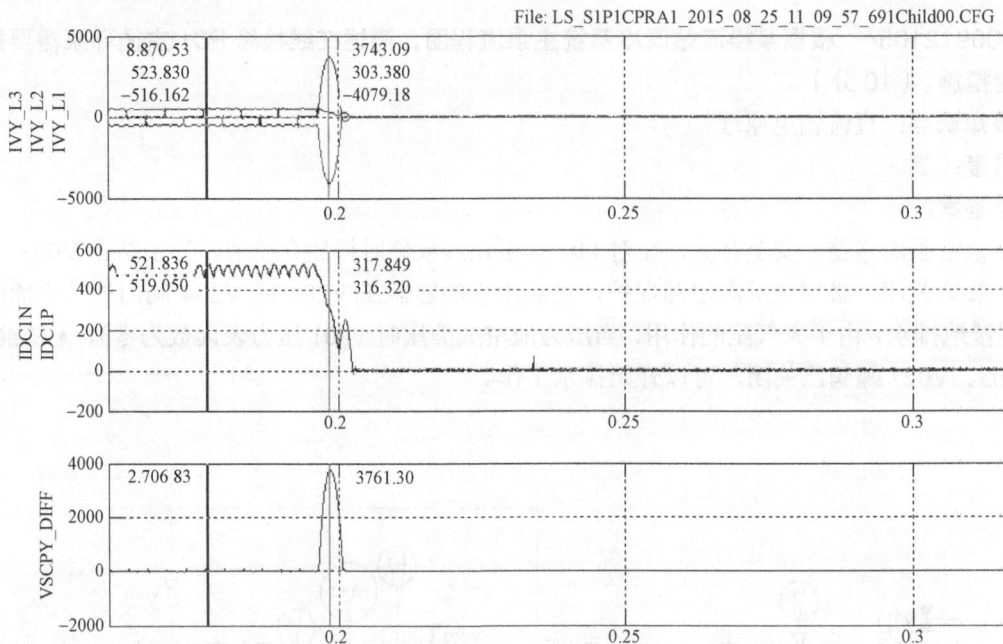

图 Jb0009123055

Jb0009131056 哪些情况下，原则上不进行主控站转换操作。（10分）

考核知识点：国调中心调控运行规定

难易度：易

标准答案：

（1）在电网或直流系统故障、异常时。

（2）直流系统进行操作或功率升降时。

（3）直流系统或极控制保护系统检修时。

（4）换流站站间通信异常或通信发生故障时。

Jb0009131057 对于运维人员，单台服务器死机后处理原则是什么？（10分）

考核知识点：直流换流站运维管理规定

难易度：易

标准答案：

（1）检查另一台服务器转为主用正常。

（2）检查事件记录，现场检查服务器状态，分析故障原因。

（3）服务器重启应在落实相应的安全措施后，按照规定顺序执行，经充分放电后，再重新启动，并按规定顺序依次启动对象、前置、历史等进程。

（4）详细查看相应的对象、前置、历史等进程运行正常。

（5）重启后故障未消除，联系检修人员进一步检查处理。

Jb0009131058 对于运维人员，站间通信中断后的处理原则是什么？（10分）

考核知识点：直流换流站运维管理规定

难易度：易

标准答案：

（1）检查相应极功率控制方式转为应急电流模式正常，检查直流系统功率运行正常。

（2）检查控制保护屏、通信屏等重要二次设备的运行情况，检查各指示灯点亮情况。

（3）检查过程中不得擅自对通道通信装置进行重启或插拔网线。

（4）如检查站内无异常情况，汇报值班调控人员并询问有无通信专业工作情况。

（5）如检查确认为通信设备故障，联系检修人员进一步检查处理。

（6）通道恢复后，及时申请值班调控人员将相应极功率控制方式转为正常方式。

Jb0009131059　简述直流站间通信故障会对直流系统造成的影响。（10 分）

考核知识点： 直流换流站运维管理规定

难易度： 易

标准答案：

（1）对直流系统操作的影响：系统的控制方式只能为站控方式，两站需要采用电话方式，逐步确认系统状态和操作情况，从而实现解锁、接线方式转换等操作。

（2）用于直流功率计算的线路电阻值将直接采用经验值，而非根据两站实际线路电压、电流量计算而得。

（3）逆变侧线路故障再启动功能被闭锁，只有整流侧检测到线路发生故障时才会启动再启动功能。

（4）逆变侧的功率限制功能被闭锁，但直流功率和电流追踪功能仍能维持稳定运行。

（5）直流线路差动保护功能（后备功能）被闭锁。

（6）低负荷下的无功优化功能被闭锁。

（7）直流稳定调制功能将受影响，直流功率快速变化时，逆变侧将不具备瞬时电流裕度。

Jb0009132060　为什么换流变压器充电后、解锁前应检查阀侧套管分压器波形，波形分析无异常方可解锁。（5 分）

考核知识点： 防止换流站事故措施及释义

难易度： 中

标准答案：

换流变压器阀侧中性点偏移保护是在换流阀闭锁状态下，用于检测换流变压器阀侧的接地故障。阀解锁状态下，此保护功能自动退出。换流变压器充电后、解锁前应检查阀侧套管分压器波形，防止中性点偏移保护导致直流闭锁。

Jb0009132061　简述阀冷主泵切换的基本原则。（10 分）

考核知识点： 防止换流站事故措施及释义

难易度： 中

标准答案：

（1）在切换不成功时应能自动回切，切换时间的选择应恰当，切换延时引起的流量变化应满足换流阀对内冷水系统最小流量的要求，避免切换过程中出现低流量保护误动。

（2）主泵失电切换时间应躲过 10kV 备用电源自动投入装置切换时间。

（3）主泵切换不成功判断延时与回切时间之和应小于流量低保护动作时间，防止切泵时间不合理导致流量低保护动作。

Jb0009132062 简述油色谱在线监测装置报警后现场处置原则。(10分)

考核知识点： 防止换流站事故措施及释义

难易度： 中

标准答案：

（1）检查监控系统或在线监测系统数据是否正常，是否有报警信息。

（2）对装置电源、通信系统、在线监测油回路阀门、气压、加热、驱潮、排风等装置进行检查，如确定为在线监测装置故障，应将在线监测装置退出运行，并及时处理。

（3）在确认在线监测装置运行正常时，远程调整油色谱检测周期到最小周期，密切关注变化趋势。

（4）运行中发现油色谱在线检测特征数据异常，但未超过注意值时，应及时开展离线色谱复测和平行取样比对（至少两个不同实验室），排除监测仪器偏差或异常。人工远程启动在线检测并缩短检测周期，密切跟踪色谱变化。如乙炔含量从无到有或缓慢增长，宜加装重症监护装置。

（5）运行中发现油色谱在线检测特征数据异常，色谱在线检测特征数据首次超过注意值或乙炔首次出现时，人工远程启动在线检测并缩短检测周期，密切跟踪色谱变化，并联系省电力公司组织专家团队结合特征气体组份分析、增长速率和设备运检情况综合分析油色谱异常性质，明确追踪分析或停电检查。

第十章　换流站值班员高级技师技能操作

Jc0010141001　换流站设备巡视类（直流滤波器巡视）。（100分）

考核知识点：基本运维工作

难易度：易

技能等级评价专业技能考核操作工作任务书

一、任务名称

换流站设备巡视类（直流滤波器巡视）。

二、适用工种

换流站值班员高级技师。

三、具体任务

（1）进行直流滤波器巡视工作，并填写巡检记录。

（2）工作任务：直流滤波器巡视。

四、工作规范及要求

（1）巡检人着装应符合要求。

（2）巡检工器具的正确使用及安全措施。

（3）工作步骤要严格按照《国家电网有限公司直流换流站运维管理规定》的要求进行。

（4）巡检结束后填写巡检记录。

五、考核及时间要求

（1）本考核操作时间为 40 分钟，时间到停止考评，包括巡视过程和报告整理时间，报告整理时间不超过 5 分钟。

（2）考评过程中如果由于巡视人员操作不规范、误入间隔等有可能引发不安全因素的，停止考评，该项考核项目不得分，但不影响其他项目。

（3）记录巡检结果，整理报告。

技能等级评价专业技能考核操作评分标准

工种	换流站值班员			评价等级	高级技师
项目模块	基本运维工作		编号		Jc0010141001
单位		准考证号		姓名	
考试时限	40分钟	题型	单项操作	题分	100分
成绩		考评员	考评组长	日期	
试题正文	换流站设备巡视类（直流滤波器巡视）				
需要说明的问题和要求	（1）要求单人巡视，着装符合安全要求。 （2）正确使用巡视所需工器具，巡视过程中应保证安全。 （3）合理规划巡视路线，巡视完成一个设备/间隔后不允许折返。 （4）巡视结束后，待考评员同意方可离开考场				

续表

序号	项目名称	质量要求	满分	扣分标准	扣分原因	得分
1	安全事项					
1.1	安全措施的准备	着装： （1）穿全棉长袖工作服、绝缘鞋。 （2）正确佩戴安全帽，安全帽系带戴牢。 （3）检查安全帽外观正常。 （4）检查安全帽合格证完整，在检验有效期内。 （5）工作服穿着规范，无裸露、破损，衣扣系牢	5	着装不符合质量要求，每处扣2分，扣完为止		
1.2	巡视工器具选择及检查	工器具选择及检查： （1）携带对讲机，巡检前测试对讲机功能正常。 （2）携带巡检钥匙，检查钥匙外观完整，巡视区域授权正确，钥匙功能正常	10	未按规范携带、使用工器具及仪器仪表，每条扣3分； 未按要求检查工器具及仪器仪表完好，每条扣2分； 以上扣分，扣完为止； 巡检钥匙授权错误，扣10分		
2	直流滤波器巡视	巡视要点				
2.1	本体巡视	设备区域内是否有渗漏油痕迹，设备是否有异常噪音、放电声响和振动	3	缺少1项扣3分，表述不完整的扣1分，扣完为止		
		电容器外壳是否明显鼓肚变形，本体、附件及各连接处是否渗漏油	3	缺少1项扣3分，表述不完整的扣1分，扣完为止		
		电抗器本体外观是否良好，有无变形、严重发热变色、无异常声响或振动等，表面涂层是否完整、有无脱落，防护罩是否完好	2	缺少1项扣2分，表述不完整的扣1分，扣完为止		
		电阻箱有无异味、变形现象、异常声响或振动等，防护罩是否完好	2	缺少1项扣2分，表述不完整的扣1分，扣完为止		
		光电流互感器光纤绝缘子是否完好，是否破损断裂	2	缺少1项扣2分，表述不完整的扣1分，扣完为止		
		支柱绝缘子是否清洁，有无裂纹、机械损伤、放电及烧伤痕迹	2	缺少1项扣2分，表述不完整的扣1分，扣完为止		
		检查交直流滤波器围栏门是否锁闭正常	2	缺少1项扣2分，表述不完整的扣1分，扣完为止		
		母线及引线是否过紧过松、散股、断股，是否有异物缠绕	2	缺少1项扣2分，表述不完整的扣1分，扣完为止		
		设备铭牌、运行编号标识是否齐全、清晰	2	缺少1项扣2分，表述不完整的扣1分，扣完为止		
3	巡检记录					
3.1	缺陷报告	记录巡检过程中发现的缺陷，记录要翔实，包含设备电压等级、设备双重名称及缺陷准确描述	30	巡检缺陷数量不全，缺少1项扣5分，扣完为止； 巡检缺陷描述不清楚，每项扣3分，扣完为止		
3.2	缺陷定性	对发现的缺陷逐条定性正确	20	定性不正确，每条扣2分，扣完为止		
4	工作结束					
4.1	工作现场清理	清理工作现场： （1）合理规划巡视路线，巡视完成一个设备/间隔后不允许折返。 （2）巡检过程中打开的箱门、柜门及时上锁。 （3）巡检过程中保持地面整洁，不随意丢弃垃圾	10	巡视完成一个设备/间隔后出现折返情况，每次扣2分，扣完为止； 打开的箱门、柜门未及时恢复，每处扣1分，扣完为止； 巡检过程中地面出现异物，每处扣1分，扣完为止		
4.2	巡视工器具归置及检查	巡视工器具归还及检查： （1）归还对讲机，并测试对讲机功能正常。 （2）归还巡检钥匙，并检查钥匙外观完整，功能正常	5	未按规范归还工器具及仪器仪表，每条扣3分，扣完为止； 未按要求检查工器具及仪器仪表完好，每条扣2分，扣完为止		
	合计		100			

Jc0010141002 换流站设备巡视类（换流变压器巡视）。（100分）

考核知识点：基本运维工作

难易度：易

技能等级评价专业技能考核操作工作任务书

一、任务名称

换流站设备巡视类（换流变压器巡视）。

二、适用工种

换流站值班员高级技师。

三、具体任务

（1）进行换流变压器巡视工作，并填写巡检记录。

（2）工作任务：换流变压器巡视。

四、工作规范及要求

（1）巡检人着装应符合要求。

（2）巡检工器具的正确使用及安全措施。

（3）工作步骤要严格按照《国家电网有限公司直流换流站运维管理规定》的要求进行。

（4）巡检结束后填写巡检记录。

五、考核及时间要求

（1）本考核操作时间为60分钟，时间到停止考评，包括巡视过程和报告整理时间，报告整理时间不超过5分钟。

（2）考评过程中如果由于巡视人员操作不规范、误入间隔等有可能引发不安全因素的，停止考评，该项考核项目不得分，但不影响其他项目。

（3）记录巡检结果，整理报告。

技能等级评价专业技能考核操作评分标准

工种	换流站值班员					评价等级	高级技师
项目模块	基本运维工作			编号		Jc0010141002	
单位			准考证号			姓名	
考试时限	60分钟	题型		单项操作		题分	100分
成绩		考评员		考评组长		日期	
试题正文	换流站设备巡视类（换流变压器巡视）						
需要说明的问题和要求	（1）要求单人巡视，着装符合安全要求。 （2）正确使用巡视所需工器具，巡视过程中应保证安全。 （3）合理规划巡视路线，巡视完成一个设备/间隔后不允许折返。 （4）巡视结束后，待考评员同意方可离开考场						

序号	项目名称	质量要求	满分	扣分标准	扣分原因	得分
1	安全事项					
1.1	安全措施的准备	着装： （1）穿全棉长袖工作服、绝缘鞋。 （2）正确佩戴安全帽，安全帽系带戴牢。 （3）检查安全帽外观正常。 （4）检查安全帽合格证完整，在检验有效期内。 （5）工作服穿着规范，无裸露、破损，衣扣系牢	5	着装不符合质量要求，每处扣2分，扣完为止		

续表

序号	项目名称	质量要求	满分	扣分标准	扣分原因	得分
1.2	巡视工器具选择及检查	工器具选择及检查： （1）携带对讲机，巡检前测试对讲机功能正常。 （2）携带巡检钥匙，检查钥匙外观完整，巡视区域授权正确，钥匙功能正常	10	未按规范携带、使用工器具及仪器仪表，每条扣3分； 未按要求检查工器具及仪器仪表完好，每条扣2分； 以上扣分，扣完为止； 巡检钥匙授权错误，扣10分		
2	换流变压器巡视	巡视要点				
2.1	本体及套管巡视	运行监控信号、灯光指示、运行数据等均正常	2	缺少1项扣2分，表述不完整的扣1分，扣完为止		
		各部位无渗油、漏油，油位读数正常	2	缺少1项扣2分，表述不完整的扣1分，扣完为止		
		换流变压器声响和振动正常	2	缺少1项扣2分，表述不完整的扣1分，扣完为止		
		套管压力正常或油位正常，套管外部无破损裂纹、无严重油污、无放电痕迹，防污闪涂料无起皮、脱落等异常现象	2	缺少1项扣2分，表述不完整的扣1分，扣完为止		
2.2	有载分接开关巡视	分接挡位指示与监控系统对应，且换流变压器三相分接挡位应一致	2	缺少1项扣2分，表述不完整的扣1分，扣完为止		
		分接开关的油位、呼吸器正常	2	缺少1项扣2分，表述不完整的扣1分，扣完为止		
		在线滤油装置无渗漏油，滤芯压力正常	2	缺少1项扣2分，表述不完整的扣1分，扣完为止		
		分接开关传动机构电机运行正常，无传动卡涩	2	缺少1项扣2分，表述不完整的扣1分，扣完为止		
2.3	冷却器巡视	各冷却器（散热器）的风扇、油泵运转正常，油流指示器工作正常	2	缺少1项扣2分，表述不完整的扣1分，扣完为止		
		冷却器及连接管道无渗漏油，特别注意散热器无渗漏油	2	缺少1项扣2分，表述不完整的扣1分，扣完为止		
3	巡检记录					
3.1	缺陷报告	记录巡检过程中发现的缺陷，记录要翔实，包含设备电压等级、设备双重名称及缺陷准确描述	30	巡检缺陷数量不全，缺少1项扣5分，扣完为止； 巡检缺陷描述不清楚，每项扣3分，扣完为止		
3.2	缺陷定性	对发现的缺陷逐条定性正确	20	定性不正确，每条扣2分，扣完为止		
4	工作结束					
4.1	工作现场清理	清理工作现场： （1）合理规划巡视路线，巡视完成一个设备/间隔后不允许折返。 （2）巡检过程中打开的箱门、柜门及时上锁。 （3）巡检过程中保持地面整洁，不随意丢弃垃圾	10	巡视完成一个设备/间隔后出现折返情况，每次扣2分，扣完为止； 打开的箱门、柜门未及时恢复，每处扣1分，扣完为止； 巡检过程中地面出现异物，每处扣1分，扣完为止		
4.2	巡视工器具归置及检查	巡视工器具归置及检查： （1）归还对讲机，并测试对讲机功能正常。 （2）归还巡检钥匙，并检查钥匙外观完整，功能正常	5	未按规范归还工器具及仪器仪表，每条扣3分，扣完为止； 未按要求检查工器具及仪器仪表完好，每条扣2分，扣完为止		
	合计		100			

Jc0010141003 换流站设备巡视类（干式平波电抗器巡视）。（100分）

考核知识点：基本运维工作

难易度：易

技能等级评价专业技能考核操作工作任务书

一、任务名称

换流站设备巡视类（干式平波电抗器巡视）。

二、适用工种

换流站值班员高级技师。

三、具体任务

（1）进行干式平波电抗器巡视工作，并填写巡检记录。

（2）工作任务：干式平波电抗器巡视。

四、工作规范及要求

（1）巡检人着装应符合要求。

（2）巡检工器具的正确使用及安全措施。

（3）工作步骤要严格按照《国家电网有限公司直流换流站运维管理规定》的要求进行。

（4）巡检结束后填写巡检记录。

五、考核及时间要求

（1）本考核操作时间为 30 分钟，时间到停止考评，包括巡视过程和报告整理时间，报告整理时间不超过 5 分钟。

（2）考评过程中如果由于巡视人员操作不规范、误入间隔等有可能引发不安全因素的，停止考评，该项考核项目不得分，但不影响其他项目。

（3）记录巡检结果，整理报告。

技能等级评价专业技能考核操作评分标准

工种	换流站值班员			评价等级	高级技师
项目模块	基本运维工作		编号		Jc0010141003
单位		准考证号		姓名	
考试时限	30 分钟	题型	单项操作	题分	100 分
成绩		考评员		考评组长	日期
试题正文	换流站设备巡视类（干式平波电抗器巡视）				
需要说明的问题和要求	（1）要求单人巡视，着装符合安全要求。 （2）正确使用巡视所需工器具，巡视过程中应保证安全。 （3）合理规划巡视路线，巡视完成一个设备/间隔后不允许折返。 （4）巡视结束后，待考评员同意方可离开考场				

序号	项目名称	质量要求	满分	扣分标准	扣分原因	得分
1	安全事项					
1.1	安全措施的准备	着装： （1）穿全棉长袖工作服、绝缘鞋。 （2）正确佩戴安全帽，安全帽系带戴牢。 （3）检查安全帽外观正常。 （4）检查安全帽合格证完整，在检验有效期内。 （5）工作服穿着规范，无裸露、破损，衣扣系牢	5	着装不符合质量要求，每处扣 2 分，扣完为止		
1.2	巡视工器具选择及检查	工器具选择及检查： （1）携带对讲机，巡检前测试对讲机功能正常。 （2）携带巡检钥匙，检查钥匙外观完整，巡视区域授权正确，钥匙功能正常	10	未按规范携带、使用工器具及仪器仪表，每条扣 3 分； 未按要求检查工器具及仪器仪表完好，每条扣 2 分； 以上扣分，扣完为止； 巡检钥匙授权错误，扣 10 分		

续表

序号	项目名称	质量要求	满分	扣分标准	扣分原因	得分
2	干式平波电抗器巡视	巡视要点				
2.1	本体巡视	设备铭牌、运行编号标识齐全、清晰	2	缺少1项扣2分，表述不完整的扣1分，扣完为止		
		声罩表面无裂纹、无爬电，无油漆脱落现象，防雨帽完好，螺栓紧固	2	缺少1项扣2分，表述不完整的扣1分，扣完为止		
		包封间导风撑条无松动、位移、缺失等情况	2	缺少1项扣2分，表述不完整的扣1分，扣完为止		
		连接金具接触良好，无裂纹、发热变色、变形	2	缺少1项扣2分，表述不完整的扣1分，扣完为止		
		支撑绝缘子外绝缘无破损，金属部位无锈蚀，支架牢固，无异常倾斜变形	2	缺少1项扣2分，表述不完整的扣1分，扣完为止		
		运行中无异常声响、振动及放电声	2	缺少1项扣2分，表述不完整的扣1分，扣完为止		
		设备的接地良好，接地引下线无锈蚀、断裂且标识完好	2	缺少1项扣2分，表述不完整的扣1分，扣完为止		
		本体及支架上无鸟窝、漂浮物等杂物	2	缺少1项扣2分，表述不完整的扣1分，扣完为止		
		设备基础无倾斜、下沉	2	缺少1项扣2分，表述不完整的扣1分，扣完为止		
		金属部位无锈蚀，支架牢固，无异常现象	2	缺少1项扣2分，表述不完整的扣1分，扣完为止		
3	巡检记录					
3.1	缺陷报告	记录巡检过程中发现的缺陷，记录要翔实，包含设备电压等级、设备双重名称及缺陷准确描述	30	巡检缺陷数量不全，缺少1项扣5分，扣完为止；巡检缺陷描述不清楚，每项扣3分，扣完为止		
3.2	缺陷定性	对发现的缺陷逐条定性正确	20	定性不正确，每条扣2分，扣完为止		
4	工作结束					
4.1	工作现场清理	清理工作现场： （1）合理规划巡视路线，巡视完成一个设备/间隔后不允许折返。 （2）巡检过程中打开的箱门、柜门及时上锁。 （3）巡检过程中保持地面整洁，不随意丢弃垃圾	10	巡视完成一个设备/间隔后出现折返情况，每次扣2分，扣完为止；打开的箱门、柜门未及时恢复，每处扣1分，扣完为止；巡检过程中地面出现异物，每处扣1分，扣完为止		
4.2	巡视工器具归置及检查	巡视工器具归置及检查： （1）归还对讲机，并测试对讲机功能正常。 （2）归还巡检钥匙，并检查钥匙外观完整，功能正常	5	未按规范归还工器具及仪器仪表，每条扣3分，扣完为止；未按要求检查工器具及仪器仪表完好，每条扣2分，扣完为止		
	合计		100			

Jc0010141004　换流站设备巡视类（阀控系统巡视）。（100分）

考核知识点：基本运维工作

难易度：易

技能等级评价专业技能考核操作工作任务书

一、任务名称

换流站设备巡视类（阀控系统巡视）。

二、适用工种

换流站值班员高级技师。

三、具体任务

（1）进行阀控系统巡视工作，并填写巡检记录。

（2）工作任务：阀控系统巡视。

四、工作规范及要求

（1）巡检人着装应符合要求。

（2）巡检工器具的正确使用及安全措施。

（3）工作步骤要严格按照《国家电网有限公司直流换流站运维管理规定》的要求进行。

（4）巡检结束后填写巡检记录。

五、考核及时间要求

（1）本考核操作时间为 20 分钟，时间到停止考评，包括巡视过程和报告整理时间，报告整理时间不超过 5 分钟。

（2）考评过程中如果由于巡视人员操作不规范、误入间隔等有可能引发不安全因素的，停止考评，该项考核项目不得分，但不影响其他项目。

（3）记录巡检结果，整理报告。

技能等级评价专业技能考核操作评分标准

工种	换流站值班员			评价等级	高级技师
项目模块	基本运维工作		编号	Jc0010141004	
单位		准考证号		姓名	
考试时限	20分钟	题型	单项操作	题分	100分
成绩		考评员		考评组长	日期
试题正文	换流站设备巡视类（阀控系统巡视）				
需要说明的问题和要求	（1）要求单人巡视，着装符合安全要求。 （2）正确使用巡视所需工器具，巡视过程中应保证安全。 （3）合理规划巡视路线，巡视完成一个设备/间隔后不允许折返。 （4）巡视结束后，待考评员同意方可离开考场				

序号	项目名称	质量要求	满分	扣分标准	扣分原因	得分
1	安全事项					
1.1	安全措施的准备	着装： （1）穿全棉长袖工作服、绝缘鞋。 （2）正确佩戴安全帽，安全帽系带戴牢。 （3）检查安全帽外观正常。 （4）检查安全帽合格证完整，在检验有效期内。 （5）工作服穿着规范，无裸露、破损，衣扣系牢	5	着装不符合质量要求，每处扣2分，扣完为止		
1.2	巡视工器具选择及检查	工器具选择及检查： （1）携带对讲机，巡检前测试对讲机功能正常。 （2）携带巡检钥匙，检查钥匙外观完整，巡视区域授权正确，钥匙功能正常	10	未按规范携带、使用工器具及仪器仪表，每条扣3分； 未按要求检查工器具及仪器仪表完好，每条扣2分； 以上扣分，扣完为止； 巡检钥匙授权错误，扣10分		
2	阀控系统巡视	巡视要点				
2.1	巡视内容	阀控设备室清洁无杂物，无漏水、凝露现象	2	缺少1项扣2分，表述不完整的扣1分，扣完为止		
		室内照明正常，空调运行正常，温湿度指示正常	2	缺少1项扣2分，表述不完整的扣1分，扣完为止		
		屏柜内无异常声响和振动、无焦煳味	2	缺少1项扣2分，表述不完整的扣1分，扣完为止		
		屏柜内端子接线无脱落，无发霉、锈蚀现象	2	缺少1项扣2分，表述不完整的扣1分，扣完为止		

续表

序号	项目名称	质量要求	满分	扣分标准	扣分原因	得分
2.1	巡视内容	屏柜门密封良好,关闭正常,电缆孔洞封堵严密	2	缺少1项扣2分,表述不完整的扣1分,扣完为止		
		屏柜内各板卡、元器件指示灯正常	3	缺少1项扣3分,表述不完整的扣1分,扣完为止		
		电源模块、继电器等元件指示正常,无异常告警信号	3	缺少1项扣3分,表述不完整的扣1分,扣完为止		
		开关、把手位置正确	2	缺少1项扣2分,表述不完整的扣1分,扣完为止		
		屏柜内设备标示完整、清晰,无脱落	2	缺少1项扣2分,表述不完整的扣1分,扣完为止		
3	巡检记录					
3.1	缺陷报告	记录巡检过程中发现的缺陷,记录要翔实,包含设备电压等级、设备双重名称及缺陷准确描述	30	巡检缺陷数量不全,缺少1项扣5分,扣完为止;巡检缺陷描述不清楚,每项扣3分,扣完为止		
3.2	缺陷定性	对发现的缺陷逐条定性正确	20	定性不正确,每条扣2分,扣完为止		
4	工作结束					
4.1	工作现场清理	清理工作现场: (1)合理规划巡视路线,巡视完成一个设备/间隔后不允许折返。 (2)巡检过程中打开的箱门、柜门及时上锁。 (3)巡检过程中保持地面整洁,不随意丢弃垃圾	10	巡视完成一个设备/间隔后出现折返情况,每次扣2分,扣完为止;打开的箱门、柜门未及时恢复,每处扣1分,扣完为止;巡检过程中地面出现异物,每处扣1分,扣完为止		
4.2	巡视工器具归置及检查	巡视工器具归置及检查: (1)归还对讲机,并测试对讲机功能正常。 (2)归还巡检钥匙,并检查钥匙外观完整,功能正常	5	未按规范归还工器具及仪器仪表,每条扣3分,扣完为止;未按要求检查工器具及仪器仪表完好,每条扣2分,扣完为止		
	合计		100			

Jc0010142005 换流站设备巡视类(交流滤波器保护装置巡视)。(100分)

考核知识点:基本运维工作

难易度:中

技能等级评价专业技能考核操作工作任务书

一、任务名称

换流站设备巡视类(交流滤波器保护装置巡视)。

二、适用工种

换流站值班员高级技师。

三、具体任务

(1)进行交流滤波器保护装置巡视工作,并填写巡检记录。

(2)工作任务:交流滤波器保护装置巡视。

四、工作规范及要求

(1)巡检人着装应符合要求。

(2)巡检工器具的正确使用及安全措施。

（3）工作步骤要严格按照《国家电网有限公司直流换流站运维管理规定》的要求进行。

（4）巡检结束后填写巡检记录。

五、考核及时间要求

（1）本考核操作时间为 20 分钟，时间到停止考评，包括巡视过程和报告整理时间，报告整理时间不超过 5 分钟。

（2）考评过程中如果由于巡视人员操作不规范、误入间隔等有可能引发不安全因素的，停止考评，该项考核项目不得分，但不影响其他项目。

（3）记录巡检结果，整理报告。

技能等级评价专业技能考核操作评分标准

工种	换流站值班员			评价等级	高级技师
项目模块	基本运维工作		编号		Jc0010142005
单位		准考证号		姓名	
考试时限	20 分钟	题型	单项操作	题分	100 分
成绩		考评员		考评组长	日期
试题正文	换流站设备巡视类（交流滤波器保护装置巡视）				
需要说明的问题和要求	（1）要求单人巡视，着装符合安全要求。 （2）正确使用巡视所需工器具，巡视过程中应保证安全。 （3）合理规划巡视路线，巡视完成一个设备/间隔后不允许折返。 （4）巡视结束后，待考评员同意方可离开考场				

序号	项目名称	质量要求	满分	扣分标准	扣分原因	得分
1	安全事项					
1.1	相关安全措施的准备	着装： （1）穿全棉长袖工作服、绝缘鞋。 （2）正确佩戴安全帽，安全帽系带戴牢。 （3）检查安全帽外观正常。 （4）检查安全帽合格证完整，在检验有效期内。 （5）工作服穿着规范，无裸露、破损，衣扣系牢	5	着装不符合质量要求，每处扣 2 分，扣完为止		
1.2	巡视工器具选择及检查	工器具选择及检查： （1）携带对讲机，巡检前测试对讲机功能正常。 （2）携带巡检钥匙，检查钥匙外观完整，巡视区域授权正确，钥匙功能正常	10	未按规范携带、使用工器具及仪器仪表，每条扣 3 分； 未按要求检查工器具及仪器仪表完好，每条扣 2 分； 以上扣分，扣完为止； 巡检钥匙授权错误，扣 10 分		
2	交流滤波器保护装置巡视	巡视要点				
2.1	巡视内容	室内温度正常，空调无冷凝水渗漏等异常现象	2	缺少 1 项扣 2 分，表述不完整的扣 1 分，扣完为止		
		检查面板指示灯正常，无异常报警	3	缺少 1 项扣 3 分，表述不完整的扣 1 分，扣完为止		
		屏柜运行声音正常，无异常声响和振动，无焦煳味	2	缺少 1 项扣 2 分，表述不完整的扣 1 分，扣完为止		
		电源空气开关位置正确，电源指示正常	2	缺少 1 项扣 2 分，表述不完整的扣 1 分，扣完为止		
		保护主机运行状态无异常	2	缺少 1 项扣 2 分，表述不完整的扣 1 分，扣完为止		
		连接片、转换开关、按钮完好，位置正确	3	缺少 1 项扣 3 分，表述不完整的扣 1 分，扣完为止		

续表

序号	项目名称	质量要求	满分	扣分标准	扣分原因	得分
2.1	巡视内容	屏内外清洁、无杂物	2	缺少 1 项扣 2 分，表述不完整的扣 1 分，扣完为止		
		屏内防火封堵完好，无凝露现象	2	缺少 1 项扣 2 分，表述不完整的扣 1 分，扣完为止		
		标签完整清晰，定义明确，规格标准	2	缺少 1 项扣 2 分，表述不完整的扣 1 分，扣完为止		
3	巡检记录					
3.1	缺陷报告	记录巡检过程中发现的缺陷，记录要翔实，包含设备电压等级、设备双重名称及缺陷准确描述	30	巡检缺陷数量不全，缺少 1 项扣 5 分，扣完为止；巡检缺陷描述不清楚，每项扣 3 分，扣完为止		
3.2	缺陷定性	对发现的缺陷逐条定性正确	20	定性不正确，每条扣 2 分，扣完为止		
4	工作结束					
4.1	工作现场清理	清理工作现场： （1）合理规划巡视路线，巡视完成一个设备/间隔后不允许折返。 （2）巡检过程中打开的箱门、柜门及时上锁。 （3）巡检过程中保持地面整洁，不随意丢弃垃圾	10	巡视完成一个设备/间隔后出现折返情况，每次扣 2 分，扣完为止；打开的箱门、柜门未及时恢复，每处扣 1 分，扣完为止；巡检过程中地面出现异物，每处扣 1 分，扣完为止		
4.2	巡视工器具归置及检查	巡视工器具归置及检查： （1）归还对讲机，并测试对讲机功能正常。 （2）归还巡检钥匙，并检查钥匙外观完整，功能正常	5	未按规范归还工器具及仪器仪表，每条扣 3 分，扣完为止；未按要求检查工器具及仪器仪表完好，每条扣 2 分，扣完为止		
	合计		100			

Jc0010142006 换流站设备巡视类（直流控制保护系统巡视）。（100 分）

考核知识点： 基本运维工作

难易度： 中

技能等级评价专业技能考核操作工作任务书

一、任务名称

换流站设备巡视类（直流控制保护系统巡视）。

二、适用工种

换流站值班员高级技师。

三、具体任务

（1）进行直流控制保护系统巡视工作，并填写巡检记录。

（2）工作任务：直流控制保护系统巡视。

四、工作规范及要求

（1）巡检人着装应符合要求。

（2）巡检工器具的正确使用及安全措施。

（3）工作步骤要严格按照《国家电网有限公司直流换流站运维管理规定》的要求进行。

（4）巡检结束后填写巡检记录。

五、考核及时间要求

（1）本考核操作时间为 20 分钟，时间到停止考评，包括巡视过程和报告整理时间，报告整理时间不超过 5 分钟。

（2）考评过程中如果由于巡视人员操作不规范、误入间隔等有可能引发不安全因素的，停止考评，该项考核项目不得分，但不影响其他项目。

（3）记录巡检结果，整理报告。

技能等级评价专业技能考核操作评分标准

工种	换流站值班员			评价等级	高级技师
项目模块	基本运维工作		编号	Jc0010142006	
单位		准考证号		姓名	
考试时限	20分钟	题型	单项操作	题分	100分
成绩		考评员	考评组长	日期	
试题正文	换流站设备巡视类（直流控制保护系统巡视）				
需要说明的问题和要求	（1）要求单人巡视，着装符合安全要求。 （2）正确使用巡视所需工器具，巡视过程中应保证安全。 （3）合理规划巡视路线，巡视完成一个设备/间隔后不允许折返。 （4）巡视结束后，待考评员同意方可离开考场				

序号	项目名称	质量要求	满分	扣分标准	扣分原因	得分
1	安全事项					
1.1	相关安全措施的准备	着装： （1）穿全棉长袖工作服、绝缘鞋。 （2）正确佩戴安全帽，安全帽系带戴牢。 （3）检查安全帽外观正常。 （4）检查安全帽合格证完整，在检验有效期内。 （5）工作服穿着规范，无裸露、破损，衣扣系牢	5	着装不符合质量要求，每处扣2分，扣完为止		
1.2	巡视工器具选择及检查	工器具选择及检查： （1）携带对讲机，巡检前测试对讲机功能正常。 （2）携带巡检钥匙，检查钥匙外观完整，巡视区域授权正确，钥匙功能正常	10	未按规范携带、使用工器具及仪器仪表，每条扣3分； 未按要求检查工器具及仪器仪表完好，每条扣2分； 以上扣分，扣完为止； 巡检钥匙授权错误，扣10分		
2	直流控制保护系统巡视	巡视要点				
2.1	巡视内容	室内温度正常，空调无冷凝水渗漏等异常现象	2	缺少1项扣2分，表述不完整的扣1分，扣完为止		
		检查面板指示灯正常，无异常报警	3	缺少1项扣3分，表述不完整的扣1分，扣完为止		
		屏柜运行声音正常，无异常声响和振动，无焦煳味	2	缺少1项扣2分，表述不完整的扣1分，扣完为止		
		电源空气开关位置正确，电源指示正常	3	缺少1项扣3分，表述不完整的扣1分，扣完为止		
		控制保护主机的主、备运行状态无异常	3	缺少1项扣3分，表述不完整的扣1分，扣完为止		
		连接片、转换开关、按钮完好，位置正确	3	缺少1项扣3分，表述不完整的扣1分，扣完为止		
		屏内外清洁、无杂物	2	缺少1项扣2分，表述不完整的扣1分，扣完为止		
		屏内防火封堵完好，无凝露现象	2	缺少1项扣2分，表述不完整的扣1分，扣完为止		

续表

序号	项目名称	质量要求	满分	扣分标准	扣分原因	得分
3	巡检记录					
3.1	缺陷报告	记录巡检过程中发现的缺陷，记录要翔实，包含设备电压等级、设备双重名称及缺陷准确描述	30	巡检缺陷数量不全，缺少 1 项扣5 分，扣完为止； 巡检缺陷描述不清楚，每项扣 3 分，扣完为止		
3.2	缺陷定性	对发现的缺陷逐条定性正确	20	定性不正确，每条扣 2 分，扣完为止		
4	工作结束					
4.1	工作现场清理	清理工作现场： （1）合理规划巡视路线，巡视完成一个设备/间隔后不允许折返。 （2）巡检过程中打开的箱门、柜门及时上锁。 （3）巡检过程中保持地面整洁，不随意丢弃垃圾	10	巡视完成一个设备/间隔后出现折返情况，每次扣 2 分，扣完为止； 打开的箱门、柜门未及时恢复，每处扣 1 分，扣完为止； 巡检过程中地面出现异物，每处扣 1 分，扣完为止		
4.2	巡视工器具归置及检查	巡视工器具归置及检查： （1）归还对讲机，并测试对讲机功能正常。 （2）归还巡检钥匙，并检查钥匙外观完整，功能正常	5	未按规范归还工器具及仪器仪表，每条扣 3 分，扣完为止； 未按要求检查工器具及仪器仪表完好，每条扣 2 分，扣完为止		
	合计		100			

Jc0010141007 换流站设备巡视类（换流阀巡视）。（100 分）

考核知识点： 基本运维工作

难易度： 易

技能等级评价专业技能考核操作工作任务书

一、任务名称

换流站设备巡视类（换流阀巡视）。

二、适用工种

换流站值班员高级技师。

三、具体任务

（1）进行换流阀巡视工作，并填写巡检记录。

（2）工作任务：换流阀巡视。

四、工作规范及要求

（1）巡检人着装应符合要求。

（2）巡检工器具的正确使用及安全措施。

（3）工作步骤要严格按照《国家电网有限公司直流换流站运维管理规定》的要求进行。

（4）巡检结束后填写巡检记录。

五、考核及时间要求

（1）本考核操作时间为 40 分钟，时间到停止考评，包括巡视过程和报告整理时间，报告整理时间不超过 5 分钟。

（2）考评过程中如果由于巡视人员操作不规范、误入间隔等有可能引发不安全因素的，停止考评，该项考核项目不得分，但不影响其他项目。

（3）记录巡检结果，整理报告。

技能等级评价专业技能考核操作评分标准

工种	换流站值班员				评价等级	高级技师
项目模块	基本运维工作			编号	Jc0010141007	
单位			准考证号		姓名	
考试时限	40分钟	题型		单项操作	题分	100分
成绩		考评员		考评组长		日期

试题正文	换流站设备巡视类（换流阀巡视）
需要说明的问题和要求	（1）要求单人巡视，着装符合安全要求。 （2）正确使用巡视所需工器具，巡视过程中应保证安全。 （3）合理规划巡视路线，巡视完成一个设备/间隔后不允许折返。 （4）巡视结束后，待考评员同意方可离开考场

序号	项目名称	质量要求	满分	扣分标准	扣分原因	得分
1	安全事项					
1.1	相关安全措施的准备	着装： （1）穿全棉长袖工作服、绝缘鞋。 （2）正确佩戴安全帽，安全帽系带戴牢。 （3）检查安全帽外观正常。 （4）检查安全帽合格证完整，在检验有效期内。 （5）工作服穿着规范，无裸露、破损，衣扣系牢	5	着装不符合质量要求，每处扣2分，扣完为止		
1.2	巡视工器具选择及检查	工器具选择及检查： （1）携带对讲机，巡检前测试对讲机功能正常。 （2）携带巡检钥匙，检查钥匙外观完整，巡视区域授权正确，钥匙功能正常。 （3）携带并正确佩戴耳罩	10	未按规范携带、使用工器具及仪器仪表，每条扣3分； 未按要求检查工器具及仪器仪表完好，每条扣2分； 未正确佩戴耳罩，扣2分； 以上扣分，扣完为止； 巡检钥匙授权错误，扣10分		
2	换流阀巡视	巡视要点				
2.1	巡视内容	关灯检查阀组件、阀电抗器、阀避雷器、光纤等设备无异常放电	2	缺少1项扣2分，表述不完整的扣1分，扣完为止		
		检查阀塔各部位无火光、烟雾、异味、异响和振动	2	缺少1项扣2分，表述不完整的扣1分，扣完为止		
		检查阀体各部位包括阀塔屏蔽罩、阀塔底盘及阀塔内部无漏水现象，以及阀避雷器、管母、阀厅地面、墙壁无水迹	2	缺少1项扣2分，表述不完整的扣1分，扣完为止		
		检查阀塔内部、阀厅地面清洁无杂物	2	缺少1项扣2分，表述不完整的扣1分，扣完为止		
		检查换流阀、阀避雷器、悬挂绝缘子无放电痕迹	2	缺少1项扣2分，表述不完整的扣1分，扣完为止		
		检查阀厅温度、湿度正常	2	缺少1项扣2分，表述不完整的扣1分，扣完为止		
		检查阀塔元件、屏蔽罩、阀避雷器和绝缘子等无严重积灰	2	缺少1项扣2分，表述不完整的扣1分，扣完为止		
		检查阀监控设备正常	2	缺少1项扣2分，表述不完整的扣1分，扣完为止		
		检查阀厅火灾报警系统无报警和异常	2	缺少1项扣2分，表述不完整的扣1分，扣完为止		
		检查阀塔设备各部件固定良好，无移位脱落迹象	2	缺少1项扣2分，表述不完整的扣1分，扣完为止		
3	巡检记录					
3.1	缺陷报告	记录巡检过程中发现的缺陷，记录要翔实，包含设备电压等级、设备双重名称及缺陷准确描述	30	巡检缺陷数量不全，缺少1项扣5分，扣完为止； 巡检缺陷描述不清楚，每项扣3分，扣完为止		

续表

序号	项目名称	质量要求	满分	扣分标准	扣分原因	得分
3.2	缺陷定性	对发现的缺陷逐条定性正确	20	定性不正确，每条扣2分，扣完为止		
4	工作结束					
4.1	工作现场清理	清理工作现场： （1）合理规划巡视路线，巡视完成一个设备/间隔后不允许折返。 （2）巡检过程中打开的箱门、柜门及时上锁。 （3）巡检过程中保持地面整洁，不随意丢弃垃圾	10	巡视完成一个设备/间隔后出现折返情况，每次扣2分，扣完为止； 打开的箱门、柜门未及时恢复，每处扣1分，扣完为止； 巡检过程中地面出现异物，每处扣1分，扣完为止		
4.2	巡视工器具归置及检查	巡视工器具归置及检查： （1）归还对讲机，并测试对讲机功能正常。 （2）归还巡检钥匙，并检查钥匙外观完整，功能正常	5	未按规范归还工器具及仪器仪表，每条扣3分，扣完为止； 未按要求检查工器具及仪器仪表完好，每条扣2分，扣完为止		
	合计		100			

Jc0010141008 换流站设备验收类（直流控制保护设备例行检修后验收）。（100分）

考核知识点： 基本运维工作

难易度： 易

技能等级评价专业技能考核操作工作任务书

一、任务名称

换流站设备验收类（直流控制保护设备例行检修后验收）。

二、适用工种

换流站值班员高级技师。

三、具体任务

（1）进行直流控制保护设备例行检修后验收工作，并出具验收报告。

（2）工作任务：直流控制保护设备检修后验收。

四、工作规范及要求

（1）操作人着装应符合要求。

（2）工器具、仪器仪表的正确使用及安全措施。

（3）工作步骤要严格按照《国家电网有限公司直流换流站验收管理规定》的要求进行。

（4）出具验收报告。

五、考核及时间要求

（1）本考核操作时间为30分钟，时间到停止考评，包括验收过程和报告整理时间，报告整理时间不超过5分钟。

（2）考评过程中如果由于验收人员操作不规范、误入间隔等有可能引发不安全因素的，停止考评，该项考核项目不得分，但不影响其他项目。

（3）记录验收结果，整理报告。

技能等级评价专业技能考核操作评分标准

工种	换流站值班员		评价等级	高级技师
项目模块	基本运维工作	编号		Jc0010141008
单位		准考证号	姓名	

续表

考试时限	30分钟		题型		单项操作		题分		100分
成绩		考评员		考评组长			日期		
试题正文	换流站设备验收类（直流控制保护设备例行检修后验收）								
需要说明的问题和要求	（1）要求单人操作，考评员监护。 （2）着装应符合安全要求。 （3）正确使用仪器仪表，验收过程中应保证安全。 （4）操作结束后，待考评员同意后方可离开考场								

序号	项目名称	质量要求	满分	扣分标准	扣分原因	得分
1	安全事项					
1.1	安全措施的准备	着装： （1）穿全棉长袖工作服、绝缘鞋。 （2）正确佩戴安全帽，安全帽系带戴牢。 （3）检查安全帽外观正常。 （4）检查安全帽合格证完整，在检验有效期内。 （5）工作服穿着规范，无裸露、破损，衣扣系牢	5	着装不符合质量要求，每处扣2分，扣完为止		
1.2	仪器仪表、材料、工器具	正确检查和使用各种工器具及仪器、仪表	5	使用不正确扣5分		
2	直流控制保护设备例行检修后验收					
2.1	验收内容	屏内无灰尘及遗留物，过滤网清洁	5	验收记录不完善扣2分；未验收到该项内容扣5分		
		板卡和其他配件无弯曲、变形、挤压现象，外部应无积灰，电源、信号线无断痕	5	验收记录不完善扣2分；未验收到该项内容扣5分		
		总线各连接处完好，光纤无损坏，备用光纤数量满足要求	5	验收记录不完善扣2分；未验收到该项内容扣5分		
		系统主机能正常启动无报警、无故障、无跳闸出口，后台报文正确	5	验收记录不完善扣2分；未验收到该项内容扣5分		
		系统应能正确实现各项监视功能，对故障能够及时响应，能正常区分故障类型	5	验收记录不完善扣2分；未验收到该项内容扣5分		
		各光纤通道的光电流、光功率、奇偶校验值无异常	5	验收记录不完善扣2分；未验收到该项内容扣5分		
		冗余系统应可实现手动切换，切换过程应不影响系统正常运行	5	验收记录不完善扣2分；未验收到该项内容扣5分		
		主机时钟与GPS同步时钟一致	5	验收记录不完善扣2分；未验收到该项内容扣5分		
		有载分接开关就地、远方手动单相控制功能正常，远方手动三相控制功能正常	5	验收记录不完善扣2分；未验收到该项内容扣5分		
		顺序控制功能应满足相关规定，联锁功能应正常，监控系统信号正确	5	验收记录不完善扣2分；未验收到该项内容扣5分		
3	验收报告					
3.1	验收记录	记录验收过程中发现的缺陷，记录要翔实	15	记录不全或未记录被验收设备双重名称、验收人员姓名、验收日期、环境温度，每条扣1分，扣完为止； 未记录验收设备运行状况或负荷，每条扣2分，扣完为止		
3.2	缺陷定性	对发现的缺陷逐条定性正确	20	定性不正确，每条扣5分，扣完为止		
4	工作结束					
4.1	工作现场清理	清理工作现场，整理工器具	5	不符合要求扣5分		
	合计		100			

Jc0010141009 换流站设备验收类（换流变压器例行检修后验收）。（100分）

考核知识点：基本运维工作

难易度：易

技能等级评价专业技能考核操作工作任务书

一、任务名称

换流站设备验收类（换流变压器例行检修后验收）。

二、适用工种

换流站值班员高级技师。

三、具体任务

（1）进行换流变压器例行检修后验收工作，并出具验收报告。

（2）工作任务：换流变压器例行检修后验收。

四、工作规范及要求

（1）操作人着装应符合要求。

（2）工器具、仪器仪表的正确使用及安全措施。

（3）工作步骤要严格按照《国家电网有限公司直流换流站验收管理规定》的要求进行。

（4）出具验收报告。

五、考核及时间要求

（1）本考核操作时间为 30 分钟，时间到停止考评，包括验收过程和报告整理时间，报告整理时间不超过 5 分钟。

（2）考评过程中如果由于验收人员操作不规范、误入间隔等有可能引发不安全因素的，停止考评，该项考核项目不得分，但不影响其他项目。

（3）记录验收结果，整理报告。

技能等级评价专业技能考核操作评分标准

工种	换流站值班员			评价等级	高级技师
项目模块	基本运维工作		编号		Jc0010141009
单位		准考证号		姓名	
考试时限	30分钟	题型	单项操作	题分	100分
成绩		考评员	考评组长		日期
试题正文	换流站设备验收类（换流变压器例行检修后验收）				
需要说明的问题和要求	（1）要求单人操作，考评员监护。 （2）着装应符合安全要求。 （3）正确使用仪器仪表，验收过程中应保证安全。 （4）操作结束后，待考评员同意后方可离开考场				

序号	项目名称	质量要求	满分	扣分标准	扣分原因	得分
1	安全事项					
1.1	安全措施的准备	着装： （1）穿全棉长袖工作服、绝缘鞋。 （2）正确佩戴安全帽，安全帽系带戴牢。 （3）检查安全帽外观正常。 （4）检查安全帽合格证完整，在检验有效期内。 （5）工作服穿着规范，无裸露、破损，衣扣系牢	5	着装不符合质量要求，每处扣2分，扣完为止		

续表

序号	项目名称	质量要求	满分	扣分标准	扣分原因	得分
1.2	仪器仪表、材料、工器具	正确检查和使用各种工器具及仪器、仪表	5	使用不正确扣5分		
2	换流变压器例行检修后验收					
2.1	验收内容	本体各部分无渗漏油情况	5	验收记录不完善扣2分；未验收到该项内容扣5分		
		本体各阀门位置正确	5	验收记录不完善扣2分；未验收到该项内容扣5分		
		本体油位无异常变化	5	验收记录不完善扣2分；未验收到该项内容扣5分		
		本体、有载开关及套管油位无异常变化	5	验收记录不完善扣2分；未验收到该项内容扣5分		
		无轻重瓦斯信号，气体继电器内无集气现象	5	验收记录不完善扣2分；未验收到该项内容扣5分		
		现场温度指示和监控系统显示温度应保持一致，最大误差不超过5℃	5	验收记录不完善扣2分；未验收到该项内容扣5分		
		呼吸器呼吸正常	5	验收记录不完善扣2分；未验收到该项内容扣5分		
		电压、电流等电气量及温度、油位、SF$_6$压力等非电气量指示正常	5	验收记录不完善扣2分；未验收到该项内容扣5分		
		有载分接开关远方控制操作1个循环，各项指示正确	5	验收记录不完善扣2分；未验收到该项内容扣5分		
		各组冷却器启动正常	5	验收记录不完善扣2分；未验收到该项内容扣5分		
3	验收报告					
3.1	验收记录	记录验收过程中发现的缺陷，记录要翔实	15	记录不全或未记录被验收设备双重名称、验收人员姓名、验收日期、环境温度，每条扣1分，扣完为止；未记录验收设备运行状况或负荷，每条扣2分，扣完为止		
3.2	缺陷定性	对发现的缺陷逐条定性正确	20	定性不正确，每条扣5分，扣完为止		
4	工作结束					
4.1	工作现场清理	清理工作现场，整理工器具	5	不符合要求扣5分		
	合计		100			

Jc0010141010　换流站设备验收类（阀基电子设备例行检修后验收）。（100分）
考核知识点：基本运维工作
难易度：易

技能等级评价专业技能考核操作工作任务书

一、任务名称
换流站设备验收类（阀基电子设备例行检修后验收）。
二、适用工种
换流站值班员高级技师。
三、具体任务
（1）进行阀基电子设备例行检修后验收工作，并出具验收报告。

（2）工作任务：阀基电子设备例行检修后验收。

四、工作规范及要求

（1）操作人着装应符合要求。

（2）工器具、仪器仪表的正确使用及安全措施。

（3）工作步骤要严格按照《国家电网有限公司直流换流站验收管理规定》的要求进行。

（4）出具验收报告。

五、考核及时间要求

（1）本考核操作时间为 30 分钟，时间到停止考评，包括验收过程和报告整理时间，报告整理时间不超过 5 分钟。

（2）考评过程中如果由于验收人员操作不规范、误入间隔等有可能引发不安全因素的，停止考评，该项考核项目不得分，但不影响其他项目。

（3）记录验收结果，整理报告。

技能等级评价专业技能考核操作评分标准

工种	换流站值班员			评价等级	高级技师
项目模块	基本运维工作		编号		Jc0010141010
单位		准考证号		姓名	
考试时限	30分钟	题型	单项操作	题分	100分
成绩		考评员	考评组长		日期	
试题正文	换流站设备验收类（阀基电子设备例行检修后验收）				
需要说明的问题和要求	（1）要求单人操作，考评员监护。 （2）着装应符合安全要求。 （3）正确使用仪器仪表，验收过程中应保证安全。 （4）操作结束后，待考评员同意后方可离开考场				

序号	项目名称	质量要求	满分	扣分标准	扣分原因	得分
1	安全事项					
1.1	安全措施的准备	着装： （1）穿全棉长袖工作服、绝缘鞋。 （2）正确佩戴安全帽，安全帽系带戴牢。 （3）检查安全帽外观正常。 （4）检查安全帽合格证完整，在检验有效期内。 （5）工作服穿着规范，无裸露、破损，衣扣系牢	5	着装不符合质量要求，每处扣2分，扣完为止		
1.2	仪器仪表、材料、工器具	正确检查和使用各种工器具及仪器、仪表	5	使用不正确扣5分		
2	阀基电子设备例行检修后验收					
2.1	验收内容	屏柜固定良好，紧固件齐全完好，外观完好无损伤	5	验收记录不完善扣2分； 未验收到该项内容扣5分		
		屏柜顶部防冷凝水的挡水隔板应完好、无锈蚀	5	验收记录不完善扣2分； 未验收到该项内容扣5分		
		接线应无机械损伤，端子压接应紧固	5	验收记录不完善扣2分； 未验收到该项内容扣5分		
		屏内应无灰尘及遗留物，过滤网清洁	5	验收记录不完善扣2分； 未验收到该项内容扣5分		
		板卡和其他配件无弯曲、变形、挤压现象，外部应无积灰，电源、信号线无断痕	5	验收记录不完善扣2分； 未验收到该项内容扣5分		

续表

序号	项目名称	质量要求	满分	扣分标准	扣分原因	得分
2.1	验收内容	屏内电气元件及装置固定良好，相关配件齐全，连接片、转换开关、按钮完好、位置正确，屏上标志正确、齐全、清晰	5	验收记录不完善扣2分；未验收到该项内容扣5分		
		光纤（缆）弯曲半径应大于纤（缆）径的15倍，光纤无损坏，自然悬垂长度不宜超过30cm，备用光纤数量满足要求	5	验收记录不完善扣2分；未验收到该项内容扣5分		
		屏柜内二次端子有序号，接线紧固，无机械损伤，无虚接的情况	5	验收记录不完善扣2分；未验收到该项内容扣5分		
		屏柜内底部密封良好，美观大方，防火封堵完好	5	验收记录不完善扣2分；未验收到该项内容扣5分		
		屏柜的门等活动部分与屏柜体良好连接，多股铜质软导线截面积不小于4mm²	5	验收记录不完善扣2分；未验收到该项内容扣5分		
3	验收报告					
3.1	验收记录	记录验收过程中发现的缺陷，记录要翔实	15	记录不全或未记录被验收设备双重名称、验收人员姓名、验收日期、环境温度，每条扣1分，扣完为止；未记录验收设备运行状况或负荷，每条扣2分，扣完为止		
3.2	缺陷定性	对发现的缺陷逐条定性正确	20	定性不正确，每条扣5分，扣完为止		
4	工作结束					
4.1	工作现场清理	清理工作现场，整理工器具	5	不符合要求扣5分		
	合计		100			

Jc0010141011 换流站设备验收类（阀厅火灾报警系统例行检修后验收）。（100分）

考核知识点： 基本运维工作

难易度： 易

技能等级评价专业技能考核操作工作任务书

一、任务名称

换流站设备验收类（阀厅火灾报警系统例行检修后验收）。

二、适用工种

换流站值班员高级技师。

三、具体任务

（1）进行阀厅火灾报警系统例行检修后验收工作，并出具验收报告。

（2）工作任务：阀厅火灾报警系统例行检修后验收。

四、工作规范及要求

（1）操作人着装应符合要求。

（2）工器具、仪器仪表的正确使用及安全措施。

（3）工作步骤要严格按照《国家电网有限公司直流换流站验收管理规定》的要求进行。

（4）出具验收报告。

五、考核及时间要求

（1）本考核操作时间为30分钟，时间到停止考评，包括验收过程和报告整理时间，报告整理时间不超过5分钟。

（2）考评过程中如果由于验收人员操作不规范、误入间隔等有可能引发不安全因素的，停止考评，该项考核项目不得分，但不影响其他项目。

（3）记录验收结果，整理报告。

技能等级评价专业技能考核操作评分标准

工种	换流站值班员		评价等级	高级技师
项目模块	基本运维工作	编号		Jc0010141011
单位		准考证号	姓名	
考试时限	30分钟	题型	单项操作	题分	100分
成绩		考评员	考评组长	日期

试题正文	换流站设备验收类（阀厅火灾报警系统例行检修后验收）
需要说明的问题和要求	（1）要求单人操作，考评员监护。 （2）着装应符合安全要求。 （3）正确使用仪器仪表，验收过程中应保证安全。 （4）操作结束后，待考评员同意后方可离开考场

序号	项目名称	质量要求	满分	扣分标准	扣分原因	得分
1	安全事项					
1.1	相关安全措施的准备	着装应符合安全要求	5	未按要求着装，每漏一项扣2分，扣完为止		
1.2	仪器仪表、材料、工器具	正确检查和使用各种工器具及仪器、仪表	5	使用不正确扣5分		
2	阀厅火灾报警系统例行检修后验收					
2.1	验收内容	空气采样装置（VESDA）无变形及其他机械性损伤，装置面板无报警	5	验收记录不完善扣2分；未验收到该内容扣5分		
		空气采样装置（VESDA）信号正常	5	验收记录不完善扣2分；未验收到该内容扣5分		
		紫外火焰探测器外观干净，安装牢固，运行正常	5	验收记录不完善扣2分；未验收到该内容扣5分		
		紫外火焰探测器信号正常，功能性试验正常	5	验收记录不完善扣2分；未验收到该内容扣5分		
		主控屏和联动控制屏外观完好、清洁	5	验收记录不完善扣2分；未验收到该内容扣5分		
		联动控制系统各项输入、输出显示功能正常界面（模块）各项参数正常	5	验收记录不完善扣2分；未验收到该内容扣5分		
		火灾跳闸接口屏设备无擦痕、腐蚀、烧痕、异味、异声等现象；连接端子无松动	5	验收记录不完善扣2分；未验收到该内容扣5分		
		火灾跳闸接口屏信号正常，功能性试验正常，跳闸出口压板位置正确	5	验收记录不完善扣2分；未验收到该内容扣5分		
		烟感探测器外观干净，安装牢固，运行正常	5	验收记录不完善扣2分；未验收到该内容扣5分		
		烟感探测器信号正常，功能性试验正常	5	验收记录不完善扣2分；未验收到该内容扣5分		
3	验收报告					
3.1	验收记录	记录验收过程中发现的缺陷，记录要翔实	15	记录不全或未记录被验收设备双重名称、验收人员姓名、验收日期、环境温度，每条扣1分，扣完为止；未记录验收设备运行状况或负荷，每条扣2分，扣完为止		
3.2	缺陷定性	对发现的缺陷逐条定性正确	20	定性不正确，每条扣5分，扣完为止		

续表

序号	项目名称	质量要求	满分	扣分标准	扣分原因	得分
4	工作结束					
4.1	工作现场清理	清理工作现场，整理工器具	5	不符合要求扣5分		
	合计		100			

Jc0010141012 换流站设备验收类（换流阀例行检修后验收）。（100分）

考核知识点：基本运维工作

难易度：易

技能等级评价专业技能考核操作工作任务书

一、任务名称

换流站设备验收类（换流阀例行检修后验收）。

二、适用工种

换流站值班员高级技师。

三、具体任务

（1）进行换流阀例行检修后验收工作，并出具验收报告。

（2）工作任务：换流阀例行检修后验收。

四、工作规范及要求

（1）操作人着装应符合要求。

（2）工器具、仪器仪表的正确使用及安全措施。

（3）工作步骤要严格按照《国家电网有限公司直流换流站验收管理规定》的要求进行。

（4）出具验收报告。

五、考核及时间要求

（1）本考核操作时间为30分钟，时间到停止考评，包括验收过程和报告整理时间，报告整理时间不超过5分钟。

（2）考评过程中如果由于验收人员操作不规范、误入间隔等有可能引发不安全因素的，停止考评，该项考核项目不得分，但不影响其他项目。

（3）记录验收结果，整理报告。

技能等级评价专业技能考核操作评分标准

工种	换流站值班员					评价等级	高级技师
项目模块	基本运维工作				编号		Jc0010141012
单位			准考证号			姓名	
考试时限	30分钟		题型		单项操作	题分	100分
成绩		考评员		考评组长		日期	
试题正文	换流站设备验收类（换流阀例行检修后验收）						
需要说明的问题和要求	（1）要求单人操作，考评员监护。 （2）着装应符合安全要求。 （3）正确使用仪器仪表，验收过程中应保证安全。 （4）操作结束后，待考评员同意后方可离开考场						

续表

序号	项目名称	质量要求	满分	扣分标准	扣分原因	得分
1	安全事项					
1.1	相关安全措施的准备	着装应符合安全要求	5	未按要求着装，每漏一项扣2分，扣完为止		
1.2	仪器仪表、材料、工器具	正确检查和使用各种工器具及仪器、仪表	5	使用不正确扣5分		
2	换流阀例行检修后验收					
2.1	验收内容	阀塔紧固件连接处及屏蔽罩表面无锈蚀，屏蔽罩表面无凹痕及毛刺	5	验收记录不完善扣2分；未验收到该项内容扣5分		
		晶闸管外表无裂痕、无变形、无氧化锈蚀痕迹、无放电痕迹	5	验收记录不完善扣2分；未验收到该项内容扣5分		
		均压电阻及阻尼电阻外观正常，无变形或损坏，无锈蚀，无渗漏水痕迹	5	验收记录不完善扣2分；未验收到该项内容扣5分		
		阻尼电容外观正常，无变形、变色、损坏或鼓包，金属部分无锈蚀、无漏气	5	验收记录不完善扣2分；未验收到该项内容扣5分		
		阀电抗器外观无异常，表面颜色无异常，无裂纹	5	验收记录不完善扣2分；未验收到该项内容扣5分		
		阀电抗器连接水管及水管接头有防振磨损措施，无漏水、渗水现象	5	验收记录不完善扣2分；未验收到该项内容扣5分		
		光纤表皮无老化、破损、变形现象，光纤弯曲半径符合产品技术规范要求	5	验收记录不完善扣2分；未验收到该项内容扣5分		
		晶闸管控制单元外观正常，无发热、闪络痕迹	5	验收记录不完善扣2分；未验收到该项内容扣5分		
		阀避雷器外观正常，伞裙无变形或损坏	5	验收记录不完善扣2分；未验收到该项内容扣5分		
		冷却水管无渗漏水现象，阀塔进出水阀门、排水阀门开闭位置应正确	5	验收记录不完善扣2分；未验收到该项内容扣5分		
3	验收报告					
3.1	验收记录	记录验收过程中发现的缺陷，记录要翔实	15	记录不全或未记录被验收设备双重名称、验收人员姓名、验收日期、环境温度，每条扣1分，扣完为止；未记录验收设备运行状况或负荷，每条扣2分，扣完为止		
3.2	缺陷定性	对发现的缺陷逐条定性正确	20	定性不正确，每条扣5分，扣完为止		
4	工作结束					
4.1	工作现场清理	清理工作现场，整理工器具	5	不符合要求扣5分		
	合计		100			

Jc0010141013 换流站设备验收类（交流滤波器保护例行检修后验收）。（100分）

考核知识点：基本运维工作

难易度：易

技能等级评价专业技能考核操作工作任务书

一、任务名称

换流站设备验收类（交流滤波器保护例行检修后验收）。

二、适用工种

换流站值班员高级技师。

三、具体任务

（1）进行交流滤波器保护例行检修后验收工作，并出具验收报告。

（2）工作任务：交流滤波器保护例行检修后验收。

四、工作规范及要求

（1）操作人着装应符合要求。

（2）工器具、仪器仪表的正确使用及安全措施。

（3）工作步骤要严格按照《国家电网有限公司直流换流站验收管理规定》的要求进行。

（4）出具验收报告。

五、考核及时间要求

（1）本考核操作时间为 30 分钟，时间到停止考评，包括验收过程和报告整理时间，报告整理时间不超过 5 分钟。

（2）考评过程中如果由于验收人员操作不规范、误入间隔等有可能引发不安全因素的，停止考评，该项考核项目不得分，但不影响其他项目。

（3）记录验收结果，整理报告。

技能等级评价专业技能考核操作评分标准

工种	换流站值班员			评价等级	高级技师
项目模块	基本运维工作		编号		Jc0010141013
单位		准考证号		姓名	
考试时限	30 分钟	题型	单项操作	题分	100 分
成绩		考评员		考评组长		日期	

试题正文	换流站设备验收类（交流滤波器保护例行检修后验收）
需要说明的问题和要求	（1）要求单人操作，考评员监护。 （2）着装应符合安全要求。 （3）正确使用仪器仪表，验收过程中应保证安全。 （4）操作结束后，待考评员同意后方可离开考场

序号	项目名称	质量要求	满分	扣分标准	扣分原因	得分
1	安全事项					
1.1	相关安全措施的准备	着装应符合安全要求	5	未按要求着装，每漏一项扣 2 分，扣完为止		
1.2	仪器仪表、材料、工器具	正确检查和使用各种工器具及仪器、仪表	5	使用不正确扣 5 分		
2	交流滤波器保护例行检修后验收					
2.1	验收内容	屏柜内端子及接线检查，接线整齐美观，端子压接紧固可靠，线端标号和电缆标牌完整清晰	5	验收记录不完善扣 2 分；未验收到该项内容扣 5 分		
		屏柜内标识检查，核对保护屏配置的端子号、回路标注等完整清晰，把手按钮及元器件标识齐全且正确	5	验收记录不完善扣 2 分；未验收到该项内容扣 5 分		
		转换开关、按钮及指示灯检查，转换开关按钮转换按压灵活无卡滞现象，指示灯指示正确	5	验收记录不完善扣 2 分；未验收到该项内容扣 5 分		

续表

序号	项目名称	质量要求	满分	扣分标准	扣分原因	得分
2.1	验收内容	保护装置的各部件固定良好，无松动现象，装置外形完好，无明显损坏及变形现象	5	验收记录不完善扣2分；未验收到该项内容扣5分		
		屏内外清洁、无杂物，防火封堵完好，内部无凝水	5	验收记录不完善扣2分；未验收到该项内容扣5分		
		装置版本和校验码核对，应与定值单或原有记录保持一致	5	验收记录不完善扣2分；未验收到该项内容扣5分		
		定值核对、定值区切换检查，能正确输入和修改定值，定值区切换正常	5	验收记录不完善扣2分；未验收到该项内容扣5分		
		装置键盘面板操作检查，操作键应灵活，无卡瑟情况	5	验收记录不完善扣2分；未验收到该项内容扣5分		
		装置断电重启检查，系统程序能正常启动，检查各板卡均运行正常，现场总线通信正常，系统无异常告警，屏柜告警灯不亮	5	验收记录不完善扣2分；未验收到该项内容扣5分		
		端子箱、汇控柜内二次回路检查，端子紧固，各部触点及端子板应完好无缺损	5	验收记录不完善扣2分；未验收到该项内容扣5分		
3	验收报告					
3.1	验收记录	记录验收过程中发现的缺陷，记录要翔实	15	记录不全或未记录被验收设备双重名称、验收人员姓名、验收日期、环境温度，每条扣1分，扣完为止；未记录验收设备运行状况或负荷，每条扣2分，扣完为止		
3.2	缺陷定性	对发现的缺陷逐条定性正确	20	定性不正确，每条扣5分，扣完为止		
4	工作结束					
4.1	工作现场清理	清理工作现场，整理工器具	5	不符合要求扣5分		
	合计		100			

Jc0010162014　极Ⅰ高端换流器转检修填写倒闸操作票（不包括降功率操作，极Ⅰ低端换流器运行）。（100分）

考核知识点：倒闸操作

难易度：中

技能等级评价专业技能考核操作工作任务书

一、任务名称

极Ⅰ高端换流器转检修填写倒闸操作票（不包括降功率操作，极Ⅰ低端换流器运行）。

二、适用工种

换流站值班员高级技师。

三、具体任务

视为五防电脑钥匙已模拟上传完成，请按照极Ⅰ高端换流器转检修填写倒闸操作票（不包括降功率操作，极Ⅰ低端换流器运行），并进行操作。

四、工作规范及要求

（1）现场操作票所涉及的设备，均以现场实际设备的双重名称和结构型式为准。

（2）倒闸操作票填写只考虑一次设备状态，不考虑保护等二次连接片的投退。

（3）倒闸操作考试在仿真平台上进行，不设置监护人，按照单人后台操作进行考试。

五、考核及时间要求

（1）本考核操作时间为 50 分钟，时间到停止考评，包括测试过程和报告整理时间，报告整理时间不超过 5 分钟。

（2）考评过程中如果由于测试人员操作不规范，有可能引发不安全因素的，停止考评，该项考核项目不得分，但不影响其他项目。

（3）记录测试结果，整理报告。

技能等级评价专业技能考核操作评分标准

工种	换流站值班员				评价等级	高级技师
项目模块	倒闸操作			编号		Jc0010162014
单位			准考证号		姓名	
考试时限	50 分钟	题型		单项操作	题分	100 分
成绩		考评员		考评组长	日期	
试题正文	极 I 高端换流器转检修填写倒闸操作票（不包括降功率操作，极 I 低端换流器运行）					
需要说明的问题和要求	（1）要求单人独立操作，在仿真平台上操作，不设置监护人。 （2）倒闸操作票填写只考虑一次设备状态，不考虑保护等二次连接片的投退					

序号	项目名称	质量要求	满分	扣分标准	扣分原因	得分
1	操作					
1.1	操作准备	根据操作任务，分析操作顺序，并正确填写操作票	45	未进行模拟预演，扣 5 分； 未正确填写操作票票头（发令人、受令人、下令时间、操作开始时间等），未盖以下空白章，扣 2~5 分； 操作票填写中，漏项、错项；直流顺控操作中，未按照正确顺序填写，每项扣 3 分，累计最高扣 15 分； 断路器、隔离开关操作顺序错误，扣 3 分； 在进行倒负荷或解、并列操作前后，未检查相关电源运行及负荷分配情况，扣 2 分； 设备检修后合闸送电前，未检查送电范围内接地开关（装置）已拉开，接地线已拆除，扣 5 分； 拉合设备［断路器（开关）、隔离开关（刀闸）、接地开关（装置）等］后，未检查设备的位置，扣 5 分； 在拉合隔离开关（刀闸）、手车式开关拉出、推入前，未检查断路器（开关）确在分闸位置，扣 5 分		
1.2	倒闸操作	操作票执行	50	未正确执行操作票内容，操作错误，扣 10 分； 操作过程中未执行唱票复诵的，扣 10 分； 操作过程中未按操作票顺序逐项操作，漏项、跳项，扣 10 分； 误操作，未造成后果，扣 20 分； 误操作，造成后果［①误分、误合断路器；②带负荷拉、合隔离开关或手车触头；③带电挂（合）接地线（接地开关）；④带接地线（接地开关）合断路器（隔离开关）］，扣 50 分		
1.3	操作结束	操作结束后，归档	5	操作票执行完毕后，未正确填写操作结束时间扣 3 分； 操作票执行完毕后，未在对应位置加盖已执行章，扣 2 分		
	合计		100			

Jc0010162015　7612 交流滤波器替换 7622 交流滤波器。（100 分）

考核知识点：倒闸操作

难易度：中

技能等级评价专业技能考核操作工作任务书

一、任务名称

7612 交流滤波器替换 7622 交流滤波器。

二、适用工种

换流站值班员高级技师。

三、具体任务

视为五防电脑钥匙已模拟上传完成，按照 7612 交流滤波器替换 7622 交流滤波器填写倒闸操作票，并进行操作。

四、工作规范及要求

（1）现场操作票所涉及的设备，均以现场实际设备的双重名称和结构型式为准。

（2）倒闸操作票填写只考虑一次设备状态，不考虑保护等二次连接片的投退。

（3）倒闸操作考试在仿真平台上进行，不设置监护人，按照单人后台操作进行考试。

五、考核及时间要求

（1）本考核操作时间为 30 分钟，时间到停止考评，包括验收过程和报告整理时间，报告整理时间不超过 5 分钟。

（2）考评过程中如果由于操作人员操作不规范、误入间隔等有可能引发不安全因素的，停止考评，该项考核项目不得分，但不影响其他项目。

（3）记录验收结果，整理报告。

技能等级评价专业技能考核操作评分标准

工种	换流站值班员			评价等级	高级技师
项目模块	倒闸操作		编号		Jc0010162015
单位		准考证号		姓名	
考试时限	40 分钟	题型	单项操作	题分	100 分
成绩		考评员	考评组长		日期

试题正文	7612 交流滤波器替换 7622 交流滤波器
需要说明的问题和要求	（1）要求单人独立操作，在仿真平台上操作，不设置监护人。 （2）倒闸操作票填写只考虑一次设备状态，不考虑保护等二次连接片的投退

序号	项目名称	质量要求	满分	扣分标准	扣分原因	得分
1	操作					
1.1	操作准备	根据操作任务，分析操作顺序，并正确填写操作票	55	未进行模拟预演，扣 5 分； 未正确填写操作票发令人、受令人、下令时间、开始时间等项目，未盖"以下空白"章，扣 2~5 分； 操作票填写中，漏项、错项，每项扣 3 分，累计最高扣 15 分； 顺控操作中，未按照正确顺序填写，与程序逻辑不符，扣 10 分； 设备检修后合闸送电前，未检查送电范围内接地开关（装置）已拉开，接地线已拆除，扣 10 分；		

续表

序号	项目名称	质量要求	满分	扣分标准	扣分原因	得分
1.1	操作准备	根据操作任务，分析操作顺序，并正确填写操作票	55	在进行倒负荷或解、并列操作前后，未检查相关电源运行及负荷分配情况，扣5分； 拉合设备［断路器（开关）、隔离开关（刀闸）、接地开关（装置）等］后，未检查设备的位置，扣2分； 在拉合隔离开关（刀闸）、手车式开关拉出、推入前，未检查断路器（开关）确在分闸位置，扣3分		
1.2	倒闸操作	操作票执行	40	恶性误操作［误分、误合断路器；带负荷拉、合隔离开关或手车触头；带电挂（合）接地线（接地开关）；带接地线（接地开关）合断路器（隔离开关）］，扣40分； 误操作，但未影响其他运行设备（未区分中断路器、边断路器顺序，未区分负荷侧隔离开关、电源侧隔离开关顺序等），扣20分； 未正确执行操作票中内容，操作错误，扣10分； 操作过程中未按操作票顺序逐项操作，漏项、跳项，扣10分		
1.3	操作结束	操作结束后，归档	5	操作票执行完毕后，未正确填写操作结束时间，扣3分； 操作票执行完毕后，未在对应位置加盖"已执行"章，扣2分		
	合计		100			

Jc0010162016　极Ⅱ直流系统由大地回线方式转金属回线方式。（100分）

考核知识点：倒闸操作

难易度：中

技能等级评价专业技能考核操作工作任务书

一、任务名称

极Ⅱ直流系统由大地回线方式转金属回线方式。

二、适用工种

换流站值班员高级技师。

三、具体任务

视为五防电脑钥匙已模拟上传完成，按照极Ⅱ直流系统由大地回线方式转金属回线方式填写倒闸操作票，并进行操作。

四、工作规范及要求

（1）现场操作票所涉及的设备，均以现场实际设备的双重名称和结构型式为准。

（2）倒闸操作票填写只考虑一次设备状态，不考虑保护等二次连接片的投退。

（3）倒闸操作考试在仿真平台上进行，不设置监护人，按照单人后台操作进行考试。

五、考核及时间要求

（1）本考核操作时间为40分钟，时间到停止考评，包括验收过程和报告整理时间，报告整理时间不超过5分钟。

（2）考评过程中如果由于操作人员操作不规范、误入间隔等有可能引发不安全因素的，停止考评，该项考核项目不得分，但不影响其他项目。

（3）记录验收结果，整理报告。

技能等级评价专业技能考核操作评分标准

工种		换流站值班员				评价等级	高级技师
项目模块		倒闸操作			编号		Jc0010162016
单位			准考证号			姓名	
考试时限	40分钟		题型	单项操作		题分	100分
成绩		考评员		考评组长		日期	
试题正文	极Ⅱ直流系统由大地回线方式转金属回线方式						
需要说明的问题和要求	（1）要求单人独立操作，在仿真平台上操作，不设置监护人。 （2）倒闸操作票填写只考虑一次设备状态，不考虑保护等二次连接片的投退						

序号	项目名称	质量要求	满分	扣分标准	扣分原因	得分
1	操作					
1.1	操作准备	根据操作任务，分析操作顺序，并正确填写操作票	55	未进行模拟预演，扣5分； 未正确填写操作票发令人、受令人、下令时间、开始时间等项目，未盖"以下空白"章，扣2~5分； 操作票填写中，漏项、错项，每项扣3分，累计最高扣15分； 顺控操作中，未按照正确顺序填写，与程序逻辑不符，扣10分； 设备检修后合闸送电前，未检查送电范围内接地开关（装置）已拉开，接地线已拆除，扣10分； 在进行倒负荷或解、并列操作前后，未检查相关电源运行及负荷分配情况，扣5分； 拉合设备［断路器（开关）、隔离开关（刀闸）、接地开关（装置）等］后，未检查设备的位置，扣2分； 在拉合隔离开关（刀闸）、手车式开关柜拉出、推入前，未检查断路器（开关）确在分闸位置，扣3分		
1.2	倒闸操作	操作票执行	40	恶性误操作［误分、误合断路器；带负荷拉、合隔离开关或手车触头；带电挂（合）接地线（接地开关）；带接地线（接地开关）合断路器（隔离开关）］，扣40分； 误操作，但未影响其他运行设备（未区分中开关、边开关顺序，未区分负荷侧隔离开关、电源侧隔离开关顺序等），扣20分； 未正确执行操作票中内容，操作错误，扣10分； 操作过程中未按操作票顺序逐项操作，漏项、跳项，扣10分		
1.3	操作结束	操作结束后，归档	5	操作票执行完毕后，未正确填写操作结束时间，扣3分； 操作票执行完毕后，未在对应位置加盖"已执行"章，扣2分		
	合计		100			